全球开放互联网的歧途

胡泳 著

山西出版传媒集团
山西人民出版社

图书在版编目（CIP）数据

全球开放互联网的歧途 / 胡泳著 . -- 太原 : 山西人民出版社 , 2023.4

ISBN 978-7-203-12492-4

Ⅰ . ①全… Ⅱ . ①胡… Ⅲ . ①互联网络－研究 Ⅳ . ① TP393.4

中国版本图书馆 CIP 数据核字（2022）第 239524 号

全球开放互联网的歧途

著　　者：胡　泳
责任编辑：贾　娟
复　　审：崔人杰
终　　审：梁晋华

出 版 者：山西出版传媒集团・山西人民出版社
地　　址：太原市建设南路 21 号
邮　　编：030012
发行营销：010-62142290
　　　　　0351-4922220　4955996　4956039
　　　　　0351-4922127（传真）　4956038（邮购）
天猫官网：https://sxrmcbs.tmall.com　电话：0351-4922159
E-mail：sxskcb@163.com（发行部）
　　　　sxskcb@163.com（总编室）
网　　址：www.sxskcb.com

经 销 者：山西出版传媒集团・山西人民出版社
承 印 厂：唐山玺诚印务有限公司

开　　本：655mm × 965mm　1/16
印　　张：20.25
字　　数：261 千字
版　　次：2023 年 4 月　第 1 版
印　　次：2023 年 4 月　第 1 次印刷
书　　号：ISBN 978-7-203-12492-4
定　　价：78.00 元

目　录

数据与隐私

技术伦理

平台与治理

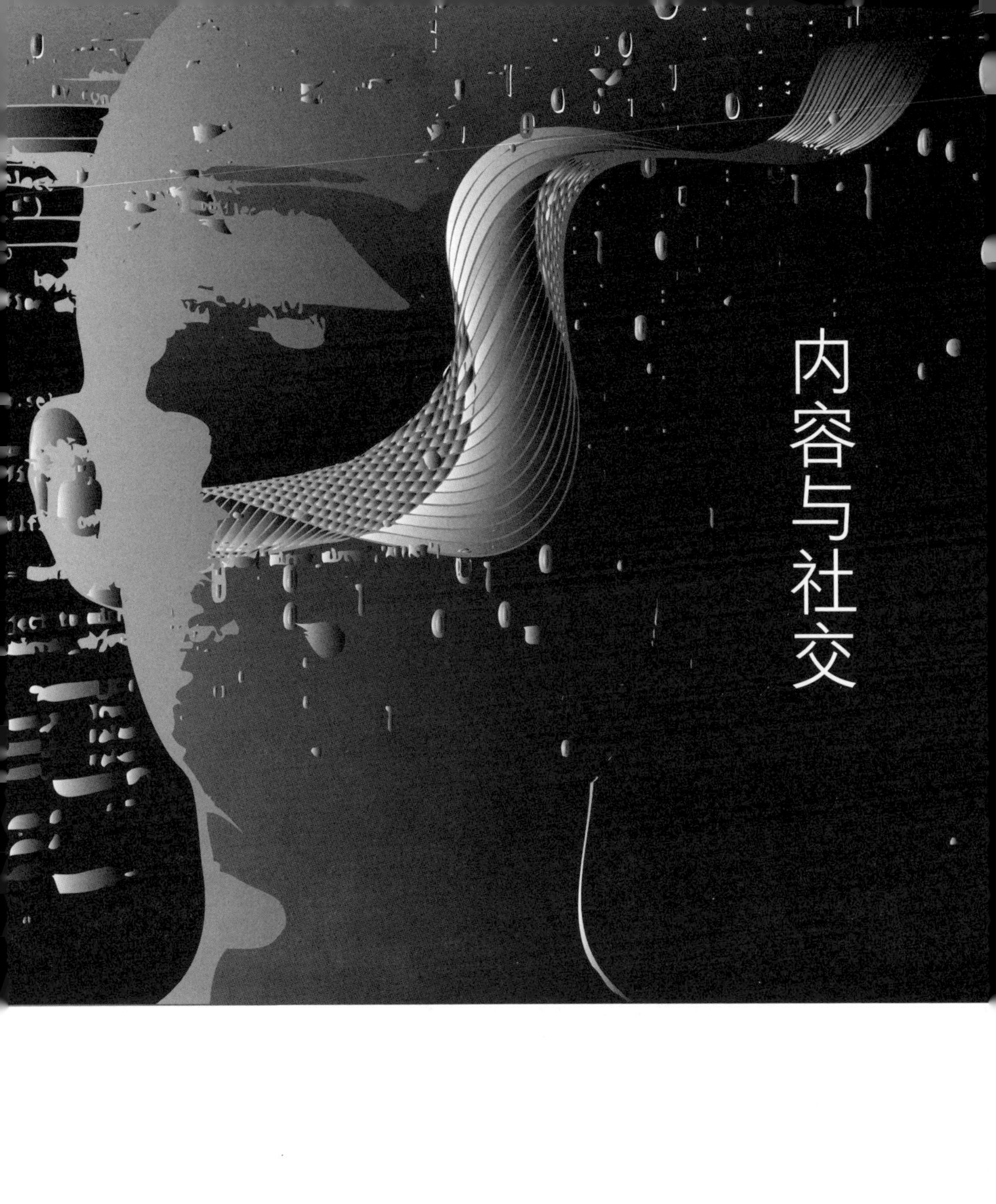

内容与社交

视频正在“吞噬”互联网

视频迎合底层，文字满足上层，但底层市场更大，一定会挤占上层市场的空间。

未来表达：往下碎和往下“演”

2021年1月19日，微信公开课Pro版的“微信之夜”上，腾讯高级执行副总裁、微信事业群总裁张小龙表示，视频化表达会成为下一个十年内容领域的一个主题。

“虽然我们并不清楚，文字还是视频才代表了人类文明的进步，但从个人表达，以及消费程度来说，时代正在往视频化表达方向发展。”张小龙说。①

我仔细阅读（不是观看）了张小龙的“微信公开课”，在朋友圈里写下数点评论：

> 1. 随着视频重要性的提高，文本，长期以来作网络交流的实际手段，其重要性不断走低。文字陨落而视频兴起，张小龙（或其他任何人，包括我）如果假装知道这个趋势的长期影响，那将是荒谬的。诚实的答案是，我们根本不知道。
>
> 2. 大社交媒体平台将自己化身为视频平台，不自微信始。FB早就这样做了。通过算法，视频传播正在得到更大的促进，所以，我们可

① 《微信之夜，张小龙说视频化表达将会成为下一个十年内容领域的主题》，腾讯网，2021年1月20日，https://new.qq.com/omn/20210120/20210120A028F900.html。

以问张小龙，如果视频化表达成为下一个十年的内容主题，是不是腾讯也与有荣焉。不过他一定会说，这种变化是用户驱动的，是一种有机的转变。因为FB正是这么回答的：平台的转变只是追随了用户而已。

3.历史上，文字曾经是少数人的特权，现在，在视频无所不在的包围下，我们有可能看到，文字再度沦为少数人的游戏。视频迎合底层，文字满足上层，但底层市场更大，一定会挤占上层市场的空间。大概从印刷机发明以来，我们还没有见到过社会的趣味和偏好被底层大规模决定的情形。

4.所以，当FB和微信在其平台上预测文字的终结之后，作为少数的文字爱好者，你该怎么办？第一，尽情地哭吧！第二，是时候寻找一个新的社交网络了。

一位在我此条朋友圈下留言的朋友说：你多虑了，文字还会继续传递下去的。我回答：一个东西是不是还存在，和它是不是主流，完全是两回事。

另一位朋友说：“哎，特别不理解，文字的力量，这么多人体会不到吗？”是的，没错。2021年第七次人口普查显示，中国的文盲率仅为2.67%，[①]但即使在这么大数量的中国人都识字的情况下，阅读文字仍然是一道巨大的门槛，更不必说用文字表达自己了。

张小龙说：“互联网历史上，个人在公开领域的表达方式一直在演变。最早的时候，需要你会写HTML来做网页。后来有了博客，博客之后是微博这样的短文字。现在是图片和短视频。演变的方向是往更能被普通人生产和消费的方向去走的。所以会体现为更短更碎片化。”他甚至

①《第七次全国人口普查公告》，中华人民共和国中央人民政府网站，2021年5月11日，http://www.gov.cn/guoqing/2021-05/13/content_5606149.htm。

预测，内容形态的下一步是直播。[①]

如果他说的趋势是成立的，那么，仿效多年以来文化精英分子对流行文化的形容——现代社会的文化产品为了迁就没有素养而又缺乏耐心的消费者，永无休止地往“白痴化”和“弱智化”的低端方向发展，所以是一个往下笨（dumbing down）的进程——我们可以相信，未来的个人表达，将是一个往下短、往下碎、往下“演”的进程，因为短视频显然比文字更能够直观地展演自己，而直播，则连演都不用演了，只需把360° 网络摄像头架好，随时随地地把生活中的各种片段搬到网上，供一众看客围观就好了。

文字：在变暖的地球上徘徊的三角龙

并不只是张小龙一个人这么想。

早在人类刚开始为新的全球性交流论坛的扩大而奋斗时，数字领域的杰出思想家克莱·舍基（Clay Shirky）就提出了有说服力的论据，断言互联网将使我们更具创造力——哪怕只是发挥大众所有的“认知盈余”的很小一部分（舍基的两本畅销书《人人时代》与《认知盈余》，都由我翻译成中文，马化腾还为第二本写了推荐序）。[②]

充分利用认知盈余的结果，是大规模业余化（mass amateurization），无计其数的业余发布者开始共享内容。Facebook就是一个最好的例子。在使每个人都成为作者的同时，它也成为全世界亿万用户分享他们的观

---

① 《微信之夜，张小龙说视频化表达将会成为下一个十年内容领域的主题》，腾讯网，2021年1月20日，https://new.qq.com/omn/20210120/20210120A028F900.html。

② Shirky, Clay (2008). *Here Comes Everybody: The Power of Organizing Without Organizations*. New York: Penguin; Shirky, Clay (2010). *Cognitive Surplus: Creativity and Generosity in a Connected Age*. New York: Penguin. 中译本：《人人时代：无组织的组织力量》，克莱·舍基著，胡泳、沈满琳译，北京：中国人民大学出版社，2009年；《认知盈余：自由时间的力量》，克莱·舍基著，胡泳、哈丽丝译，北京：中国人民大学出版社，2011年。

点和生活经验的首选媒介。然而，再过数年，创造力的方向可能会大为不同。Facebook相信，在其平台上，文字正走向末日。

马克·扎克伯格（Mark Zuckerberg）早已押宝他的社交平台的未来将取决于视频以及越来越沉浸的形式，例如虚拟现实。Facebook欧洲、中东和非洲业务负责人妮古拉·门德尔松（Nicola Mendelsohn）走得更远，指出统计数据表明，书面文字几乎已经过时了，取而代之的是动态影像和语音。

门德尔松对视频表达表示了强烈的好感。"在这个世界上，有这么多信息向我们涌来，而讲故事的最好方法实际上是视频。它可以在更快的时间内传达出更多的信息。因此，向视频转移的趋势实际上有助于我们消化更多的信息。"①

其实，有一点她没有明说：视频比文字能够更多地增加用户时长，也比文字更容易被分享、评论和点赞。Facebook的商业模式依赖于人们点击、共享和参与内容，无论其有关什么（模因、意见、鸡汤、新闻和八卦），也无论其以什么形式出现（文字、图片、音频、短视频、长视频和直播）。一言以蔽之，Facebook的业务就是要让人分享他们感兴趣的东西。只要人们参与并停留在平台上，对平台就好处多多。

如果人们花更多时间观看视频并与之互动，那么创作者就会创作更多的视频内容，而平台也会在算法上更多地向视频倾斜，最终形成视频整个"吞噬"互联网的局面。等到视频互联网席卷一切之时，你说它是用户驱动的呢，还是平台转移资源支持的结果？恐怕难以说清。反正，用户一向是互联网公司从事各种行为的上好招牌。

无疑，Facebook会表示，是用户的偏好在推动从文本到视频的转移。好吧……或许这样说也没错。

---

① Werber, Cassie (Jun 14, 2016). "Facebook Is Predicting the End of the Written Word." *Quartz*, https://qz.com/706461/facebook-is-predicting-the-end-of-the-written-word/.

但是请考虑一下，Facebook全力支持其实时视频服务Facebook Live。并且请注意，Facebook Live是通过Facebook（而不是YouTube）托管和使用的内容。更不用说所有来自Facebook视频广告的财源了。

然后请得出自己的结论。再去仔细琢磨一下张小龙给出的微信数据，和他的一个推断："随着时间的推移，视频化表达其实越来越成为普通人的习惯。最近五年，用户每天发送的视频消息数量上升33倍，朋友圈视频发表数上升10倍。"

张小龙还说："我们从来不会关注用户在微信里停留的时长，那不是我们的目标。"[①]外界恐怕不这么认为。对"碎片化"时间的争夺，是中国移动互联网上抖音和微信之战的核心（抖音已正式起诉腾讯通过微信和QQ限制抖音分享，违反了《反垄断法》)。放眼全球，很明显，TikTok、Snapchat和Instagram等社交应用程序正在模糊社交媒体与娱乐之间的界线，从而导致更多的消费者时间竞争。

那么，文字果然就会在这样的争夺战中成为绊脚石？

约翰·伯格（John Berger）在他的经典之作《观看之道》（*Ways of Seeing*，1973）中一开篇就写道："观看先于言语。儿童先观看，后辨认，再说话。"[②]此后，神经科学证实了视觉在人类认知中的主导作用。我们大脑中一半的神经纤维与我们的视觉有关，当我们的眼睛睁开时，视觉占据了大脑中三分之二的活动。大脑识别一幅图像只需要150毫秒，再花100毫秒就能为其赋予意义。[③]其他研究表明，大脑

---

① 《微信之夜，张小龙说视频化表达将会成为下一个十年内容领域的主题》，腾讯网，2021年1月20日，https://new.qq.com/omn/20210120/20210120A028F900.html。

② Berger, John (1972). Ways of Seeing. London: Penguin, 7.

③ Thorpe, Simon, Fize, Denis & Marlot, Catherine (1996). "Speed of Processing in the Human Visual System." *Nature* 381: 520-522. https://www.allpsych.uni-giessen.de/rauisch12/readings/ThorpeEtal.Nature.1996.pdf.

可以同时解读图像元素（即并行），而语言则是以线性和顺序的方式（即依次）进行解码和处理，因此处理语言比处理图像数据需要更多时间。[①]

又据说，文字由我们的短期记忆处理，我们只能保留大约七位的信息（加减2）；另一方面，图像则直接进入长期记忆，在那里它们被不可磨灭地刻下。所以，“除非我们的文字、概念、想法与图像挂钩，否则它们会进入一只耳朵，在大脑中航行，然后从另一只耳朵出去”。[②]

还有，当文字和图像发出相互冲突的信息时，更常胜出的是视觉信息。有句老话似乎被证明是正确的：一图胜千言。

在门德尔松发表那番“文字的终结”的高论时，有那么一会儿，屋子里一片寂静——毕竟，文字是人类文明的如此重要的缔造者，似乎不该这么轻易就给打发掉。门德尔松安慰大家说，不要紧，文字不会彻底消失的，“你不得不为视频编写文字”。

“不得不。”我们的文字就像最后的三角龙，在越来越温暖的地球上徘徊。

互联网的“扁平化”：不是你希望的那种

也许大家尚未意识到，我们对数字视频的狂热需求（特别是点播流式传输）已悄然改变了互联网。根据思科公司的预测，到2022年，在线

---

① Cohen, Laurent, Lehericy, Stephane, Chochon, Florence, et al (2002). “Language-Specific Tuning of the Visual Cortex? Functional Property of the Visual Word Form Area.” *Brain* 125: 1054-1069.

② Burmark, Lynell (2008) “Visual Literacy: What You Get Is What You See.” In Frey, Nancy & Fisher, Douglas (Eds.) *Teaching Visual Literacy: Using Comic Books, Graphic Novels, Anime, Cartoons, and More to Develop Comprehension and Thinking Skills*. Thousand Oaks, CA: Corwin Press, 7.

视频将占所有消费互联网流量的82%以上，是2017年的15倍。[1]

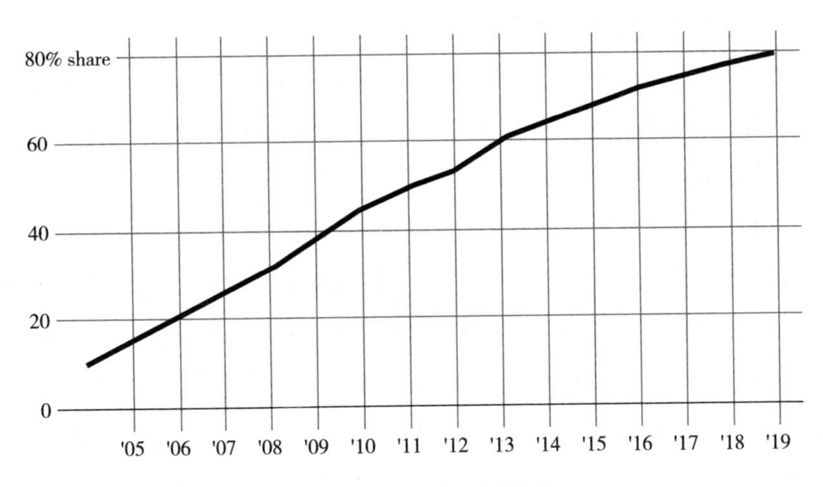

视频在全球互联网流量中的份额

来源：Cisco VNI

发生这种改变的一个重要原因是一种特殊基础设施的快速扩展，为的是让观看者可以不受干扰地享受视频。它就是内容分发网络（CDN, content delivery network），由全球最大的科技公司拥有的私有网络，一些公司专门从事其运营，与互联网的核心流量路由并肩运转。根据研究公司TeleGeography的数据，网络的改变已经非常明显，以至于如今流经互联网的所有流量中，几乎有一半实际上是穿越了这些并行路径。[2]

从事全球网络测度的专家对所发生的情况有个描述：这叫互联网的

---

① McCue, T.J. (Feb 5, 2020). "The State of Online Video for 2020." *Forbes*, https://www.forbes.com/sites/tjmccue/2020/02/05/looking-deep-into-the-state-of-online-video-for-2020/?sh=3b03614d2eac.

② Wong, Joon Ian (Oct 5, 2016). "The Internet Has Been Quietly Rewired, and Video Is the Reason Why." *Quartz*, https://qz.com/742474/how-streaming-video-changed-the-shape-of-the-internet/.

"扁平化"。数十年来，数据在互联网上的路由方式第一次发生根本改变：互联网原本被认定为由网络提供商构成的分层体系，有十几个大型网络组成了互联网的"骨干"。而今天，互联网的分层消失了；新的结构意味着像Google和Netflix这样的内容所有者比以往任何时候都拥有更大的权力，来控制其内容到达最终消费者的方式。

互联网的重构导致网络上最大的公司与拥有管道的传统运营商之间的斗争愈演愈烈。在大多数发达的互联网市场中，少数大型ISP占据主导地位，部分原因是它们可以与视频提供商所运营的CDN相互对等，从而保障其客户所需的快速视频访问。而内容公司会发现，假如没有自己的特权CDN，将很难与互联网巨头竞争。最终，消费者只有将更多的选择交给拥有互联网内容和传输手段的少数公司。由此，科技巨头们不仅获得了对内容的控制，而且获得了对内容传输方式的控制。

在十几年前还并非如此，因为视频缓冲让人烦恼，人们并不观看多少网络视频。这是缘于互联网迅猛发展，数据必须穿越越来越多的网络，才能到达目的地。这意味着某些类型的内容（例如视频）需要持续的数据包流动，无法在一定距离上可靠地进行流式传输。而非视频内容，例如文本和图片，传输效果更佳。CDN通过大大缩短数据包到达目的地所必经的距离来改变这一切。使用CDN网络，数据很少需要上达骨干网，而是在网络的边缘绕过它。CDN通过在全球范围内分散其内容而不是依靠一台中央服务器来解决问题。

你或许会问，"扁平化"在互联网上难道不是一个好词吗？至少CDN为我们提供了自由流动的视频流。可代价是什么呢？一种思考的方法是：如果明天由分层结构连接的"共享"互联网消失，你仍然可以获取少数巨头的服务，这对于有能力支付订费的用户以及有能力支付CDN的公司来说非常有用，然而它对于互联网上的其他内容就是灾难了。换句话说，充满讽刺意味的是，"扁平化"的互联网也是少数技术公司占主导地位的互联网。至少在美国，视频目前并不是在互联网上流动，而CDN是一种非常昂贵的处理方式，会将很多人丢弃不管。

中国当前CDN覆盖率不超20%，与北美成熟市场50%的覆盖率相比仍有很大差距。可以预期，随着网络的日益视频化，中国的网络结构也会向北美看齐。根据沙利文数据预测，未来五年，中国CDN市场规模年均复合增长率有望保持30%。[①]运营商、云计算巨头、互联网企业等强势介入，正在重新洗牌CDN行业。

互联网重新变为只读网

今天的互联网离它之前的民主平等神话已经相距十万八千里。少数几家科技公司不仅仅主导着互联网的基础架构，也主导着其最流行的应用程序。

万维网的发明者蒂姆·伯纳斯–李（Tim Berners-Lee）正在开展一项为期多年的运动，试图将网络"再次去中心化"（redecentralize），以使一个更加均衡的设计发挥他所认为的遏制垄断的力量，而正是这种力量导致一家公司主导了社交网络、搜索、电子商务等。[②]

尽管伯纳斯–李的"去中心化"运动获得了通常的网络权利人士的支持，但它并未受到广大公众的关注。很难把人们用虚拟空间中的权利凝聚到一起，互联网赖以运行的基础设施的所有权动态也往往不易被人觉察。

普通用户只会想着，我能实时看足球真棒。但是从中长期来看，本地内容提供商肯定会面临被挤出的严重风险，正如本地新闻在媒体行业的巨变中日趋消失一样。垂直整合导致了互联网内容和应用提供方面的

① 头豹研究院：《2019年中国CDN行业市场研究报告》，2020年11月3日，http://pg.jrj.com.cn/acc/Res/CN_RES/INDUS/2020/11/3/36d83a1b-98d8-4f9a-84fe-ca8322d94494.pdf。

② Hardy, Quentin (Jun 7, 2016). "The Web's Creator Looks to Reinvent It." *The New York Times*, https://www.nytimes.com/2016/06/08/technology/the-webs-creator-looks-to-reinvent-it.html.

一系列全球垄断。

对视频而言，扁平互联网还会造成其他细微差别。随着视频流途经的垂直整合网络日益增多，那些遵循网络分散化原则的技术也就被抛在了后面。这只是一种供需的简单计算——将视频从Amazon或Netflix直接传送到消费者ISP那里，肯定是一种更好的体验。

以BitTorrent为例，它曾经是世界互联网流量的主要来源之一。作为一个计算机网络，它具有巧妙的对等系统，允许用户与他人共享他们拥有的内容（其中很多是视频）。这曾经一度是互联网视频的未来。2008年，BitTorrent占全网流量的三分之一。

在当今的扁平互联网上，情况大不相同。BitTorrent的使用量已下降到仅占互联网流量的1%，远远落后于YouTube、Netflix、Amazon Video和其他公司，它们都由拥有财力投资私有的CDN基础设施的巨型公司提供支持。①

BitTorrent流量的暴跌象征着互联网数据流的更大变化。曾经很多人认为数据会以对称方式在网上流动：用户上传的数据将会与内容生产者一样多，下载者和消费者本身也会成为上传者。当年Web 2.0兴起之时，倡导者声称，所有的例证都指向一件事情：最终用户向网络写入数据。丹尼斯·威伦（Dennis Wilen）曾喊出“蠢货，是上载”（“It's the uploads, stupid”）的口号。②就连伯纳斯-李也兴奋地说：“在1989年，万维网的一个主要目的是用作信息共享的空间。似乎很明显，它应该成为一个任何人都可以发挥创造性、任何人都可以贡献的空间。……现在，

① Wong, Joon Ian (Oct 5, 2016). “The Internet Has Been Quietly Rewired, and Video Is the Reason Why.” *Quartz*, https://qz.com/742474/how-streaming-video-changed-the-shape-of-the-internet/.

② 威伦也是 Voidmstr's Law 的创立者（voidmstr 是威伦的推特账户名），该定律称：“带宽会扩大到足以囊括所有的废物。”参见 https://en-academic.com/dic.nsf/enwiki/5754140。

在2005年，我们拥有了博客和维基，它们的流行事实让我感到，我当年的大家需要一个创造性的空间的想法原来并不是发疯。”[①]

事实上这是他写的第一篇博客，时为2005年12月12日。我的博客开始于2005年11月30日，后来也曾激动地写道：“互联网是一种读写网。我们可以从读到写，所有其他东西都由此而生。”[②]

可如今，伯纳斯-李的博客已在网络上了无踪迹，而我自己，在2018年6月5日发布了最后一篇博客。人们早已搁置了读写网这一观念，视频和专用CDN的兴起不过是为这个观念的埋葬压上的最新和最大的一块石头。思科的互联网预测报告说：“用户作为内容生产者的出现，是一种极为重要的社会、经济和文化现象。”然而，报告笔锋一转：“但是订阅者仍然消费着比他们所生产的更多的视频。”[③]

所以，对张小龙公开课里所讲到的，视频号的初衷是让人人都能很容易通过视频化的方式去公开表达，而不是只有网红和大V的表演，[④]我只能把它看作以往那个“古典互联网”的理想余响。在巨头统治我们网络生活的年代，“再小的个体，也有自己的品牌”，听上去苍白且空洞。

欢迎来到后文本的未来？

人们渴望获得视频，而公司乐于为他们大量提供。诸如增强现实和虚拟现实之类的新技术以及越来越高的视频分辨率，意味着私有CDN

---

① Berners-Lee, Tim (Dec 12, 2005). “So I Have a Blog.” 原博客已不可访问，参见 https://notes.zhourenjian.com/whizznotes/xhtml/3427.html。

② 胡泳：《从 Twitter 到微博》，《新闻战线》2011 年第 9 期，第 17—20 页。

③ “Cisco Visual Networking Index: Forecast and Trends, 2017—2022.” Nov 27, 2018, https://twiki.cern.ch/twiki/pub/HEPIX/TechwatchNetwork/HtwNetworkDocuments/white-paper-c11-741490.pdf.

④《微信之夜，张小龙说视频化表达将会成为下一个十年内容领域的主题》，腾讯网，2021 年 1 月 20 日，https://new.qq.com/omn/20210120/20210120A028F900.html。

的使用将比以往任何时候都更多。疫情隔离更推高了这一走势。这就是为什么市场研究公司MarketsandMarkets预测，全球CDN市场规模将从2022年的192亿美元增长到345亿美元，在预测期内的复合年增长率为12.5%。[①]随着大技术公司吞噬更多的基础设施并占据更多的互联网流量，网络的开放性就此也就走向终结。互联网正在从对等开放的标准网络，演变为由VPN（虚拟专用网络）组成的专有集合体。用户对此毫不知情：他们认为他们在开放的互联网上，而事实上那个网已经不在了。

目前，互联网用户、基础设施提供商以及日益将内容与分发予以垂直整合的技术公司，都乐见视频流的畅通。如我前边的评论所言，随着视频重要性的提高，文本的重要性将持续下降。在线上最具影响力的传播者曾经在网页、博客和公号上工作。而他们现在正在制作播客、视频博客、短视频、直播节目、宣传模因、营销软内容等等。而所有这一切，都与摄像头、麦克风、你的耳朵和你的眼睛有关。如同《纽约时报》2018年2月推出的互联网专题的大标题所言：欢迎来到后文本的未来。

作者法哈德·曼卓（Farhad Manjoo）如此描述互联网的现状：并不是说文本就会完全从眼前消失，因为网上没有什么东西会真的死去。但尽管如此，我们才刚刚开始瞥见一种在线文化的更深的和更具动感的可能性，在这种文化中，文本渐渐退入背景，声音和影像成为通用语言。[②]

如果文字再度沦为少数人的游戏，会出现什么情形？一位朋友在我朋友圈的留言中写道："我只能问自己，五十年以后，一百年以后，人们

---

① "Content Delivery Network Market Worth $34.5 Billion by 2027." Bloomberg, Mar 29, 2022, https://www.bloomberg.com/press-releases/2022-03-29/content-delivery-network-market-worth-34-5-billion-by-2027-exclusive-report-by-marketsandmarkets.

② Manjoo, Farhad (Feb 14, 2018). "Welcome to the Post-Text Future." *The New York Times*, https://www.nytimes.com/interactive/2018/02/09/technology/the-rise-of-a-visual-internet.html.

是通过读文字还是看视频，了解今天这个时代的精华部分……”

其实，我不说你也知道：我们的世界出于不同目的支持不同的内容形式。

视频对于某些任务很有用，并且对某些人很有吸引力。写作适合另外一些事情，并且对另外一些类型的人很有吸引力。

精彩的视频给故事以生命，让人触碰到活生生的脉动。因为它需要较少的认知负担，因此，构成一种更流行的信息传递方法。视频是强大的（而且很动人）。

出色的写作，调动你更长的注意力跨度和更深入的认知努力，帮助你明辨世界，迫使你养成思考的习惯。文字是有力的（而且很有趣）。

作为表达的手段，一个并非天生就优于另一个。两者都有长处。也各有缺陷。

那些总是讲“一图胜千言”的人，可曾体会文字表达的高效？比如，张小龙一场公开课观看数小时，但阅读演讲实录十分钟就搞定了，并且还可以轻松准确地找出其中有趣和无味的部分。

视频有很多好处，但信息密度通常不是其中之一。实际上，这就是我讨厌视频的原因，因为它太浪费时间。

门德尔松关于视频的说法违背了常识：观看视频并不比扫描文本快，也不包含更多信息。我倒是可以断言：Facebook或者微信驱使所有人都开始发布视频的那一天，我们的信息流中所包含的有价值的内容要比现在更少。

当然，你也可以认为，我的需求与大多数人的需求大不相同。我阅读/查看网上的东西，是为了获取有价值的内容。或许大多数人对此都不太关心。他们只是想要短暂的娱乐。但如果说到这一点，其实视频数十年前就已经战胜文本了。

这种情形倒也无所谓。但是，是一就请说一。不要假装通过打造可以帮助所有人“消化更多信息”的媒介来为世界服务。不要再贩卖“人人都能表达”的虚假希望。那些显然都是噱头。

当你只想展示你的可爱狗狗时，网络的视频化可能会很有用，但是如果我们想真正地讨论社会问题，该怎么办?

所以，写作必须继续，而不仅仅是“不得不”为视频写作。

在社交媒体上，你不过是在化身活动

社交媒体平台将社交性变为了技术性，把人给“工具化”了。

基于技术中介的人际关系

在社交媒体被发明之前，我们与他人互动的手段非常有限，主要限于我们亲自认识的人。

现在的千禧一代不能体会曾经困扰他们的长辈的信息流通麻烦，比如，你给你的伙伴打电话时，接电话的却是他们的父母；山高水远，鱼雁传书，你对恋人的来信望眼欲穿；假期惬意尽入镜头，照片却需要等一周才能在照相馆冲洗出来，之后再拿出来现场分享，等等。

互联网和社交媒体彻底改变了全世界人们的互动和交流方式。互联网时代的交流具有中介化的特点，也就是说，与面对面的交流相比，人们更喜欢中介化交流。

例如，我们宁愿发电子邮件而不是碰面；我们宁愿发短信而不是通过电话交谈（虽然电话也是一种中介，不过较具有亲密性）。甚至会出现夫妻同在一屋闹别扭、吵架却用微信吵的神奇场景。可以说，人们已经变得非常习惯于通过屏幕进行交流，以至于传统的人与人之间的联系已经成为许多人设法回避的社交焦虑。

无疑，社交媒体已变成我们所青睐的大型技术中介，它所显露的，不是一种技术与人的关系，而毋宁是经由技术中介的人与人之间的关系。技术中介在此扮演着不可忽视的角色，如上文所描述，假如个人在智能手机上消耗的时间比同周围人的互动所花费的时间更多，那么，其在日常生活中的面对面关系一定会受到损害。

作为一种中介化交往的社交媒体，它具有三个特点：

其一，当我们通过社交媒体进行交流时，我们倾向于假定可以信任处于沟通另一端的人，因此我们的信息往往更加开放。

这使得我们比以往任何时候都可以获得更大量的有关更多人的信息，自己常常感到被迫要加以处理，甚至可能不得不一一回应，这极大地增加了我们的信息负担。

其二，我们的线上社交关系并不能做到像面对面那样深入，所以我们并不倾向于在社交媒体上加深我们的关系，而是觉得能够利用社交媒体维持现状即可。

也就是说，我们在社交媒体上的互动往往由弱关系主导：虽然彼此的交流增多了，却并不一定导向牢固关系的建立。渐渐地，我们习惯于在生活当中依赖弱关系而不是强关系。

最后，我们倾向于与那些同意我们观点的人互动，因此社交媒体实际上降低了人类交往的多样性。

有人利用社交媒体发展出一种与外界绝缘的媒介系统，在其中传达高度党派化的偏见。脱离了新闻伦理的束缚，这样的媒介系统通过精准地供应其听众想听的内容而蓬勃发展。

此外，社交媒体还促进了一种有偏见的集体组织形式，类似于众包，可以迅速招募和集结许多人，然而如此采取的行动非常可能基于可疑的主张和信念。

社交媒体的社会含义

今天，社交媒体显示了一种强大的交流方式，这主要建立在两个特性之上。

首先是个人因素，此种交流发生在有个人关系的人或互相欣赏和尊重的人之间。

交流不再是无名的、面目不清的行为，也不是大众媒介的推送。交流者是你的邻居、你的同事、你的朋友、你的亲属。而相信同自身亲近的人是人类的天性，几乎是一种生存本能。

同时，利用网络节点+链路的结构，个体在社交媒体信息流中发布的帖子具有到达全球受众的潜力，可以凭借传统媒介渠道难以实现的方式扩散信息。其中，照片和视频具有独特的传播力。

与智能手机相结合，社交媒体的迅速采用导致了一系列的社会后果，包括自我的新表述、社会联系的新形式以及对公共空间的私人使用。所有这些标志着当代社会在从传统大众媒体时代向新的个人交往时代发展的过程中迈出了独特的一步。

其次是级数效应，它造成了信息在社交媒体上的重复曝光和“病毒式传播”。当社交媒体得到空前普及，许多人在不同的网站和应用上都有账户，每个人都建立了自己不同的网络。而社交媒体的分享特性意味着，一群人在依序做出有关信息传播的选择。这些选择可能基于他们对前面的人的行为的观察，比如看其是否分享了一则内容或转发了一个帖子。然后，持续累积的选择可以导致一种级数效应，即某个雪球滚得越大，它就越受欢迎。也就是说，某一事物的受欢迎程度取决于它所达到的观众数量。有时，分享帖子的人可能根本不觉得某个帖子有趣，只不过是因为在他们之前有很多人已经分享。

所以，重复曝光对于病毒式传播至为关键。过去，人们也可以在小报版面上读到难以置信的故事、耸人听闻的说法，现在，同样煽情的标题在社交媒体上大量出现，不同之处只是它们会反复冲击你的眼球，无论是经由分享、评论、热搜，还是被社交媒体算法置于信息流的顶端。

大多数人现在主要通过社交媒体获取信息。在此过程中，我们触发了策管信息流（curating news feed）的算法。算法选取的都是我们赞同的事情，而那些似乎不符合我们偏好的信息则被抛掷一旁。在社交媒体上，专业的及其他合格的新闻与未经核查的信息和意见混合在一起。这会加剧极化现象，同时造就一种糟糕的局面：人们可能正在失去将信息和意见予以区分的技能。

然而，必须指出，尽管一定证据表明过滤气泡可能会降低多样性，但在推动自身极化的过程中，发挥主导作用的依然是人。我们比我们想象的更加同质化，并且倾向于与呼应自己信念的人们进行更多的互动。人们的意识形态先入之见比算法过滤所造成的选择偏见要大得多。

信息技术的双翼能力

我们可以把社交媒体定义为允许用户快速创建内容并与公众共享的任何数字工具。当我们谈到网络的作用时，我们很容易犯一个错误，即是仅仅关注工具本身。新媒介工具的全社会普及令人惊叹，数代人在交流技术的伴随下成长起来，因此他们会追逐使用新的媒介工具毫不足怪。

从前大家青睐随身听，然后每人都想要一台个人电脑，今天我们离不开智能手机；多年以来，我们把时间主要花在看电视上，而到了21世纪的头一个十年，我们最多的媒体活动都是在网上进行：看网络视频、在社交媒体上分享照片，或者把面对面交往变成在线聊天。

这些看上去都是工具的升级换代，然而对工具的使用却很少由工具本身来决定。当我们使用网络时，最重要的是我们获得了同他人联系的接口。我们想和他人联系在一起，这是电视那种广播媒体无法替代的诉求，所以我们终于通过社交媒体来满足这种需求。

这就是为什么，许多消费者选择将闲暇时间用于观看短视频或阅读自媒体评论，而不是观看电视节目或阅读由专业人士撰写的媒体文章。

在这里，传统媒体行业可能从未真正理解过其读者/观众的需求。我们一直雇用媒体提供专业内容；为什么没有能够雇用媒体帮助我们增强联系、提高参与度和减少孤独？

社交媒体的兴起是人们的社会行为能够迅速发生巨大变化的一个非凡示例：如今，社交媒体在将近全球一半人口的日常生活中，已成为不可或缺的一部分。在与世界各地的人建立联系和沟通、巩固和扩大专业和个人关系以及帮助人们抓住当下时刻并将其永久化等方面，社交媒体具有不可估量的价值。

在平常，大家对社交媒体的好处也就只有一般性的认识；但到了非常时期，感受则完全不同。没有什么能够比2020年以来的新冠疫情更加凸显社交媒体的必需性。疫情固然令人难以忍受，但假如没有社交媒体，我们目前正在忍受的一切都会变得更糟。有调查表明，数字技术的使用减少了孤独、愤怒/烦躁和无聊感，并通过感知社会支持而增加了归属感。

社交媒体正变得愈加重要，令社交隔离的人们摆脱孤立，寻求帮助，协调捐赠，相互娱乐和交往。它变成了人类社会跳动的脉搏，反映出我们这个社会如何思考和应对危机；人类共同体的成员，面对一场前所未有的威胁，需要喃喃自语和互相通气。

所以，当我们认知媒介技术时，不要关注工具，而要关注人们用工具来干什么。如何使用工具、谁使用工具以及工具的用途决定了它们的影响。

在《人人时代》一书里，克莱·舍基有个判断："只有当交流工具在技术上变得乏味，它从社会意义上才丰富有趣起来。工具的发明并不造成改变，它必须与我们相伴足够久并让社会里绝大多数人都用上它。只有当一项技术变得普通，而后普遍，直到最后无处不在而被人们视若不见，真正的变革才得以发生。"[①]

---

① Shirky, Clay (2008). *Here Comes Everybody: The Power of Organizing Without Organizations*. New York: Penguin, 105. 中译本见克莱·舍基：《人人时代：无组织的组织力量》，胡泳、沈满琳译，北京：中国人民大学出版社，2012年。

Facebook和微信这些应用实际上已成为例行公事，人们认为它们是理所当然的。那么这一刻真的是潜在的社会变革的时刻，因为一个社会的大部分人已经采用了这些工具，习惯了它们，并准备以新的方式使用它们。

所以，我们需要思考：既然目前的交流工具“在技术上都很乏味”，它们是否变得“在社会意义上很丰富有趣”？时刻牢记，信息技术的能力一向是双翼的：一翼是提高效率与生产力，另一翼是提升交往与社会性。

社交性的基础建设化

强调双翼能力听上去似乎很好。然而，以信息技术提升交往和社会性，不是没有代价的。

用户在社交媒体上的参与和互动并非自发或自然发生。社交媒体预想和设计的用户参与，是以模仿人们的社会遭际以及制约交往的习惯和文化而成的。

例如，关注与被关注、点赞、标签等方式，虽都出自社交媒体的技术环境，成为用户参与的标准化形式，但实际上所有互动都离不开日常情况和社会秩序的构建。

要将这种构建搬到网上，必然伴随着对社会基本角色的重新定义或转变。这样的再定义或者转变对用户有着现实意义，特别是当社交媒体平台不断扩大并深化了线上线下的混杂生活之后。

我们有理由追问社交媒体如何设计用户的参与度和互动，以及这种设计对现实社会可能产生什么样的影响。可以说，人们对社交媒体将日常互动的结构重新编织为新的社交形式的了解才刚刚开始。

这种编织的核心抓手之一是用户数据。

社交媒体重新定义了人际关系的主要形式，将人与人之间相互交谈和互动的方式予以标准化，随后使用经过重新定义且基本标准化的社交互动模型，作为组装更大的社交实体（例如，相似用户、受众或消费者群体的网络）的基础。

与现实生活中的社区和社会团体的形成相反，这些社交实体的产生有赖于用户的平台参与所生成的数据。这个过程可以称之为“社交性的基础建设化”，它是指设计和建立社会互动的基本条件（例如规则和角色），以及在基于软件的设施和资源中扩散此类条件。

更具体地说，社交性的基础设施是通过设计独特且基本合理的用户模型（即用户的身份和行为）以及建立一些高度标准化的交互要素（例如关注、共享、标签、上传等）来实现的。

通过这种程式化的交互所获取的数据构成了社交网络的后续资源。对这些数据可加以计算，从而做到依靠多种分数和度量来制作可见的模式。

例如，对电影的打分或音乐收听的行为模式被聚类，以检测数百万乃至更多用户偏好中的相似性。将交互数据聚类到特定类别中，就等于假定了社交关联。通过使用这些半自动的相似性构建、模式制作和分类模型，可以推导出新的群体和集体。

大规模获得的用户行为的可预测性就此产生了经济价值，这样就建立了一个循环，有关平台参与的知识反馈到交互模型和用户画像的设计和建模上，后者又进一步为用户模型和画像的下一个调整和适应周期提供数据，等等。

所以，社交媒体平台几乎无时无刻地不在构建和聚类，无论是相似用户、广告网络还是相似商品、每周或每月趋势等。

社交媒体平台直接介入社会交往的工程化和工具化。这些服务旨在持续产生内容和数据，以维持社交媒体作为经济实体的功用。

因此，社交媒体必然以各种方式支持/反对并指导用户的活动。庞大而多样的用户群是社交媒体的原材料，他们对平台的参与是被精心设计的，为的是提高参与度并有利于对参与数据的获取。

作为平台，社交媒体是经过社会工程设计的在线空间，可形成独特且标准化的用户交互与平台参与形式。虽说这些形式在以各种方式模仿日常社交习惯以及互动和沟通惯例，但它们同传统生活环境的相像也就仅仅是表面而已。

不客气地说，用户在社交媒体上的活动都是化身（avatar）活动。

在线社交的社会性不同于现实社会性

这些用户化身在平台上都做些什么呢？无外乎我们前边所说的增强联系、提高参与和减少孤独等，具体体现为用户生产内容（user-generated content, UGC）。

UGC通常被视为社交媒体的象征，或者就可以被当作同义语。该术语是指创建并随后发布或上传内容（无论是视频、基于文本的评论还是照片等）。实际上，用户的平台参与主要围绕用户生产内容和就这些内容进行交流而展开。

但是，这其中有一个重要的区分：用户上载或发布的内容（通常是非结构化的数据）同上传或发布该内容的行为（形成了社交数据和结构化数据）不是一回事。两者的差别是微妙的，但却不是不重要的。这就好比购买一个产品不同于产品本身一样。

上载或发布活动本身具有重大价值，因为它们被平台所有者作为用户偏好和选择的指标。至关重要的是，此类活动的施行会留下可计数的数据足迹，这些数据足迹是由离散点击（例如，帖子、标签或类似东西的数量和频率）和其他的用户机读数据（例如位置和活动时间）组成的。

从本质上讲，区分发布以及由其生成的内容，等于是将用户活动从其意图和活动发生的环境中剥离出来。

这一观察具有深远的影响：我们所称的社交或行为数据，与用户生成内容的非结构化或半结构化性质形成鲜明对照，为社交媒体提供了数据化的、可置换的且可无限操作的在线社交版本。

平台参与的活动类型（例如，点赞、关注、标签等）实际上意味着日常互动模式的复杂性和歧义性的大幅降低，以及对隐含的习惯、约定和规则的化约。这种降低与化约是令平台活动可计算的必要条件。它从日常的用户交互中获取离散的、可计数的、易塑的社交数据，因而有可能以多种方式汇总和计算以解析平台参与度。这些操作的结果，服务于作为企业组织的社交媒体的商业化策略（例如，受众调整、数据管理、数据分析等）。

从这个角度来看，前述的在线社交版本，是一种有着日常非正式社交互动和交流的外表、但对其经过大大简化和技术化以及数据渲染的版本。如此建构的社会性并不同于现实中的社会性。

工具的再次逃逸，或人的“工具化”

然而，用户大多数时候都不知道这些操作和它们生产的数据结果。

平台分解了现实交往中精心安排的解释、线索收集、含义创造和价值归因的过程，将由此产生的各个组成部分悉数转化为技术特征，例如搜索、标签、评级等。

一方面，单独的用户陷入了无限可复制的社会行为的特质练习中。这些行为几乎没有上下文，因为其与生活和社区中非正式的、文化上嵌入的结构的形成和再生产有效分离了。

另一方面，平台通过设计平台参与度控制着行动和社区之间的连接，为交互数据赋予价值，并将这些数据聚合到集群中。平台更新、修改、调整用户模型，并在相似集群中，基于相似用户或相似受众从事的标准化活动所产生的数据，进一步对用户进行分组和分类。

通过不断修整和重新设计这些技术模型，平台能够不断更新其操作并进一步开发数据库服务（例如提供个性化服务），其最终目的是促进用户参与度——而这对他们的经济追求至关重要。

由此，可计算的用户发布行为远比客户发布了什么、为什么发布重要得多。

对机器来说，人和物体没有差别，一个语境同另一个语境也没有差别。行动的意义和时间维度在此崩塌了，所有的行动都具有相同的值（用数据来标记）。

为了数据处理的目的，用户只不过是对象，每个语境都不过是数据生成的场合。直白地说，以数据为载体，用户变成社交媒体平台的营收手段。

社交的数据化使得为个人提供数据驱动的个性化服务的目标成为可能。“化身”的社交版本也通过自动化技术功能来实现进一步的标准化，以处理平台上产生的大量互动。最近在Facebook这样的社交媒体和整个网络上出现的聊天机器人数量激增，只是这种发展的一个例子。

同时，用户模型被进一步“黑箱”化，以莫名的方式反映着技术力量和数字经济的制度背景的融合。

所以，我们看到，工具再一次逃逸了，离开了人们对它的把握（甚至把人给“工具化”了）。换言之，为了使网络具有社交性，社交媒体平台先将社交性变为了技术性。

虚拟世界让我们时刻在场，但又永远缺场①

我们从一个“海内存知己，天涯若比邻”的世界，第一次来到了一个“海内存知己，比邻若天涯”的世界。

“在线”与“在场”

将算法定义的在线形态称为“社交”已成为媒介历史上最聪明的语义策略之一。在线社交越来越多地充当社交互动的代理，而实际上，这种“社交”只不过是新的占主导地位的技术—经济组合引发的一种效应。同时，这种组合令自身变得不可见，因而使得以往那些在人文和社会科学中通常用来解释社会互动的分析模式难以用来分析在线社交。

如果不探究数据化和商品化的基本原则，就很难理解这种新的技术—经济组合的重要性。当马克·扎克伯格在2010年发誓，Facebook的目标是“使一切变得社交化”②时，他的真正意思其实是：将社交流量转移到可追踪、可计算且可操纵的网络基础设施上，以实现利润。今天被用来促进社会生活的数字技术——如网络平台或智能手机——同时也产生了关于社会生活的数据，并使其可分析、可售卖。

一方面，数字技术使用户有能力展开、组织、记录和研究社会生活，另一方面，这些技术积极地将社会生活结构化和格式化，使被选定的行动者得以对社会生活进行大规模监测、分析和干预。

---

① 感谢刘纯懿对此文的贡献。

② Gelles, David (Dec 5, 2010). “Mark Zuckerberg Uses the Word ‘Social’ a Lot.” *Slate*, https://slate.com/technology/2010/12/facebook-s-grand-plan-for-the-future.html.

数据正在成为我们社会中的社会性的主要媒介，因为极其多样化的领域和实践都在利用数据——不仅仅是网络和社交媒体数据，还有电话数据、流量数据、购买数据，可以说是任何数据——作为从事、评价、了解、协调和操纵社会活动的关键工具和媒介。

荷兰学者何塞·范·迪克（José van Dijck）犀利地指出："在社交网络的第一个十年里（2004—2014），'社交'一词的内涵重心逐渐从'人类用户的连接性'转移到'平台的自动化连接'上——通过算法、数据流、界面和商业模式实现自动化。"[①]

正因如此，平台期待用户永远"在线"，而以元宇宙为代表的下一波互联网技术，更着力营造一种从"在线"走向"在场"的氛围。在场感（presence）被描述为元宇宙的一个突出特性，人们普遍把元宇宙视作一个由永远在线的虚拟环境组成的网络，在这个网络中，许多人可以在操作自己的化身的同时与人和数字对象互动。不妨想象一下沉浸式虚拟现实、大型多人在线角色扮演游戏和万维网的某种结合，而在场感指的就是在这样一个虚拟空间中，与虚拟的其他人一起实际存在的感觉。

毫不奇怪，无论"在线"与"在场"，头号鼓吹者都是Facebook（现已更名Meta）。Facebook很早就称自己是"一种可以使任何在线体验都成为社交的结构"。[②]2007年，Facebook提出"社交图谱"（social graph）的概念，以描述Facebook如何在虚拟空间映射人们的友谊、关系和兴趣。[③]到2010年，扎克伯格将社交图谱概括为"我们解释我们认为世界上正在

---

① van Dijck, José (Apr-Jun 2015). "After Connectivity: The Era of Connectication." *Social Media + Society*, 1 (1): 1–2. https://journals.sagepub.com/doi/pdf/10.1177/2056305115578873.

② Quoted in van Dijck, Jose (2013). *The Culture of Connectivity: A Critical History of Social Media*. Oxford University Press, 67.

③ "Improving Your Ability to Share and Connect." Mar 5, 2009. https://www.facebook.com/notes/10160195206426729/.

发生的现象的方式”。[1]作为一个熟练的设计师，扎克伯格不可能不知道绘制这一新的社会地图需要多大的技术工程，但他说得好像Facebook提取社会数据的软件模型提供了一个直接了解社交世界是什么和应该是什么的窗口。在他这里，软件工程、社会理论和社会建设变得融为一体。

可是，如果我们仔细审视过往的社交媒体实践，“在线”和“在场”，真的是值得我们追求的目标吗？

在场感是元宇宙的决定性品质

风险投资家马修·鲍尔（Matthew Ball）如此定义元宇宙：“元宇宙是一个由持续的、实时渲染的3D世界及模拟构成的广阔网络，支持身份、对象、历史、支付和权利的连续性，并可实现有效且无限的用户同步体验，每个人都具有个人的在场感。”[2]

从本质上讲，让我们得以体验元宇宙的虚拟现实技术，是让用户沉浸在一个栩栩如生的数字世界中。你看到的东西填满了你的整个视野，并且你的每一个动作都获得追踪。在理想状态下，这种体验唤起了我们所说的“在场感”。这带来一种亢奋，而且具有难以捉摸的属性：超越性的、被远距传输的刺激，你觉得自己在另一个世界中身临其境，而不用考虑你实际上不过是在原地站着或坐着，似乎可以一下子逃离眼下的世俗事务。

与今天的互联网不同，元宇宙力图给人一种到场的幻觉。扎克伯格将元宇宙描述为一个具身的互联网（embodied internet），[3]其为社交媒体

---

① Couldry, Nick & Mejias, Ulises Ali (2019). *The Costs of Connection: How Data Is Colonizing Human Life and Appropriating It for Capitalism.* Stanford University Press, 137.

② Ball, Matthew (Jun 29, 2021). “Framework for the Metaverse: The Metaverse Primer.” https://www.matthewball.vc/all/forwardtothemetaverseprimer.

③ Zuckerberg, Mark (Oct 28, 2021). “Founder’s Letter.” https://about.fb.com/news/2021/10/founders-letter/.

所带来的最核心的议题就在于，如何在空间不在场的前提下实现人的在场。复制面对面交流的真实感，是社交媒体一直梦寐以求希望达成的目标，而这一真实感则取决于"它将用户传输到该环境中的程度，以及用户的物理行为与其化身之间边界的透明度"。[①]对于这样的到场幻觉，从耐克到迪斯尼再到古驰等品牌商家，都在努力瞄准开发商机。

例如，耐克公司与Roblox联合创建了Nikeland，以吸引年轻消费者。Nikeland以该公司的总部为模型，内有不同的迷你游戏供用户参与，也建设了数字展厅来整合运动员和产品。"在这里，运动就是打破常规。在蹦蹦床上玩捉迷藏？当然可以。在岩浆上跑酷？有何不可！给经典游戏一次全新的尝试——运动的未来由你创造……晃动或旋转你的移动设备来解锁远跳和光速奔跑等特殊技能！通过在现实世界中积累运动量，强化你在NIKELAND的能力……解锁多款Nike运动鞋、服装及配饰，升级你的Look。"Nikeland的宣传词这样写道。[②]今天几乎每家公司都有自己的网站，或是自己的APP。不久之后，它们都将在元宇宙当中拥有一个实时存在。这意味着这些公司将不得不建立和维护自身的数字化版本。

当然，就个人交往而言，在场感意味着在一个虚拟空间中与虚拟的其他人一起实际存在的感觉。例如，将来不再只是通过屏幕进行交流，而是"你将能够作为全息图坐在我的沙发上，或者我将能够作为全息图坐在你的沙发上……以一种更自然的方式，让我们感到与人更多地在一起"（扎克伯格语）。[③]这种身临其境感可以提高在线互动的质量。

---

① Dionisio, John David N., Burns III, William G. & Gilbert, Richard (2013). "3D Virtual Worlds and the Metaverse: Current Status and Future Possibilities." *ACM Computing Surveys* 45 (3): 1-38.

② https://www.roblox.com/nikeland.

③ Newton, Casey (Jul 22, 2021). "Mark in the Metaverse." *The Verge*, https://www.theverge.com/22588022/mark-zuckerberg-facebook-ceo-metaverse-interview.

究其根本，元宇宙实际上对我们关于感官输入、空间定义和信息获取点的假设进行了重新配置。这带来了一种感官上的飞跃，把我们从物理兴趣点、经纬度、边界以及对导航的适应等引入到更复杂的概念中，比如无意识地识别的那些“地点”、动作和存在。

即将到来的元宇宙是由软件和硬件共同促成的，其中最关键的是我们对作为空间的共享幻象的信念。与网页和APP相比，元宇宙与立体感知、平衡和方向更紧密地结合在一起。目前我们通过电脑和手机与元宇宙互动，但同VR的沉浸感和通过AR在现实世界中实现的数字持久性相比，这种互动是简陋而粗糙的；但反过来说，今天的XR（扩展现实）虚拟现实技术也不尽如人意，笨重的头盔只能提供孤立的体验，玩家很少有机会与拥有设备的其他人进行交叉游戏。人们期待，元宇宙作为一个巨大的公共网络空间，能够将增强现实和虚拟现实结合在一起，使化身可以从一个活动无缝跳到另一个活动。

把身体径直放在争论的中心

实时性可以被认为是在场感的另一面，也是此前互联网一直没有真正解决的问题，它包含着两方面的内涵：一是通信技术可以支持代理人同时执行动作；二是动作的及时性需要内嵌在平台设置中。[①]

在模拟环境中，代理可以是一个人、很多人或者非人，另外，用户可以由许多被称作化身的实体所代表，也可以被许多软件代理所代表；于是在这样充斥着大量代理和化身的元宇宙系统中，就要保证所有动作、反应、交互都必须发生在实时共享的具有时空连续性的虚拟环境之中。

---

① Nevelsteen, Kim J. L. (Jan/Feb 2018). “Virtual World, Defined from a Technological Perspective, and Applied to Video Games, Mixed Reality, and the Metaverse.” *Computer Animation and Virtual Worlds*, 29 (1): e1752.

这要依靠充分提高计算机的计算效率、增强计算机的算力才能实现，这也正是Web 1.0和Web 2.0无法真正实现实时性的技术局限所在。

代理和化身直接牵涉到身体问题。扎克伯格在推广Meta的元宇宙愿景演讲中使用了自己的卡通化身，但他最终希望元宇宙包括栩栩如生的化身，其特征将更加逼真，并从事许多与我们在现实世界里所做的相同的活动。

“我们的目标是既要有逼真的化身，又要有风格化的化身，创造出与人同在的深刻感觉”，扎克伯格在品牌重塑会上说。[①]

如果化身真的在路上，那么我们将需要面对一些关于我们如何向他人展示自己的棘手问题。这些虚拟版本的自己，会如何改变我们对身体的感觉，是好还是坏？可以预期，一些人将对看到如同自己一样的化身感到兴奋，其他人则可能担心这将使身体形象问题更加恶化。如果社交媒体构成前车之鉴，我们就需要了解，为什么元宇宙中的化身会对人们在真实的物理世界中的感受和生活产生深远的影响。

伴随着20世纪后半叶新技术革命的启动，包括传播学的多个学科内都发生了“身体转向”。身体在传播学之中愈发受到关注，且近年来这份关注有增无减。这其中的很大一部分原因在于：新技术革命带来的一系列数字媒介，正在构建一种去身体的文化，从计算机到智能手机，再到穿戴式设备和虚拟现实头盔，这些数字革命催生的新媒介无一例外都在用“远程在场”代替“肉身在场”，正如美国学者约翰·杜翰姆·彼得斯（John Durham Peters）所说：“把身体径直放在争论的中心，这不是时尚，而是当务之急。——因为科学家、工程师正在对它进行重构和

---

① Basu, Tanya (Nov 16, 2021). “The Metaverse Is the Next Venue for Body Dysmorphia Online.” *MIT Technology Review*, https://www.technologyreview.com/2021/11/16/1040174/facebook-metaverse-body-dysmorphia/.

重组。”[1]

在元宇宙中，身体成为了“化身”，存在也成为了“电子存在”，数据和信息的有效集成构成“我”在元宇宙中的真正意涵。身体作为人类最根本的基础设施型媒介，同时也是历史的、文化的、技术的，正如安德烈·莱罗–古尔汉（Andre Leroi-Gourhan）认为，人类的进化包含两部平行的历史：有机史（进化史）和无机史（技术史），二者并非是平行的而是汇集于一体的。[2]身体和思想同时具有技术属性和文化属性，这一点不仅有现象学的分析，还有解剖学和生理学的背书，比如人类的消化道特征决定了人需要过一种集体性的生活。而当“远程在场”将身体抛出在外之后，丢失的不仅是非语言沟通中不可被语言复制的符号讯息，还有身体本身所携带的巨大的文化和道德意涵。

社交媒体自创生伊始想要解决的问题就是，如何在身体缺席的技术前提下实现沟通的在场。比尔·盖茨（Bill Gates）在1999年曾说：“如果我们要复制出面对面沟通，那么我们最需要复制的是什么？我们要开发出一个软件让处于不同地方的人一起开会——该软件能让参与者进行交互，并令他们感觉良好，在未来更愿意选择远程在场。”[3]然而，假如元宇宙在模拟了身体的感觉经验的同时，肉身依然是被排除在互动关系之外，那么，元宇宙空间的社会契约就会减弱它的约束力（正如我们今天在网络空间中看到的混乱和戾气一样），一个以遇见他者为目的的虚拟社区，会因为身体及其背后文化结构的不可见，而难以真正实现一种“面向他者的传播”。

---

① 约翰·杜翰姆·彼得斯:《奇云：媒介即存有》，邓建国译，上海：复旦大学出版社，2020年［2015年］，第8页。

② Leroi-Gourhan, Andre (1993). *Gesture and speech*. MIT Press, 227.

③ “Gates Sees Personal Data, Telepresence as Future Software Issues.” MIT News, Apr 14, 1999. https://news.mit.edu/1999/gates2-0414.

在元宇宙中，身体其实永远是一项需要小心翼翼维持的平衡：化身技术必须走一条精细的路线，既要保持足够的真实性，以忠实于人们的身份，又不能威胁到化身背后的人的心理健康。

我们永远生活在别处

现代社会是基于视觉媒介而建立起来的社会，可以说现代社会的“自然化”存在、常态化运作以及合法性来源都是“书写”。19世纪以来，几乎每一种“新媒介”都是对书写的致敬：摄影是用光“书写”，留声机是用声音“书写”，即使是今日不断发展出新技术且创造出无数个新名词的互联网新媒体，也是用代码“书写”。书写完成了一次空间与时间的置换——用空间置换时间，因为相对于时间来说，空间是人类唯一能型塑的对象，于是当书写媒介中介化了现代社会之前的面对面传播，“在场”也就成为了一个被各种视听媒介中介化了的“幻象”。自信息革命肇始之初，如何在被各种媒介中介化了的传播中模拟出在场感，即成为数字技术的兴趣和使命。

曾几何时，身体的在场是第一手体验的一个先决条件。但是，媒介技术的演进改变了这一点。共享的体验原本以日常生活为基础，一代一代传承下来。信息，作为媒介的主要产出，却把生活体验变成了无止无休的新闻标题。通过信息消费而获取的关于事件和人物的知识压倒了有关体验的叙述。信息创造了一个事件丰盛但体验匮乏的世界。体验逐渐在我们身外发生，获得了自主的生命，变成了一种奇观（spectacle），而我们则成了这种奇观的观众（spectator）。然而，在这个过程中，事件的传播丧失了叙述的权威。

现在，一个人可以在身体缺场的情况下成为某种社会表演的观众；这种表演的舞台找不到具体的地点标记；结果是，一度把我们的社会分成许多独特的交往环境的物理结构的社会意义日渐降低。传播技术允许公民同身体上缺场的行为主体和社会过程建立某种程度的连接，通过这种连接，他们的体验和行为选择被重新结构化。

对于前现代的人来说，缺场的权力之源——例如君主和教会的扩大化的统治——注定是不可见的和不可渗透的。随着传播技术的扩散，情况变得极为不同。这些技术强化了在地方生活世界和“外面的”世界的侵入之间建立“工作联系”的潜力，与此同时，经由象征的撒播创造了新的远距离关系：“亲身体验”和“中介的体验”日益交织在一起。

这一切所指向的是，场所从空间中分离出来，产生了一种崭新的“在场”与“缺场”的关系。在前现代社会，空间和场所总是一致的，对大多数人来说，在大多数情况下，社会生活的空间维度都是受“在场”的支配，即地域性活动支配的。现代性的降临，通过对“缺场”的各种其他要素的孕育，日益把空间从场所分离了出来，从位置上看，远离了任何给定的面对面的互动情势。

在当下的互联网上，以及未来的元宇宙中，线上一个ID、一种影像化的存在即可以表示我们在场，但在这些符号的背后，屏幕那端的个体究竟是谁，其以何种状态与我互动都是未知的，这在在线教育模式中充分显露。尽管信息技术可以让学生有机会获取大量的在线学习资源，也可以通过虚拟现实技术进入沉浸式课堂，还可以自行制作自己的多媒体作品或者进入学习社区获得机器学习的反馈，但基于现实的连接始终缺位，学生缺乏同伴的在场陪伴，师生无法在互动中确认彼此信息的接收度，也缺乏面对面的真切体验。

数字化为我们提供不同步在线也可接收信息的便利之时，也带来了空间感与意义感的消失。我们不无惊讶地发现，通过现实空间与身体在场感传递的意义远非数字化可以模拟，学校、电影院、教堂等场所的存在，正是为了诠释了身体在场对于互动仪式和情感意义的重要性。

然而，我们必须承认，“网络化生存”就是我们今天的生存状况。可以说，我们从一个“海内存知己，天涯若比邻”的世界，第一次来到了一个“海内存知己，比邻若天涯”的世界。从今而后，由于虚拟世界的打扰，我们永远在场，而又永远缺场，用句时髦的话来说，我们永远生活在别处。

技术应使核心的人类体验变得更好

并非所有人都赞同扎克伯格或者微软（Microsoft）CEO萨蒂亚·纳德拉（Satya Nadella）坚定不移的元宇宙热情。AR游戏*Pokémon Go*背后的开发商Niantic的创始人兼CEO约翰·汉克（John Hanke）就把元宇宙比作一个“乌托邦式的噩梦”。他写道，那些激发了元宇宙概念的小说、电影和电视节目实际上“是对技术出错的乌托邦的未来警告”。

扎克伯格认为，虚拟世界会为你生活中的人和你想去的地方带来更强的在场感，而汉克却相信，它将起到相反的作用。他在博客中写道：

> 我们相信，我们可以利用技术向增强现实的“现实”靠拢——鼓励每个人，包括我们自己，站起身来，走到外面，与他人和我们周围的世界发生联系。这是我们人类生来要做的事情，是200万年人类进化的结果，因此，这些是让我们最快乐的事情。技术应该被用来使这些核心的人类体验变得更好，而不是取代它们。[①]

严格来说，有关现实世界和数字世界的价值之间的争论，不太可能得到完全解决。在未来，那些认为物理世界更重要的人将会说其他人在虚拟世界中出现了问题，反之亦然。

---

① Hanke, John (Aug 10, 2021). “The Metaverse Is a Dystopian Nightmare. Let’s Build a Better Reality.” https://nianticlabs.com/blog/real-world-metaverse/.

研究在线连接心理学超过三十年的美国学者雪莉·特克尔（Sherry Turkle）在过去的数年里，一直呼吁“重拾交谈”。[1]本来全力关注虚拟空间的她，着迷于一个新的问题：在一个许多人说他们宁愿发短信也不愿意交谈的世界里，面对面交谈究竟发生了什么？她研究了家庭、友谊和爱情。她研究过中学、大学和工作场所。她震惊于如果人们停止面对面交谈，或者是在有电子设备的情况下不能够专注于交谈，那么人类的一种最宝贵的品质——同理心就会下降。

我们已经习惯了无时无刻的连接，但代价是我们绕过了交谈。五年前我应邀为特克尔的《重拾交谈》（*Reclaiming Conver Sation: The Power of Talk in a Digital Age.* 2015）一书写推荐语，我写道：“现在迫切需要重拾这样的认识：雄辩是廉价的，而交谈却是无价之宝。”至少在开放式和自发性的交谈中，我们允许自己完全在场和显示脆弱。我们学会了眼神接触，意识到另一个人的姿势和语气，互相安慰，有理有节地挑战对方。由于这一切，同理心和亲密关系才得以蓬勃发展。在这些交谈中，我们了解到自己是谁，并学会自我反思。

感同身受的交谈能力与独处的能力相辅相成。在独处中，我们找到自己；我们为自己准备好交谈的内容，这些内容是真实的，是属于我们的。如果我们不能聚拢自己，就无法认出其他人是谁。如果我们不能忍受孤独，就会把别人变成我们需要的人。假如人类不懂得独处，将只知道如何孤独。虽然我并不想将在线、在场与交谈、独处进行过度对立，但沿着特克尔的思路，我们还是可以提出一个充满挑战性的问题：不间断的联系，幻想中的在场，是否会让人类陷入更深的孤独？

---

① 雪莉·特克尔:《重拾交谈》，王晋等译，北京：中信出版社，2017年［2015年］。

“信息流行病”的传播机理

信息一直被视为影响民众的力量，而这种影响人类行为的信息力量经常被滥用。

信息一直被视为影响民众的力量。在许多社会系统中，个人依靠对他人的观察来调适自己的行为、修改判断或做出决定。通信技术的不断发展极大地促进了人们获取社会信息的便利。人们一面展开社会生活，一面经常不断地接触他人对政治观念、新技术或商业产品等的意见、建议和判断。面对同伴群体在给定问题上的意见，人们倾向于过滤和整合他们所接收到的社会信息并相应地调整自身的信念。在当下这个紧密联系的社会中，信息的社会影响在许多自发组织的现象中发挥着重要作用，例如文化市场上的从众效应、观念和创新的传播以及流行病期间恐惧感的扩大。

与此同时，具备垄断性和宰治权力的实体拥有越来越大的能力塑造构成数字生活的关键因素。随着时间的流逝，个人对数字生活的控制力日益减弱。为了方便起见，人们往往选择接受隐私的限制和狭窄的信息源。由此，政治或商业实体成为某些人群的有力影响者。人们会被“投喂”特定新闻和信息，社会上公认的/彼此同意的知识和事实要件被瓦解，社交网络技术（算法、自动化和大数据）的可供性极大地改变了信息传输方式的规模、范围和准确性。

毫无疑问，这种影响人类行为的信息力量经常被滥用，以便散布伪传信息（disinformation）、错误信息（misinformation）或假新闻（fake news）。随着社交媒体和便利技术的出现，这些内容在生产和快速传播方面已经与严肃新闻在多方面展开激烈竞争，在重大公共卫生危机出现时尤其如此，因为危急时刻人们尝试获取更多的信息，也急需安放信任。

历史上第一场社交媒体信息流行病

2020年2月2日，世界卫生组织（WHO）宣称，新型冠状病毒的爆发与反应，伴随着一场大规模的“信息流行病”（infodemic），该词系information（信息）与epidemic（流行病）组合而成，特指“信息过多——有些准确而有些不准确——这使得人们在需要时难以找到可信赖的来源和可靠的指南”。①

9月23日，以WHO为首的多个国际组织更发表联合声明，表示冠状病毒病是历史上第一场大流行，在其中人们大规模使用技术和社交媒体来保持安全、知情、生产和联系。“然而，与此同时，我们赖以保持联系和知情的技术正在启动和扩大一种信息流行病，持续破坏全球应对并危及控制该流行病的措施。”

联合声明指出，信息流行病是在线和离线信息的淤积，包括错误信息和伪传信息。前者会危害人们的身心健康，甚至导致生命损失。没有适当的信任和正确的信息，诊断测试将无法使用，免疫运动（或推广有效疫苗的运动）将无法实现目标，病毒得以继续蓬勃发展。后者则扩大仇恨言论，增加冲突、暴力和侵犯人权的风险，并威胁到民主、人权和社会凝聚力的长期前景。②

---

① World Health Organization (Feb 2, 2020). “Novel Coronavirus (2019-nCoV): Situation Report -13.” https://www.who.int/docs/default-source/coronaviruse/situation-reports/20200202-sitrep-13-ncov-v3.pdf.

② World Health Organization et al (Sep 23, 2020). “Managing the COVID-19 Infodemic: Promoting Healthy Behaviours and Mitigating the Harm from Misinformation and Disinformation.” https://www.who.int/news/item/23-09-2020-managing-the-covid-19-infodemic-promoting-healthy-behaviours-and-mitigating-the-harm-from-misinformation-and-disinformation.

信息流行病一词并非WHO首创，它肇始于2019新型冠状病毒（COVID-19）的旧同类——SARS（严重急性呼吸系统综合症）病毒引起的疫情爆发，发明者是美国智库Intellibridge Corp的CEO大卫·罗斯科夫（David J. Rothkopf）。2003年5月11日，罗斯科夫在《华盛顿邮报》上写道：

> SARS的故事不是一种流行病而是两种，第二种流行病基本不为媒体所注意，但其影响却远大于疾病本身。这是因为，造成SARS从一个中国区域性健康危机转变为一场全球经济和社会溃变的，不是病毒传染病，而是“信息流行病”……
>
> 我所说的“信息流行病”到底是什么意思？一些事实，加上恐惧、猜测和谣言，被现代信息技术在世界范围内迅速放大和传递，以与根本现实完全不相称的方式影响了国家和国际的经济、政治甚至安全。[1]

2002年11月至2003年7月之间，SARS爆发，在全球范围内感染8000多人，并致774人死亡。[2]SARS是一种冠状病毒，可以人传人，并且在传播时会发生变异。将近二十年后，人类被新型冠状病毒卷入一场空前的传染病大流行。

2019—2020年的COVID–19世界与2002—2003年的SARS世界迥然不同。新冠病毒不仅会带来严重的急性呼吸道综合症，而且潜伏期长，传染度高，影响范围大。这是政治上两极化、经济上不平等时代的流行

---

① Rothkopf, David J. (May 11, 2003). “When the Buzz Bites Back.” *The Washington Post*, B01.

② CNN Health (May 30, 2019). “SARS Fast Facts.” https://edition.cnn.com/2013/09/02/health/sars-fast-facts/index.html.

病。公共卫生危机在关键轴上的不同影响（富人与穷人、城市与农村、地区与地区以及公民与移民之间）可能会加剧已有的社会政治鸿沟，使基本社会政治凝聚力骤然紧张。

与此同时，还有一个很关键的不同在于，2002年SARS期间，虽然我们拥有Excite和GeoCities之类的网站，但是却没有社交媒体（一年后Myspace出现了，但它从未成为新闻发布的中心）。大部分人是通过主流的传统媒体获取和传播有关疾病的信息，只有手机短信才构成至关重要的“非官方”补充。

到2020年，新的数字交流平台与2003年时已有天壤之别。2003年SARS肆虐中国时，只有6%的人口可以使用互联网。十七年后，这个数字增加了十倍：根据《第46次中国互联网络发展状况统计报告》，截至2020年6月，网民规模达9.40亿，互联网普及率为67%。[①]从全球范围看，互联网用户数到2020年已达45亿人，普及率为59%，超过全球人口的二分之一。手机用户数为51亿，全球92%的互联网用户通过移动设备联网。社交媒体用户数为38亿，这意味着每10个互联网用户中超过8个人都是社交媒体用户。[②]社交媒体用户每天花在社交网络和即时通信程序上的时间平均为2小时24分，[③]而手机目前占据在线时间的一半以上。[④]

在历史上，从未有任何关于新疾病的信息能够比2020年的新冠病毒流行在一个互联世界中传播得更快：死亡人数和细节通过24/7的滚动报告时时通达全球，数十亿手机用户源源不断访问新闻，数以亿计的社交媒体

---

① 中国互联网络信息中心：《第46次中国互联网络发展状况统计报告》，2020年9月，http://www.cac.gov.cn/2020-09/29/c_1602939918747816.htm。

② We Are Social & Hootsuite (Jan 30, 2020). “Digital 2020: Global Digital Yearbook.” https://wearesocial.com/blog/2020/01/digital-2020-3-8-billion-people-use-social-media.

③ GlobalWebIndex (2020). “Social.” https://www.globalwebindex.com/reports/social.

④ We are social & Hootsuite (Jan 30, 2020). “Digital 2020: Global Digital Yearbook.” https://wearesocial.com/blog/2020/01/digital-2020-3-8-billion-people-use-social-media.

来源构建了永不止歇的对话场。随着整座城市乃至整个国家的封锁，用于传播信息和开展交往的社交媒体基础设施正在达到前所未有的新规模。

在新冠肺炎疫情中，假新闻和伪科学混杂于真实新闻和科学之中，信息大杂烩增加了不确定性并引发了恐慌——或可称为全球首次大规模信息恐慌，它将冠状病毒的爆发与以前的病毒爆发区分开。虽然SARS、中东呼吸综合症（MERS）和寨卡病毒（ZIKA）都引发了全球恐慌，但新冠疫情大流行发生在人类拥有密切的相互联系以及身处应接不暇的信息洪流之时。社交媒体尤其加剧了人们对冠状病毒的担忧。它使伪传信息和错误信息以空前的速度传播和繁荣，创造了不确定性加剧的环境，激发了个人和群体在线上线下的焦虑和种族主义。

由于这些情形，《麻省理工科技评论》（*MIT Technology Review*）刊文认为，新型冠状病毒带来的是历史上第一场社交媒体信息流行病。[①]罗斯科夫早已指出，信息流行病是由主流媒体、专业媒体和互联网站以及“非正式”媒体之间的交互作用所引发的复杂现象。所谓“非正式”媒体包括无线电话、短信、寻呼机、传真机和电子邮件，它们和报纸、电视、电台等“正式”媒体一样，都传递了事实、谣言、解释和宣传的某种组合。其所涉及的信息消费者，从官员到公民，查看整个信息图景的能力各异，对所拥有信息的处理程度亦不相同，在依照信息采取行动之前进行验证的可能性很小，而且在理解或控制快速变化的信息方面几乎是个白丁。

观察过去与现在，“信息流行病”可以定义为真假混杂的过量信息，它具有以下几个特点：其一，信息出现大规模集聚，其流行乃是在大量

① Hao, Karen & Basu, Tanya (Feb 12, 2020). “The Coronavirus Is the First True Social-Media ‘Infodemic’.” *MIT Technology Review*, https://www.technologyreview.com/s/615184/the-coronavirus-is-the-first-true-social-media-infodemic/.

传播信息时，多种人类和非人类（即机器人，bot）资源同时行动的结果。其中，需要注意的是，非人类账户已成为社交媒体中噪声的重要贡献者。其二，这些人类和非人类资源往往是不可靠的或者误导性的，其所传播的信息大量属于错误信息、伪传信息、阴谋论乃至赤裸裸的谎言。其三，信息传播的速度极快，这一方面是因为社交媒体和移动设备的信息呈现方式要求人们在极短的时间内摄取信息，另一方面，不可靠或误导性的信息也比基于事实的新闻传播得更快。当用户反复受到来自不同来源的给定信息的冲击时，等于间接验证了它们的可靠性和相关性，导致用户反过来亦积极传播这些信息并成为误导性信息的载体。其四，综合以上因素，信息流行病的后果是，有关某些问题的信息过多，而这些信息又通常是不可靠的，但却能够以异乎寻常的速度传播，这一切使得解决方案更加难以实现。

信息流行病的传播成因

很明显，新型冠状病毒正在创造一个新的、范围更广泛的虚假信息环境。围绕着史无前例的病毒大流行，虚假信息遍布各数字平台和世界各地区，产生了独特的网络结构，刻画了危机情况下错误和伪传信息的传播样貌。各式各样自上而下的通路传递着有关流行病的冲突性的和政治化的信息，又经由困扰于不确定状况的民众对虚假信息的有机传播而进一步放大，从而使得信息流行病席卷全球。

信息流行病的兴起凸显了互联网时代虚假信息对长期存在的制度壁垒的侵蚀。然而，有关个人、机构和社会容易受到恶意行为者操纵的脆弱性，人们仍然知之甚少。

社交媒体的交流特性：平台、讯息与受众

2020年初以来，当世界上的很多人都待在家里、为应对疫情而退出

公共生活的时候，有关全球流行病的艰难讨论转移到了社交媒体上。担忧、恐惧、不确定性四处弥漫，人们寻找任何可以帮助他们领会眼下处境并落实意义的东西，同时努力保护自己和家人。因此，我们需要问：社交媒体作为信息通道，和此前的“正式”与“非正式”媒体有什么不同？

集体关注是使某一事物流行起来的唯一途径，而信息级联（information cascade）在某一事物的流行度迅速上升中起着很大的作用。信息级联具有强大的影响力，可以导致个人模仿他人的行为，无论他们的想法是否真的一致。即使在个人知道他们得到的信息可能完全不正确的时候，他们也会依赖别人所说的话，这就是所谓的群体思维（groupthink）。在社交媒体的传播链条中，由于人们相当依赖此前他人的看法，其实就可以通过操纵初次接触的信息而在公众中制造流行。而这种操控术的重要环节，就是增加特定信息在社交媒体上出现的频率。

大量研究始终表明，反复暴露错误信息会增强其可信度，这被称为“真相幻觉效应”（illusory truth effect）。[①]在评估真相时，人们依赖于信息是否符合他们的理解或对其感到熟悉。人们会将新信息与他们已知的真实信息进行比较。而相对于未经重复的新陈述，重复会使该陈述更易于处理，使其结论显得更真实。在2015年的一项研究中，研究人员发现，熟悉可以压倒理性，并且如果反复被告知某个事实是错误的，最终就会影响听众的信念。[②]包含错误信息的帖子会激发人们分享，这绝非偶然，而这又反过来扩大了级数效应。

以此观照，世界卫生组织此次重提的“信息流行病”，根植于现代信息

① Hasher, Lynn, Goldstein, David & Toppino, Thomas (1977). “Frequency and the Conference of Referential Validity.” *Journal of Verbal Learning and Verbal Behavior* 16 (1): 107–112.

② Dreyfuss, Emily (Feb 11, 2017). “Want to Make a Lie Seem True? Say It Again. And Again. And Again.” *Wired.*

空间的动态性，在其中，难以从竞争激烈的声音（有时甚至是严重冲突的声音）里将可信赖的信息辨别出来，当某类议题成为全社会的关切时尤为如此。

这种动态性形成的主要原因在于，社交媒体平台的普及使信息的扩散和消费得以民主化，侵蚀了传统的媒介体系并削弱了权威主张，给不良行为者提供了成熟的利用环境。如今，各个国家、各种机构和各色人等都可以轻易地以闪电般的速度传播可能造成严重后果的虚假信息。

行为者可以围绕信息生态系统中的三个主要的、相互联系的元素展开其行动。一是社交媒体，即滋生虚假信息的平台；二是讯息，即通过虚假信息传递的内容；三是受众，即此类内容的消费者。前两个元素，即媒体与讯息，是相互增强的：媒体平台被设计用来将信息快速传递给广大受众，并优先传递能够带来流量并因此产生收益的“病毒”内容。结果，它们天生就容易受到旨在煽动的虚假信息的影响，这些信息为了引起人们的注意并将自身最大限度地分享出去而无所不用其极。

通过虚假信息传递的讯息有着广阔的光谱，从带有偏见的半真半假的陈词，到阴谋论，再到彻头彻尾的谎言，目的都是为了操纵舆论、影响政策、抑制行动，或是在目标人群中制造分裂和模糊真相。不幸的是，能够最有效地帮助实现这些目的的情绪——厌恶、恐惧和愤怒——也会大大增加某些讯息的传播可能性。即使虚假信息首先出现在主流媒体以外的边缘之处，利用依赖于更多点击和浏览的平台业务模型来确保更大的受众渗透率的大规模协调行动，也会放大讯息，创造一种在多个平台上都具有很高的活跃度和受欢迎度的错觉，从而与推荐和评价算法展开一场成功的博弈。

新的智能技术更令虚假信息的传播如虎添翼。在过去的十年中，计算式宣传（computational propaganda）人员建立了庞大的机器人或人类“喷子水军”（troll farms）网络，只需轻按按钮，就可以迅速而广泛地传播旨在引发混乱的消息。买卖或者租用机器人账户的交易都很活跃，进入门槛非常低，因此任何行为者都可以复制相同的技术。半自动或者全自动的机器人以远低于人工成本和远高于人工的效率进行虚假信息的大范围扩散，可以有效改变舆论环境中信息及意见的相对比重，从而制造支持或反对的假象，以形成针对某一人物或议题的“意见气候”。

不过，媒体和讯息而外，信息生态系统中最重要的元素始终是受众。虽然虚假信息及其传播能力发生了重大变化，可以说，如果不能利用人性的基本偏见与行为，不管有多少数量的社交媒体机器人，也无法有效地传播虚假信息。人们并非信息的理性消费者。他们寻求迅速令人放心的答案，以获得一种确定性、认同感与归属感。

社会心理学家埃里·克鲁格兰斯基（Arie W. Kruglanski）将人们的这种心理需求称之为“认知闭合”（cognitive closure），描述个体应对模糊性时的动机和愿望，即给问题找到一个明确答案的愿望——无论那是什么样的答案，因为相对于混乱和不确定，任何明确的答案都更好一些。[①]“闭合”一词在此是指，在你做出决定或做出判断的那一刻，实际上会拒绝接受新信息。如果你有很高的“闭合需求”，那么你往往会迅速做出决策，并看到一个黑白两色的世界。如果你对闭合的需求较低（也就是避免闭合的需求较高），则可以容忍模糊性，但是通常很难做出决定。

认知闭合是一个连续体，每个人都处于这个连续体的不同位置上。然而在恐惧和焦虑时期（例如疫情肆虐的现在），每个人闭合的需求都在增加。无论事实如何，我们都倾向于更快地做出判断。我们还会被那些有决断力和提供简单解决方案的领导者所吸引。

平台、讯息、受众结合在一起，促发大量互联网模因（Internet meme）现象。英国演化生物学家理查德·道金斯（Richard Dawkins）在1976年的畅销书《自私的基因》（*The Selfish Gene*）中首创“模因”（meme）一词，

---

① Kruglanski, Arie W. (1989). *Lay Epistemics and Human Knowledge: Cognitive and Motivational Bases*. New York: Plenum.

描述一种文化中观念、行为或风格通过模仿在人与人之间的跨越散播。[1]该词后来被互联网文化借用，特指在社交媒体上散播的模因，但这些模因并不试图追求复制的精确性，而是在散播过程中故意加以更改。

在《自私的基因》最后一章用模因来表达文化中的各种复制时，道金斯使用了“病毒”的隐喻。互联网模因与疾病流行共享一种形容——病毒式传播——也许并非巧合。“爆发需要三样东西：传染性足够的病原体，不同人群之间的大量互动以及足够多的易感人群。”正如英国流行病学家亚当·库查斯基（Adam Kucharski）所指出的，任何形式的流行都是一个社会过程。[2]

在社交媒体上，有三个主要因素会影响我们所读到的内容：我们的一位联系人是否分享了链接；该内容是否出现在我们的信息流中；以及我们是否点击了它。在所有这些方面，社交媒体公司以及在社交媒体上制造流行的传播者竭力将流行病学知识应用于病毒式营销和无休止的注意力吸引上。从回声室效应和在线操纵，到许多公民对这些公司收集的数据的数量和性质的隐私权关注，都构成了社交媒体的阴暗面。

虚假信息与阴谋论

在危机时期，恐惧助长歧视。以往流行病的人类学和历史记载，都提供了许多证据，表明在流行病期间，规避和污名化外来群体是集体应对的常见行为。[3]对少数民族和其他“外来者”的集体歧视，本有可能深

---

① 理查德·道金斯：《自私的基因》，卢允中等译，北京：中信出版社，2012年。

② Ahuja, Anjana (Mar 11, 2020). “Adam Kucharski’s The Rules of Contagion Shows the Parallels Between Epidemics, Recessions and Fake News.” *New Statesman*, https://www.newstatesman.com/culture/books/2020/03/adam-kucharski-s-rules-contagion-shows-parallels-between-epidemics-recessions.

③ Kucharski, Adam (2020). *The Rules of Contagion: Why Things Spread - and Why They Stop*. Profile Books.

藏于一个社会之中，借危机到来趁机获得“合法化”。例如，1853年美国黄热病流行，爱尔兰和德国移民被指为罪魁祸首，说是其恶劣的卫生习惯导致了一场公共健康危机。[①]1916年纽约市小儿麻痹症大爆发，意大利移民被指控将这种流行病带到了美国。[②]

追求眼球效应的社交媒体对疫情的渲染会进一步加剧已有的恐惧，包括某些人故意加强仇外心理的刻板印象，或是兜售流行谣言。这方面最广为人知的例子是一段疯传的录像：“一个中国女人沉迷于喝果蝠汤”。尽管该视频已被揭穿系摄于2016年的帕劳（Palau），但在网上仍屡被当做中国人“令人恶心”的饮食习惯造成新冠病毒流行的铁证，因其符合西方受众对中国人的种族主义叙事想象。[③]像“蝙蝠汤”一类的视频是虚假信息的典型示例，它将信息从上下文中提取出来，并以某种真实的方式重新包装，以迎合某些特定的世界观。

另一类我们熟悉的虚假信息是阴谋论，如果人们不把病毒的始作俑者认定为少数族裔或者外来移民，那么令人担忧的传染病爆发很有可能是因为外国政府在作祟。疾病流行期间阴谋论的盛行肇始于国内和国际政治的古老、深刻而令人不安的根源。

从历史上看，一些国家惯于采用阴谋论来分散对自己失败的注意力或避免批评，阴谋论本身也可以作为国与国之间博弈的信息战武器。传播有关疾病的虚假信息在社交媒体时代之前就是一些政府精心谋划的宣传策略之一。

---

① McKiven Jr., Henry M. (Dec 2007). “The Political Construction of a Natural Disaster: The Yellow Fever Epidemic of 1853.” *Journal of American History*, 94: 734–42. http://archive.oah.org/special-issues/katrina/McKiven407b.html?link_id=mit_fever.

② Kraut, Alan M. (Apr 1, 2010). “Immigration, Ethnicity, and the Pandemic.” *Public Health Reports* 125 (Suppl 3): 123–133. https://www.ncbi.nlm.nih.gov/pmc/articles/PMC2862341/.

③ BBC Monitoring (Jan 30, 2020). “China Coronavirus: Misinformation Spreads Online About Origin and Scale.” *BBC News*, https://www.bbc.com/news/blogs-trending-51271037.

过去，人们一直以为只有一小群疯子才会相信阴谋论，现在，由于社交媒体的指数级传播能力、群体极化的普遍存在、机器人和水军的网络渗透，阴谋论正在赢得越来越多的听众。特定的阴谋论思维形式，核心是认为社会事件或进程是由一些恶意势力操纵的，换句话说，就是有一群“阴谋家”躲在背后作祟。

由此可见，疾病和对大规模传染的恐惧可以被“武器化”（weaponize），用以加强反移民偏见和仇外心理，推动政治上的两极分化，并展开地缘政治竞争。虚假信息和阴谋论的内容动力学并非新冠肺炎所独有，它们会出现在任何未来危机的爆发当中。

然而，就一场公共卫生危机而言，虚假信息和阴谋论会威胁公众的健康，因为它们破坏了对基础科学的信心，质疑了卫生专业人员的动机，使卫生活动政治化，并为应对疾病挑战制造了难题。

信息流行病的传播机理

错误信息、伪传信息与宣传一直以来始终是人类交流的一部分。信息制造并非新事物，然而从未有过今天这种技术来有效地予以传播。20世纪后期发展出来的互联网，以及紧随其后的21世纪的社交媒体，令错误信息、伪传信息、宣传和恶作剧愚弄的风险成倍增加。错误和欺诈性内容现在通过点对点分发（即多对多通信）广为传播，借助算法、大数据与人工智能以及计算式宣传大行其道。与此同时，数字新闻削弱了传统的、客观的、独立的媒体的力量（以金钱和人力来衡量）。在这种变化当中，可信赖信息源发生了崩溃，许多新闻消费者感到有权选择或创建自己的“事实”。结合起来，这些事态发展为新闻业带来前所未有的威胁，污染人们的新闻认知到惊人的程度：许多人认为，在严肃新闻与假新闻之间根本不存在真正的区分。这种态度对公共话语的败坏，实际上比最初的虚假信息还要严重。

在信息流行病中，我们看到的一个现象是质疑“官方”真相的普遍趋势。这种质疑，汇合其他因素而形成当代社会所处的后真相状态。该状态的一个象征是玩世不恭的怀疑与幼稚的信条的奇特结合，恰似精神分析心理学家埃里希·佛洛姆（Erich Fromm）抨击现代文化时所说："这种影响导致双重的后果：其一是每个人对他人言论或报章刊印的东西，都抱持怀疑主义与犬儒主义的态度；其二则是每个人都幼稚地相信别人以权威立场所说的任何内容。融合了愤世嫉俗与天真轻信的心态，正是现代人的典型特征。"[①]

这一在二十世纪上半叶就提出的真知灼见或许说明，后真相并非有了社交媒体之后才出现。所有阅读过乔治·奥威尔（George Orwell）的小说《一九八四》（*Nineteen Eighty-Four*，1949）的人，都可以想象一个强大的真理部下令效忠于诸如"自由即奴役"之类口号的矛盾世界。汉娜·阿伦特（Hannah Arendt）在分析1971年"五角大楼文件事件"（the Pentagon Papers Case）时看到了同样的东西：当掌权者如此频繁地撒谎以至于压倒了公众了解真假的能力时，对真相存在的信念也会消亡。[②]比她更早，沃尔特·李普曼（Walter Lippmann）在分析新闻与真相的关系时就曾说道："（公众的）选择将在很大程度上取决于你'愿意'相信谁，而非谁说的是'真相'。"[③]

这些突出的例子表明，后真相是一种自上而下的现象，源于渴望通过欺骗公众来维持权力的政客、媒介和其他当权者。但是，正如对新冠病毒的反应所生动表明的，今天的后真相还来自相反的方向——自下而

---

① 埃里希·佛洛姆：《逃避自由：透视现代人最深的孤独与恐惧》，刘宗为译，台北：木马文化，2015年［1941年］，第283页。

② Arendt, Hannah (Nov 18, 1971). "Lying in Politics: Reflections on the Pentagon Papers." *The New York Review of Books*.

③ 沃尔特·李普曼：《舆论》，常江、肖寒译，北京：北京大学出版社，2018年［1922年］，第281页。

上。这不仅仅是绝望的人群中涌现了对信息的渴求，问题还在于，当前的环境促使人们感到，并不值得对现有的以最佳科学证据为基础的信息投入更多的信任，因为这些信息不够“有用”或者由于与感觉相悖而让人生厌。此种不存在“客观”真相的认识，不仅仅来自掌权者的操纵，也来自社交媒体上蔓延的不信任气氛。

这堪称“后Web 2.0信息时代”的悲剧性讽刺。我们的物种从来没有像现在这样，能如此直接地获得如此丰富的事实，对我们自己和我们的世界都至关重要。然而，我们也从来没有像现在这样愿意规避事实，转而选择依靠信仰来确认可以带来满足或感觉方便的虚构之物。原因何在？

技术导致的“部落化”

从信息传播的机理来看，互联网及其所支持的应用的激增，令社会群体重组为在线的社交网络，参与性媒体和用户生成内容的“产消合一”式爆炸增长、新闻与信息的算法个性化、移动信息和通信技术的渗透，共同导致了媒介受众的分散，形成了各种各样的同质文化再生产小圈子。

这就是当代数字世界中所谓的“回声室”（echo chamber）、“筒仓”（silo）或“过滤气泡”（filter bubble）。在这些彼此区隔且自成体系的社区中，关于何为现实真相的主张，不太依靠资格、权威或出处来加以确认，相反，更多基于接收者与分享或赞同那些主张的人之间的关系或亲和力而获得接受。社会科学家将此称为“特殊信任”（particularized trust），这实质上是人们对自己的部落成员（无论真实或虚拟）的信任。这种专向的信念坚持要和自己的同类在一起，彼此依靠马克·格兰诺维特（Mark Granovetter）所说的“强连接”（strong tie）[1]和伯纳德·威廉斯（Bernard

① Granovetter, Mark (May 1973). “The Strength of Weak Ties.” *American Journal of Sociology* 78 (6): 1360-1380.

Williams）所说的“厚信任”（thick trust）[1]维持关系。

这就形成了所谓的“信任网络”（trust network），人们基于信任关系以未经中介的方式点对点在线共享信息。通过信任网络进行信息分发的结果是，越来越多的不准确的、虚假的、恶意的和旨在操纵的内容被伪装成新闻或权威信息而获得流通。研究发现，情感内容以及朋友或家人共享的内容更有可能在社交媒体上得到再传播。[2]也就是说，情绪反应和信任网络导致伪传信息和错误信息传播的可能性大大增加。

这类网络避开陌生人，并以家庭、亲密朋友和小团体成员的社交圈为基地，其强烈的身份认同会导致对共性和共通感的反对。秉持特殊信任的人认为，尽管其他人的利益不一定总是会与自己的利益相对立，但彼此之间也谈不上拥有什么共同的利益。在过去的半个世纪中，对权威机构和专家的信任的销蚀更是加剧了部落内部的认知一致性和偏狭思考。

虽然人类的高级推理能力是我们物种的一种公认的能力，但实际上普通人是非常糟糕的推理者。心理学家丹尼尔·卡尼曼（Daniel Kahneman）等人的研究表明，我们的推理充满了认知障碍和偏误。[3]确认偏误（confirmation bias）是为害最烈的偏误之一。它指出，人有寻找或相信确认自己现有信念的信息的倾向，而这往往成为我们接受新数据或改变固有想法的障碍。也就是说，如果我们持有某种观点，哪怕极少或根本没有证据支持它们，我们也极有可能相信或至少接受契合这些观点的声称。反之，即使有充分的证据支持，我们也不大可能接受或重复与我们既定观点背道而驰的声称。正是这种偏误构成了推动假新闻和其

---

① Williams, Bernard (1988). “Formal Structures and Social Reality.” In Gambetta Diego (Ed.) *Trust*. Oxford: Basil Blackwell.

② Bakir, Vian & McStay, Andrew (2018). “Fake News and The Economy of Emotions.” *Digital Journalism* 6 (2): 154-175.

③ 丹尼尔·卡尼曼:《思考，快与慢》，胡晓姣等译，北京：中信出版社，2012 年。

他不良信息的点击式传播的引擎。虚假信息的制作者聪明地利用这种倾向来扩大小团体中固有的信念。

大流行对某些群体和地域的影响大于其他群体和地域，激发了恐惧、怨恨和幸灾乐祸的有害混合。当我们谈论新冠病毒，我们并不只是在谈论一种病毒，而是在谈论风险和威胁的社会分布。谁有危险？谁在威胁我们？这是谁的病毒？当然，起分裂作用的并非病毒，而是对付病毒的选择性态度和行为。人们可以借机把责备转移到自身之外，或者将责备转移到他们不喜欢的人身上。信息流行病的很多病症正是如此。

情感驱动型社会的出现

毫无疑问，任由虚假信息肆虐，可能会威胁全世界控制疾病的努力并危及大量人群的生命。然而，即便情况如此，我们也需要认识到，谣言和虚假信息构成人们对危机事件的不确定性和焦虑状况的一种自然反应。

在有关谣言的研究中，社会学家涩谷保（Tamotsu Shibutani）描述了一个集体的意义建构（sensemaking）过程，人们通过共同努力，在彼此叠加的猜测中，对正在发生的事件产生一种具有一致性的解释。①这一过程具有积极的作用——当某些“谣言”事后变为事实时，会给人们带来重要的信息和心理好处。②

同理，信息流行病也并非全无理性：它们反映了数百万人甚至数十亿人对风险的感知的即时态度转变。也就是说，集体的意义建构努力也使我们在危机时期极易受到意外的错误信息和有意的伪传信息的影响。由于其固有的和持续的不确定性，新冠疫情大流行是虚假信息传播的完

① Shibutani, Tamotsu (1966). *Improvised news: A sociological study of rumor*. Indianapolis, IN: Bobbs-Merrill.

② 关于将谣言看成理性行动的一种形式，参见胡泳：《谣言作为一种社会抗议》，《传播与社会学刊》2009年（总）第九期。

美风暴。该疾病如何传播和如何治疗的科学充满了变数，这些科学问题将需要时间来解决，而这使我们既焦虑又脆弱。

虚假信息之所以成功，部分原因即在于人们消费和处理信息时心理上的脆弱性。科学家发现，人类总是先感受，后思考。面对感觉主导的信息，大脑的情感部分可以仅仅占用认知部分所需时间的五分之一，就将该信息处理完毕。[1]不良信息到处流传，可能是因为人们不懂或者不了解，要么信息是从自己信赖的人那里传来，但更可能是因为，在紧急疫情期间传播的内容类型导致人们变得不太明智。有证据表明，情感唤起性更高的内容会使人们的辨别力下降。也就是说，一旦依靠直觉和情感的时候，人们就更有可能相信虚假主张。例如，令人恐惧的宣称会使人们不假思索地放弃怀疑，而诉诸人们道德感的词汇在吸引注意力方面特别有效。

麻省理工学院的数据科学家在2018年完成了一项迄今最大规模的有关假新闻的研究，分析了自2006年9月Twitter诞生到2016年12月这十年间，300万用户推送的12.6万条有争议的英文新闻报道，结果发现，事实真相在各种信息类别当中都无法与骗局和谣言相抗衡。假新闻和谣言可以影响更多的人，更深入地渗透到社交网络之中，并且比准确新闻传播的速度快得多。除了假新闻比准确新闻更具“新奇性”，另一个重要的原因便是，前者比后者能引发更多的情感。伪造的推特（Twitter）信息倾向于抛出与惊讶和厌恶相关的单词来诱导传播，而准确的推文则召唤与悲伤和信任相关的单词。然而，相形之下，一个虚假报道达到1500人的速度平均下来比一个真实报道要快六倍。[2]

---

① Van Den Bergh, Joeri & Behrer, Mattias (2011). *How Cool Brands Stay Hot: Branding to Generation Y.* London: Kogan Page, 203.

② Vosoughi, Soroush, Roy, Deb & Aral, Sinan (Mar 9, 2018). “The Spread of True and False News Online.” *Science* -359 (6380): 1146-1151.

这说明，接受信息后，人们首先会将其放入一个情感参考框架之中，结合事实与情绪进行判断与决策。因此，滚动浏览充满情感挑衅内容的社交媒体讯息，就有可能改变我们看待世界的方式。当然，有人也就会精心利用这样的人类心理和网络设计的相互作用。塑造我们在社交媒体上所见内容的算法通常会促进最大的参与度；那些吸引最多眼球的帖子传播得最远。算法无疑部分地对虚假的和耸人听闻的信息的在线传播起了推波助澜的作用，因为令人震惊或充满情感的内容特别擅长引起人们的注意。

我们创建的由多巴胺驱动的短期反馈回路正在破坏社会的运作方式——没有公民话语，没有合作，假信息泛滥，无意理解他人。其结果是，一个由情感驱动的社会变得高度碎片化，由于缺乏外界的接触和挑战而变得激进。

信息的“武器化”

所谓信息的“武器化”是指非常有意识地使用信息（无论真伪）影响目标群体以实现自身的各种战术和战略意图的过程。信息发布的目的是为了在认知层面塑造目标群体的偏好，使之与信息发送者的预定意图保持一致。如果意图得以实现，将构成一个复杂和深入的学习过程（相对于简单或浅层而言），所发送的讯息作用于人们的知觉和思维过程，被其内化并可能转化为行动。发送者通常会依赖行为科学的最新见解，利用各种心理偏误为己服务。信息技术在这个过程中充当了放大器，使发送者可以输出大量信息即时到达全球受众，从而起到大面积塑造思维模式的效果。

被武器化的信息无疑包括错误信息和伪传信息等虚假信息。但是，这里不仅仅只有虚构的故事。例如，它还包括偏颇的新闻报道、针对性的政治广告和社交媒体评论、以媒介形式出现的在线和广播服务以及情报部门搜集发布的公开内容等。分发手段众多，而且皆为常规信息和虚假信息的结合。在传统媒体平台上，读者和观众可能会发现宣讲官方脚本的主持人、专家评论员和政治人物。在社交媒体平台上，用户会发现以伪装身份运营的水军，模仿人类进行评论的机器人，充满煽动性的视频博客，以及屏幕上弹出的具有针对性的政治广告。所有这一切都意在形成规范力量，即定义可接受的行为标准——孰对孰错——的能力。

当以上情况从零星的、偶然的活动转变为有组织的系统活动时，它们便成为信息武器化的行动。为了追求地缘政治目的，越来越多的国家正在利用数字工具和社交网络传播叙事，歪曲和伪造信息，以塑造公众的看法并破坏对真相的信任。当然，参与的不仅仅是政府。公司、倡导团体和其他组织也在发起各种虚假信息攻势。在许多地方，政客、利益集团和国家行为者利用虚假信息为自身的应对不当制造替罪羊，以避免责任和转移国内外的批评。一些政治派别或人物将疫情大流行视为通过恐惧和欺骗获取政治和商业利益，以及征召追随者的重要机会。

根据路透新闻学研究所（Reuters Institute for the Study of Journalism）于2020年4月发布的一项研究，与新冠病毒相关的大多数错误信息都涉及“各种形式的重新配置，即将现有的、经常是真实的信息予以颠倒、扭曲、重新关联或再制作”；相对较少的“出于百分之百的伪造”。该研究还发现，来自少数政客、名人和其他公众人物的错误信息吸引了大部分的社交媒体参与。根据他们的分类，错误信息的最大类别（39%）是“对包括政府和国际组织（如世界卫生组织或联合国）在内的公共当局的行为或政策的误导或虚假陈述”。①

其实早在新冠病毒肆虐之前，交流就已经被武器化，用于以多种

① Brennen, J. Scott, Simon, Felix, Howard, Philip N. & Nielsen, Rasmus Kleis (Apr 7 2020). “Types, Sources, and Claims of COVID-19 Misinformation.” Reuters Institute. https://reutersinstitute.politics.ox.ac.uk/types-sources-and-claims-covid-19-misinformation.

阴险的方式挑衅、误导和影响公众。互联网公司曾经许诺，普通人将会由于信息的民主化而获得赋权，然而，今天的现实却是，虚假信息通过大型不受监管的开放式环境，迅速在全球范围内传播。互联网公司承诺的力量化作了信息操纵者手中无价的工具，他们相信，一个充满困惑、快速全球化的世界更容易受到可塑信息的影响。在此背景下，无论采取多少事实核查的举措，虚假信息都没有减弱的迹象，它们只是不断地变异。

制作和散布虚假信息是信息武器化的第一步。下一个阶段是加大力度控制信息流，从而塑造舆论，而充满讽刺意味的是，可以利用虚假信息泛滥作为这样做的借口。控制始终保持严厉高压的一面，但也可能以更多面目出现：例如，将监管责任下放给私人行为者，包括互联网服务供应商、移动应用供应商以及用户；采取混合策略，将促进有利于自身的观点与压制不利观点的措施同时并举；正式授权与非正式压力相结合；将审查框定为针对其他争议较少的目标的必要努力等。

信息武器化的第三阶段更加无孔不入。随着侵入性的和隐形的数据挖掘实践变得越来越普遍，社会可能以不被觉察的方式被大规模巧妙操纵。英国伯明翰法学院的卡伦·杨（Karen Yeung）使用“超级助推”（hypernudge）一词来描述适应性强、不断更新和到处渗透的算法驱动系统，这些系统为我们提供高度个性化的环境，通过创建量身定制的世界观来定义我们的选择范围。①

使用基于我们个人喜好和弱点的模型进行的有意助推预计在未来将会变得更具影响力。剑桥分析公司（Cambridge Analytica）2018年3月被曝光的数据滥用丑闻，已然显示了与政治实体和行为者签订合同的私人

① Yeung, Karen (2017). “‘Hypernudge’: Big Data as a Mode of Regulation by Design.” *Information, Communication & Society* 20 (1): 118-136.

公司对信息环境可以造成何等程度的污染。[1]毫无疑问，经过精心策划而长期实施的助推可能增加冷漠，煽动不信任，重组政党，影响选举——操纵的可能性是无限的。

尽管如此，将信息标签为“武器化”仍可能让我们忽略了真正的问题：根源并不在于信息本身。实质是行为者利用监管和法律真空来改变信息动力，从而操纵信息。技术公司获得了足够的主导市场地位以游说自己脱离或减弱政府监管，而政府也有强烈的动机使用不受监督的技术。传统媒体似乎无法抵制意在分裂的行为者通过虚假信息扩大其议程的劫持行为。

在这种情况下，人们感到无能为力或无所适从，以致丧失了主动性，难以抵挡此种对信息空间和数字权利的攻击。抵御认知层面威胁的最佳方法取决于用户自己的行为和知识。如果人们没有技能（或更糟糕的是，不使用它们）来认真地思考他们所看到的内容，并在接受事实为真之前对其进行核查，那么认知防线就会失守。

武器化的社交媒体淹没了传统媒体、新闻和教育系统，使其难以发现真相和事实，将批判性思维应用于不同观点，并克服信息偏见。原本建立和维护社会纽带对于社会的“可持续性”至关重要，但假如社会纽带在即使最亲密的地方也开始断裂，那么势必造成一个“危机社会”，其不确定性大大高于“风险社会”。

---

① 英国咨询公司 Cambridge Analytica 利用从 Facebook 档案中未经允许而收集到的 8700 万个人数据，受雇向某些美国人发布支持特定总统候选人的信息。Meredith, Sam (Apr 10, 2018). “Facebook-Cambridge Analytica: A Timeline of the Data Hijacking Scandal.” CNBC, https://www.cnbc.com/2018/04/10/facebook-cambridge-analytica-a-timeline-of-the-data-hijacking-scandal.html. Chan, Rosalie (Oct 6, 2019). “The Cambridge Analytica Whistleblower Explains How the Firm Used Facebook Data to Sway Elections.” *Business Insider*, https://www.businessinsider.com/cambridge-analytica-whistleblower-christopher-wylie-facebook-data-2019-10.

专业人员的死亡

网络带来了平等准入的理想，但也造成了旧式知识权威的瓦解。信息流行病在给予每个人以发言权和保持对专业知识的尊重的张力间发现了缝隙，从而乘虚而入。

现代社会的整个建筑，从机器操作到医疗，因分工而存在。尊重他人的专业知识是现代社会的内在要求。换言之，只有我们相信他人的知识、技能和意图，一个社会体系才能正常运转。然而，伴随着“人人都有麦克风”，对专家和专长的怀疑开始污染社会中更大的知识和实践生态。

在后真相话语的新常态中，信息源空前增多，专家被弃置一旁，一个公众人物几乎可以对任何事情发表意见。而有了社交媒体，似乎任何人都可以成为公众人物。在每位用户都身兼读者、作者和发行者的平台上，新奇的刺激过于强大，博取更多点击的诱惑也很难超越。戴维·温伯格（David Weinberger）在《知识的边界》（*Too Big to Know*，2012）一书中如此描述专业人士在互联网时代的遭际：“人人都能在网络上找到一个大扩声器，发出和受过良好教育及训练的人一样高扬的声音，哪怕他的观点再愚不可及。……网络钟爱狂热的、偶像导向的业余者，让专业人士丢掉了饭碗。网络代表了粗鄙者的崛起，剽窃者的胜利，文化的终结，一个黑暗时代的开始。这个时代的主人是那些满目呆滞的习惯性的自慰者，在他们眼里，多数人同意的即是真理，各种观点的大杂烩即是智慧，人们最乐于相信的即是知识。”[①]

在许多公开讨论中，身份认同胜过论证理据，大量的人要么对证

---

① 戴维·温伯格：《知识的边界》，胡泳、高美译，太原：山西人民出版社，2014 年［2012 年］，第 10 页。

据缺乏兴趣，要么对说话需要负责的基本规范的信任在减弱。更加糟糕的是，越来越多的社会成员根本不想进行对话和讨论。相反，他们想登场发言，让自己的观点受到喝彩。然而，问题在于，他们期待的敬意并非依赖论证的力度或所呈证据的充分性，而是出自最好与他们的感受和情绪保持一致，或是一道选取帮助确认其先前信念或假设的信息。

对专家的话持某种自然的怀疑态度是一回事；而相信专门知识都在死亡是另一回事。如果专业人士与非专业人士、老师与学生、有知者和好奇的人之间的任何分野都被抹杀，即对在某个领域有成就的人和乏善可陈的人作无差别对待，那么，网络看似提供了获取知识的捷径，其实仅仅是加速了专家与外行之间的交流崩溃而已。

新冠危机已经迫使人们重新接受专业知识的重要性。在充斥着不可靠信息的世界中，互联网平台决定向专业知识倾斜是朝正确方向迈进的一步。至少在健康方面，医生和科学家的作用对于甚嚣尘上的“专业知识已死”的说法是一种有力的驳斥。

信息超载导致对简化叙述的渴望

当今时代，信息超载以超过任何一种最可怕的预测的力度向我们袭来。由于信息的增长是呈指数倍的，而人的大脑最难掌握的东西之一就是指数的力量，人们渐渐将信息超载当作一种生存环境加以接受，不再去思考其可能的后果。没有人有足够的时间将事实与谎言分开，甚至就连那些专门从事事实检查的机构也做不到。在事实过滤器还没有来得及安放好之前，虚假信息已呈病毒式传播之势。

真相往往比神话复杂，这使它处于不利地位。如同乔纳森·斯威夫特（Jonathan Swift）所说：“谎言高飞，而真相跛行追赶。”或者，美国前国务卿科德尔·赫尔（Cordell Hull）说得更形象：“真相还没来得穿上裤子，谎言已经跑遍了半个世界。”[①]在数字时代，分析、评估和传达信息所需的时间，无法与在社交媒体平台上即时传播错误信息的速度相抗衡，互联打败了深思。

这种情况导致一种正反馈循环。如果某一团队传递未经过滤的信息，那么其对手就会感到需要实时响应。因此，他们也不去核查自己的事实。而读者倾向于快速浏览的习惯进一步加强了这种反馈。人们在共享信息之前甚至都没有耐心看完它们，更不必说去评估其精确与否了。

越来越少的人会投入更多时间来深入地了解深度新闻或者复杂的问题。问题越复杂，与那些只看标题的读者进行交流的可能性就越小。与需要更多思考和精力的方法相比，人们更喜欢使用简单、轻松的方法来解决问题。当一场公共卫生突发事件被政治化之后，在这个充满复杂性和党派立场的时刻，许多人渴望能够将叙述予以简化的捷径。一旦人们认为世界变得太复杂而无法理解，他们倾向于实施减少信息需求的策略，将无论是个人还是机构传入的信息进行压缩式处理。这些策略通常包括向原教旨主义寻求庇护，以及对情感支撑的简单化叙述的依赖。这也是卡尼曼所开创的行为经济学的一项基本发现：使用显性理性进行决策的认知过程（所谓的“系统2”）在能量和心理上都要付出更高的代价，而基于现有信念和叙述的自动决策（“系统1”）则远为容易和快捷。[②]

简而言之，环境越复杂，更多的人及机构越会退缩到仅需较少思维处理的故事情节中。正当时代需要更多的思考力和判断力之时，人类及其机构却朝着另一个方向溃败。这在公共政策方面造成的后果几乎是致命的：由于常识不足以理解或判断可行的替代性政策选择，因此，知识

① West, Jevin D. & Bergstrom, Carl T. (2020). *Calling Bullshit: The Art of Skepticism in a Data-Driven World*. New York: Penguin Books, 15.

② 丹尼尔·卡尼曼：《思考，快与慢》，胡晓姣等译，北京：中信出版社，2012年。

渊博的专家与无知的外行之间的鸿沟，常常被粗劣的简化手法或阴谋论所填补。

半个多世纪以前，历史学家理查德·霍夫施塔特（Richard Hofstadter）写道："现代生活的复杂性不断削弱了普通公民可以明智地、具备理解力地履行的职能。"[①]霍夫施塔特认为，这种压倒性的复杂性在一个知道自己越来越受到老练的精英摆布的公民当中产生了无助和愤怒的感觉。尽管在教育、技术和生活机会方面取得了长足的进步，但如今的公民并没有具备比霍夫施塔特时代更好地理解公共议题和指导公共政策的能力，而且在许多方面，他们的能力甚至变得更差了。

与此同时，当下的社会出现了影响力倒置。历史上人们受到影响的方式基本是自上而下的，但现在，我们对同伴的信任造成了影响力的反转。精英和权威在步入黄昏。支持英国脱欧的选民说，他们不再信任专家，对同乘公交车上班一族的信任超过了经济学家。[②]

在日常生活中，我们正在从围绕垂直信任轴的系统转变为基于水平信任轴的系统：在垂直信任轴上，我们信任那些似乎比我们更有力量的人；而在水平信任轴上，我们从同辈团体中获取建议。现在，信任和影响力更多地取决于家人、朋友、同学、同事甚至互联网上的陌生人，而不是自上而下的精英、权威和机构。

依靠水平信任轴意味着给予普通公民更多的民主和权利。但是，这给新世界带来了新问题：人们可能沦为社会风尚、部落主义或群体思维的牺

---

① Hofstadter, Richard (1963). *Anti-Intellectualism in American Life*. New York: Vintage Books, 34.

② Witte, Griff (Jun 21, 2016). "9 Out of 10 Experts Agree: Britain Doesn't Trust the Experts on Brexit." *The Washington Post*, https://www.washingtonpost.com/world/europe/9-out-of-10-experts-agree-britain-doesnt-trust-the-experts-on-brexit/2016/06/21/2ccc134a-34a6-11e6-ab9d-1da2b0f24f93_story.html.

牲品。为人带来安慰的叙述和令人感到熟悉的信使击败了事实和论证。

结语

不论是SARS、埃博拉还是冠状病毒，都令我们认识到沟通是关键。流行病是医学现象，但同时也是社会和政治问题，正是这些问题催生了“信息流行病”。

“信息流行病”不是意在说服人们相信一件错误的事情，而是要发布许多不实信息，给人们造成无法了解真相的感觉，从而开辟出一种权力真空，这样会符合某些人的利益。

为可疑的利益而生的“信息流行病”不会像病毒那样致人危险，而是通过用虚假或有害的思想感染公共话语，令公民更加难以确定真相并追究责任。正是因此，每一位合格的数字公民都有责任使自己免受“信息流行病”的侵袭，提高公共话语的质量，并改变造成假新闻和虚假信息传播的环境。这些在今天是如此重要，因为没有信息的自由流动，就无法管理风险社会。

商业模式

流量有毒，而且有剧毒[①]

流量建构的世界越繁荣，我们的文化内核，却或许正在变得日益贫瘠。

“流量社会”：交换价值优先

现代汉语词典中流量有“单位时间内，通过河、渠或管道某处断面的流体的量”“单位时间内通过道路的人员、车辆数量”“一定时间内网站的访问量，以及手机移动终端上网耗费的字节数”等多种定义，其丰富的词语意涵使得流量在不同侧面及专业领域中成为重要概念。

从历史和当前的意义来看，“流量”概念涵盖了与互动、沟通、交流和运输有关的广泛的文化过程。这些文化过程涉及生命体和符号、事物和能量、物理和精神对象、数量和质量等的流通，它们基于一系列技术，可能会有相当多的表现形式，但至少有一个共同点：这里的技术代表着媒介，正是以媒介为手段，我们才能在自然环境、社会实践、文化语义和物质基础设施之间建立不可分割的联系。

在信息通信技术行业，流量在互联网诞生之初便具有显著的作用。互联网过去和现在都是通过利用一套命令或协议来建立的，这些命令或协议使计算机能够建立一个电子空间，并拥有自己的特定规则和功能。虽然它是在美国军工复合体之内开发的，但这项基础技术属于公共领域。使用权一开始免费提供给一些合作的大学和其他军事承包商，然后到达更广泛的社会。

① 感谢李雪娇、年欣对此文的贡献。

在20世纪80年代，美国国家科学基金会（NSF, National Science Foundation）开始将这一具有战略意义的系统扩大到军事应用之外。由国家科学基金会赞助的一个新的骨干网NSFNET提供了高容量的电路，在五个基于大学的超级计算机研究联盟间传输大量的数据，这些联盟也是通过国家科学基金会赞助建立的。NSF还允许当时的地区和大学计算机中心使用互联网技术与该骨干网进行物理连接。约有200个网络很快就这样做了，流量迅速增长，以至于该网络的军事部分被拆分出去，而国家科学基金会则继续发展其新的民用部分。

到90年代，数字化将电信与计算机的1和0的逻辑予以协调，其总体目标是允许众多用户更彻底、更有效地共享网络，从而提高网络的经济效率。随着需求的不断加速，大容量数字网络被建立起来，为的是容纳比其前身——普通的电话服务网——所能管理的更大的流量。网络容量的增加又反作用于服务的整合，迥异的服务可以在宽带数字网上被捆绑到一起，以实现成本效率。

互联网，这个从20世纪80年代中期开始使用的术语，表示分散的网络集合，到1991年底真的开始成形。约有3500个网络连接到NSFNET主干网。这些单独的网络，每一个都是自筹资金、自我运行，它们开发了非正式的组织手段，相互协调，引导流量，并制定政策。这个松散的系统有神奇的快速创新能力，网络能力日益提高，个人电脑的互联手段被开发出来，共同的信息标准也得以建立和不断改进。1989年，欧洲的一个物理实验室创造了将互联网网站和文件联系在一起的超链接技术。1992年，伊利诺伊大学的程序员开发了这个电子网络的简单图形界面Mosaic。后面的故事我们就都知道了。

从若干与通信技术产业相关的文献中可以看到，流量与网络技术和通信技术的发展密不可分。到20世纪90年代末，电信公司已经花了大约四十年的时间对自己进行改造，以传输计算机数据。一系列的专业设备和服务——首先是交换和网络管理，然后是其他事项——证明了运营商对计算机的整体依赖。由于管制被解除，运营商早已开始超越语音电话的传输。网络的多功能性日渐成为一个业务现实：传真和计算机数据在运营商的通信量中所占的份额不断上升。事实上，互联网本身很大程度是在电信网络上铺设的，随着网络的扩展，它对这个既定的基础设施提出了越来越多的要求。电信业巨头们花多年时间制定它们自己的数据传输战略计划，却意外地不得不跳上互联网的潮头。

当时的美国联邦通信委员会主席里德·亨特（Reed Hundt）说："分组交换网络很快就会承载全国的大部分比特，这将改变经济、结构和有关电信业的其他一切。"[1] 目标非常明确：宽带数据流量系统将容纳现有的语音服务与视频以及数据，并将首先在大型企业计算机网络内部和网络之间提供，随后在更大的公共电信系统内提供。

由此，国家、运营商、软硬件公司共同推动了网络技术的进步和流量的扩展。带宽拓展了流量的通路，速率提升促进了流量的传输，更进一步地，手机的出现使流量从PC端向移动设备大规模转移。而在此过程中，电信运营商一方面不断延伸其业务，推进宽带应用基础设施建设，一方面向客户收取使用网络产生的移动数据流量费用。与此同步的是，越多越多的普通人能够通过电脑与手机进入互联网，并在浏览中产生网络流量。

互联网是两种核心技术的组合：电脑和电话。从流量上看，从一开始，互联网用户就表现出与语音电话用户明显不同的行为。普通语音电话的通话时间平均只有几分钟，而大量互联网用户将自己的设备整日整夜地连到网络上。正如杰夫·斯蒂贝尔（Jeff Stibel）所说："更多的人花

---

① Hundt, Reed E. (Sep 16, 1997). "Avoiding Digital Disruptions. " Speech to International Engineering Consortium Network Reliability and Interoperability Comforum, Reston, Va.

更多的时间上网，从而创造了更多的流量。”[1]

人们消耗如此之多的网络流量，导致一系列社会文化现象的产生。例如，全球信息基础设施被打造出来，其跨国取向使互联网突然处于席卷全球电信的更广泛的新自由主义趋势的最前沿。虽然一度被认为是表达和交流的自由形式，但近年来，互联网见证了“大型科技公司”的崛起，以及随之而来的个人数据滥用和“老大哥”式监控。

这些大型科技公司被称作“平台”，平台的兴起构成今日互联网的显著特征之一，由此诞生了平台经济。平台经济模式是一种通过实现买卖双方或多方联通与交换从而创造价值的商业模式，提升联通与交换的效率是获得商业价值的保证。从盈利角度考虑，流量变现是平台经济最主要的手段之一。

同时，在互联网这样一个简单的、任何人都可以上手的系统中，无论是工作还是娱乐，平台越来越多地将用户作为经济资源来使用，数据也由此成为“流量社会”无处不在、无时不在的基质性生产资料，我们已经无法将数字雇工和普通大众区分开来。

从平台资本的角度认识流量，可以看到，数字社会的使用价值大多为交换价值所取代，被还原为扁平的流量。约迪·迪恩（Jodi Dean）从交往资本主义的理论视角分析了当下互联网中的流量意涵，他认为流量构成了讯息在交往资本主义中的交换价值，流量重要的作用在于维持资本与流量池的运转与累加。他指出：“讯息的具体内容是无关紧要的，谁发出讯息是无关紧要的，谁接受信息是无关紧要的，要不要做出回应也是无关紧要的。唯一紧要的事情就是往讯息流量池里增加循环。相对于循环的事实，任何特定的贡献都是次要的”，“讯息不过是循环数据流的

---

① 杰夫·斯蒂贝尔：《断点：互联网进化启示录》，师蓉译，北京：中国人民大学出版社，2015年，第39页。

一部分”。在这一点上，迪恩将流量看作是推动资本循环再生产的数字。他认为对于交往资本主义的公司如Facebook、Google等而言，主要的控制手段是流量控制而不是内容控制，讯息的使用价值被流量的交换价值所吞噬。①

热闹非凡的互联网经济不过是流量经济

中国互联网投资界曾经流传一句话：“现在没啥好项目，凡是能自己吸流量的东西都有投资人抢着投。”热闹非凡的中国互联网经济，说穿了，只是流量经济而已。

仅以短视频行业为例，从2018年开始，随着互联网巨头的重资涌入，该赛道的竞争极度加剧，争夺市场、抢占用户流量、加大对短视频创作者的补贴成为常态。过往货币作为一般等价物连接着社会生产与交换的重要部分，而平台经济模式下，平台将流量和数据分发作为各方流通的等价物。流量不仅是短视频平台的兵家必争和考核标准，也成为平台作为中介面向广告商、创作者的重要交换等价商品。

为满足效率与变现的需要，算法技术应运而生。基于热度的算法推荐技术多采用“爬坡机制”。以抖音为例，用户上传内容通过机器和人工审核后，会被随机扔进一个小流量池观察，如果该条内容在浏览、点赞、评论、完播等指标上表现优异，则会被扔进一个更大的流量池，而表现逊色者则停止推荐——如此过程反复进行，直到形成一批数据反馈极好的精品内容进入首页滚动推荐，其他用户打开抖音，立刻就会看到这些精品内容。这种算法技术很大程度上是注意力导向，因此奇观化、娱乐化的内容往往能够在流量竞争中胜出。

---

① Dean, Jodi (2005). “Communicative Capitalism: Circulation and the Foreclosure of Politics.” *Cultural Politics* 1 (1): 51-74.

还有一种算法技术基于内容，平台通过收集并分析用户的网络行为，运用数学算法勾勒出用户的个人画像，然后针对不同用户向其推送可能感兴趣的内容，以此实现信息的精准传播。这种算法技术意在培养用户粘性和忠诚度，然后将稳定的用户流量变现为资本积累。对平台而言，注册使用的用户越多，潜在的可变现能力越高，实现资本积累的空间就越大。

无论是基于热度的算法技术，还是基于内容的算法技术，都体现出平台的流量优先逻辑，最终目的都是将平台用户的注意力作为流量变现的基础，最大化“吃尽”流量红利，实现自身的发展与扩张。因此，平台间的竞争体现为对用户流量的争夺，为了在竞争中突围，平台不惜“攀比”制造大量低俗、恶俗、庸俗的内容来吸引用户注意，以噱头换取流量。可以说，平台是导致流量至上的最大推手。

在内容生产领域，“流量”取代“发行量”“收视率”等传统媒介内容交换价值的衡量标准，成为市场力量在新技术条件下的新型表现形式，也成为资本操控内容的代名词。

互联网世界纷繁复杂，在海量化、碎片化的信息宇宙中，受众的注意力是最稀缺的资源；只有获得受众注意，才具有利用流量吸引广告从而变现的可能。巨大的流量一方面能够提升媒体的知名度，帮助其在市场竞争中突围，另一方面可以为媒体赢得广告商的青睐，获取资本支持。所以对媒体来说，如何吸引受众注意、把握流量入口成为比生产优质、专业的内容更为紧要的任务。在流量思维主导的“注意力经济”时代，媒体放弃了过去奉为圭臬的专业主义，转而主动迎合受众心理需求与偏好，追求“10万+”“热搜榜”，通过生产具有争议性、话题性的内容吸引受众注意力，然后将受众注意力出售给广告商实现商业变现，维持组织生存。

而在另一方面，用户个体也具有流量变现的动机。随着社交媒体平台的用户规模持续扩大，流量开始由集中的公域流量转向分散的私域流量。公域流量是开放平台中初次形成的流量，例如抖音后台的流量池；私域流量则是基于用户认同或兴趣而产生的具有信任关系的流量，例如关注某个微博博主或是微信公众号。公域流量大多是一次性的，用户走马观花似的浏览过后便一文不值了，而私域流量具有较强的黏性，一旦形成便具有较低的运营成本和可观的变现能力。当用户在平台上积累了一定数量的关注者（粉丝）后，就会致力于发展私域流量池和粉丝建立稳定的联系，通过代言产品、发布广告、内容付费等方式将粉丝转换为购买力，不断提升自身的商业价值以获取更多商业合作。

平台借助算法技术的“伪中性”追求利益追大化，直接推动“流量至上”思维的盛行；媒体在传播危机和生存危机的双重裹挟下，为避免淘汰而投入流量的怀抱；用户个体出于情感需求和生存压力，陷入流量陷阱而不自知。正是平台、内容生产者和消费者的共同推波助澜，导致流量成为今天内容生产与消费的主导逻辑。

“流量为王”不仅深入每个互联网从业者的心中，而且指导着传统企业前进的方向。许多实体行业也努力学习互联网企业，千方百计引流扩流，寻找各种网络入口，以创建产品展示与买卖的各种新渠道。

“流量至上”的三大风险

流量思维主导的互联网逻辑对内容产业的良性健康发展构成挑战。首先，符合流量标准的信息大多包含猎奇、争议元素，但并不代表这些信息都是有意义的。以流量为标准的信息流服务迎合的是用户趣味和心理，当个人享受被放大，以至于挤压了社会共识的培养空间时，我们要警惕后真相、信息茧房和娱乐化趋势对严肃意义的消解。

其次，基于流量变现的互联网平台盈利模式存在“泡沫经济”的危险。数据成为最主要的衡量标准，造成了数据造假的风行，由水军、“买数据”“刷数据”堆砌起来的流量，破坏了真实、严谨、专业的社会评价体系，更对互联网治理、社会治理造成威胁。

此外，流量的虚假繁荣之下，是日益浮躁的社会风气和由此导致的社会文化危机。流量建构的“快餐式文化”分散了用户的注意力，并使其在算法所具有的隐蔽的操控、设计、规训的力量中，成为被流量裹挟的、缺乏自主性的“乌合之众”。

瓦釜效应：消解内容价值

流量规则主导下的内容产业关注热点、追踪趋势，内容是否能够吸引用户流量、是否具有“爆点”，取代了内容本身的社会意义和价值。人们用“瓦釜效应”形容新闻失范的现象，即有意义的新闻默默无闻，无意义的新闻烜赫一时。在争夺用户注意力的社交媒体时代，反转新闻、虚假新闻层出不穷，新闻原本的严肃意义被娱乐化、碎片化所消解，真相与事实在流量思维下越来越扑朔迷离。

当内容生产者为了流量不择手段追求爆款文章时，后真相所带来的情绪影响力超越事实，用户对传播内容的态度取决于已有的立场和情感，更愿意将那些自己认同的、符合期待的信息当作真相，而不愿意接受与之相对、相反的声音。在这样的语境中，用户被算法和数据分裂为一个又一个封闭、固执的小圈子，理性思考与公共对话的空间日益萎缩。流量内容抓住了用户猎奇、八卦、娱乐的心理，用户在消费流量内容的同时被同化为流量制造者，刺激着内容生产者创造更多流量性内容。

以流量标准衡量内容，不断加剧内容产业“劣币驱逐良币”的现象。低俗、戏谑、娱乐、一味满足用户喜好的碎片化内容，挤压了优质内容的生产空间，消解了内容的内在价值，最终使媒介传播的一切内容都成为波斯曼口中“娱乐的附庸”。

虚假繁荣：破坏行业生态

“流量至上”的具体表现是数据在评价体系中占有越来越重要的地位。用户行为数据不仅获取成本极低，而且清晰、直观，可以直接转换为流量变现的指标，因此平台、媒体纷纷将数据作为评价和引导传播内容的标准。但是，数据并不完全是真实、客观的。在生产和传播过程中，平台后台可以通过计算机技术对数据造假，例如开发“刷数据”的机器，通过不间断工作制造流量数据；内容生产者有时也会雇佣“水军”在微博、豆瓣等平台传播、评价作品，通过人为的注水数据影响真实评价。

在消费端，“流量明星”的出现延伸出数据造假的灰色产业链。对粉丝而言，数据是衡量明星名气、价值、影响力的最重要指标，因此她们致力于制造、维护自己喜爱的明星的数据，甚至出现“数据攀比”现象。粉丝内部通过明确的分工合作，有组织、有计划地“打榜投票”为自己喜爱的明星“刷”数据；外部通过和数据造假公司合作，为明星制造大量流量。“星援”就是一款在微博刷流量的APP，该应用有偿提供不登录微博即可转发微博博文和自动批量转发服务，用户可通过在APP内充值获取此类服务。

庞大的数据造成内容产业的虚假繁荣，表面的蓬勃之下暗藏危机。流量对用户消费习惯的“养成”实质是资本对消费文化的“养成”，非理性消费加剧了“流量至上”的生产逻辑。平台对流量变现的过度追求导致流量造假、网络黑产等问题频出，不仅破坏了内容产业的健康生态，而且对社会治理带来极大隐患，助长浮躁之风。

乌合之众：文化危机隐忧

戏剧性、争议性、话题性的内容更能引发舆论关注，暴力、色情、猎奇等元素具有天然的吸引力，因此符合这些标准的内容往往成为流量追捧和制造的对象。在娱乐的狂欢之中，碎片化的阅读习惯割裂了严肃阅读行为，人们的注意力被流量信息淹没，专注享乐却忽视了对公共事务的关切。当流量充斥线上、线下的生活空间时，依托于独立、理性、深度思考而建立的社会文化会遭遇衰落甚至被颠覆的危机，一旦如此，被流量、算法操控的平台用户会因为陷于信息茧房，变成情绪化、极端化、丧失自主思考能力的“乌合之众”。而当未经严格把关的奇观文化充斥电子媒介，对于和互联网一同成长的“Z世代”、互联网原住民来说，信息与娱乐的分野消失，被动陷入简单视像的催眠和麻痹之中。

媒体、平台、用户都搭载着流量的快车飞速前进，然而人们的文化素养未必可以保持一致的步伐。流量建构的世界越繁荣，我们的文化内核，或许正在变得日益贫瘠。

数字化改变了社会的方方面面，数字媒介深入我们生活的肌理，像毛细血管一样铺设开来，为我们提供必需的信息服务。我们在获取便利的服务、感受技术带来的美好体验时，更应警惕“免费”的包装下早已标好的价格。“流量至上”思维主导下的互联网已经暴露出许多问题，我们被流量困在数字化的信息监狱里，不仅毫无察觉，更是主动与资本合谋，协助统治者、操控者实行自我规训、自我操控。如何打破流量的藩篱、重建内容价值、找回失落的主体性，值得每一个身处数字空间的人严肃思考。

定向广告正在摧毁互联网并破坏世界

一个广泛的商业监控网络跟踪我们的一举一动和头脑里的所思所想。它提出了一个可怕的前景，即我们已经成为一种高度个性化的精神控制形式的对象。

广告方程式的改变

广告业一直存在一个问题：人们憎恨广告。

当广告商在社交平台、电视和广告牌等媒介上对消费者进行轰炸时，消费者却正试图摆脱广告，甚至是花钱来摆脱。

关于憎恨的原因，罗里·萨瑟兰（Rory Sutherland）在担任英国广告从业者协会主席时一语中的：营销要么是无效的，要么是“每天都会引发巨大的伦理问题”。他的结论坦率得让人钦佩：“我宁愿被认为是邪恶的，也不愿被认为是无用的。”[1]

广告打的旗号是增加消费者的选择，然而，对于我们是否会看到广告，它提供的选择很少，至于我们是否对它做出回应，我们的选择也越来越少。自从爱德华·伯内斯（Edward Bernays）开始应用他舅舅西格蒙德·弗洛伊德（Sigmund Freud）的研究结果以来，[2]广告商一直在开发复杂的手段来攻克人们的防御。在公开场合，他们宣称，如果我们成为知

---

① Monbiot, George (Oct 24, 2011). “Advertising Is a Poison That Demeans Even Love–and We’re Hooked on It.” *The Guardian*, https://www.theguardian.com/commentisfree/2011/oct/24/advertising-poison-hooked.

② 伯内斯是“公关之父”，他将精神分析的原则应用于公共关系和广告。

情的消费者，并让我们的孩子学习媒介素养，就不用多害怕广告的劝说企图。但在私下里，他们雇用神经生物学家来寻找绕过意识的巧妙方法。

广告的法宝是渗透性和重复性。第一次看到广告，我们很可能意识到它在告诉我们什么，以及它试图鼓励我们购买什么。可在那之后，我们就陷入全然的被动，吸收它的图像和信息，而不再对它提出异议，因为我们丧失了头脑的警觉。这是因为，广告主要作用于无意识的层面，并且，广告商所使用的信息是为了引发情感而不是理性的反应。可以说，广告的基本出发点就是尽量减少理性思维干预选择的机会。

技艺高超的广告人致力于发现消费者身上难以捉摸的行为驱动因素，而神经生物学的新发展使其能够研究"直觉判断"，即那些消费者在购买一刻即时做出的、很少或没有明显意识的努力。

然而，不管广告人如何自诩高明，广告业的黄金时代还是过去了。在数字时代到来之前，广告公司被作风奢华的创意总监所统治，他们享受着高价的客户合同，时而创造出一些惊人之举，不仅吸引了公众的注意力，还进一步制定了文化议程。

今天，广告方程式当中的几乎每一部分都已被改变。触达受众更难了，渠道的数量成倍增加，覆盖所有这些渠道的成本在激增。广告客户对营销活动的要求越来越高，而为其支付的费用却越来越少。这对营销者来说是一种持续的压力，不再像从前那样，每年做几次大的广告活动，或是搞定一些关键的平面和电视媒体就万事大吉了。

让广告业动荡的还有互联网平台的大举进入：谷歌（Google）、Meta和字节跳动这样的科技巨头重塑了广告投放，而Netflix这样的付费流媒体服务刺激了人们对无广告娱乐的胃口。许多最受欢迎的平台使用起来是免费的，通常通过向希望接触其用户的公司出售广告来赚取大部分利润。这自动地将它们置于相互竞争之中，争夺相同用户的稀缺注意力。换句话说，许多平台的相关市场不是狭义的平台应用本身，而是一边是整个广告市场，另一边是用户注意力市场。

平台作为注意力寻求者，不能以盈利方式将价格提高到零以上，而是必须通过频繁引入新功能来提高自身的服务质量，以防止用户转向竞争对手。它们总是面临着新的注意力寻求者进入的持续威胁，这些后来者可能通过开发一个巨大的创新而分走它们的大量流量。

比如，社交媒体巨无霸Meta Platforms旗下的Facebook和Instagram平台正面临着视频分享平台TikTok越来越大的竞争威胁。2022年第一季度，Meta广告收入同比仅增长6.1%，是其上市十年以来的最慢速度。该公司对第二季度的预测绝对悲观，正为广告收入可能的同比下降做着准备。

2021年，TikTok的全球广告收入超过了Snapchat，而Snapchat此前是十几岁和二十几岁美国用户的首选数字娱乐平台。2022年，TikTok的全球广告收入预计将同比增长三倍，达到116亿美元，超过Snap和Twitter预计的104亿美元的总和。按此速度，到2024年，TikTok的广告收入预计将达到236亿美元，直追比它早十二年问世的YouTube，后者由谷歌母公司Alphabet公司拥有。[①]

由此可见，平台的核心业务是在非常动态的市场中运作。虽然规模经济和网络效应可能对某一特定平台有利，但这些力量并非绝对。平台可能会出现拥堵，转换成本也在下降。此外，还存在成为下一个主导平台的积极竞争。其结果是，即使是在特定市场上拥有主导地位的公司，也必须投入大量的研发，持续改进其产品，以应对不断变化的技术。

与传统的垄断者不同的是，平台并无动力减少其用户数量以提高价格。相反，网络效应要求它们不断努力吸引新用户。正如反垄断专家卡

---

① Kolakowski, Mark (May 3, 2022). “Meta Platforms (FB) Faces Growing Threat From TikTok.” Investopedia, https://www.investopedia.com/meta-platforms-faces-growing-threat-from-tiktok-5270744.

尔·夏皮罗（Carl Shapiro）和哈尔·瓦里安（Hal Varian）总结的那样，“信息经济中充斥着临时或脆弱的垄断。硬件和软件公司争夺主导地位，因为它们知道，今天的领先技术或架构很可能在短期内被拥有卓越技术的后起之秀推翻”。[①]

即便这种竞争可能不会在短期内出现（尽管TikTok的迅速崛起表明它的确可以出现），但长期来看，它会伴随根本性的新技术的发展而产生。自从克莱顿·克里斯坦森（Clayton Christensen）提出颠覆性创新[②]之后，今天的大多数科技公司都生活在这种恐惧中。

定向广告的潘多拉之盒

具体到数字广告领域，本来是两虎相争：谷歌和Facebook。

正如我们所知，当用户使用谷歌地图选择两地最佳行进路线时，它什么钱也没赚。同样，当用户登录Facebook并向全世界宣布她吃了什么早餐时，Facebook也不会赚钱。谷歌和Facebook为绝大多数用户免费提供服务。

那么钱从哪来呢？谷歌和Facebook每年赚取数十亿美元的方式，是向广告客户收取高额费用，以便将它们的产品或服务展示在两家公司的大量用户面前。每天，谷歌搜索者和Facebook发布者都为两个庞大的用户平台间接产生收入；其服务吸引的访问者越多，他们对广告客户的需求就越多，这可以转化为平台对广告客户收取更多费用的能力。

谷歌和Facebook所主打的广告并非人们习以为常的那种传统广告，而是一种崭新的广告物种：定向广告（targeted advertising）。根据哈佛商

---

① Shapiro, Carl & Varian, Hal R. (1999). *Information Rules: A Strategic Guide to the Network Economy.* Boston, MA: Harvard Business Review Press, 173.

② Christensen, Clayton M. (1997). *The innovator's Dilemma: When New Technologies Cause Great Firms to Fail*. Boston, MA: Harvard Business School Press.

学院教授肖莎娜·祖博夫（Shoshana Zuboff）的追溯，它是在2001年左右发明的。[1]当时网络泡沫破灭，刚起步的谷歌公司面临投资者信心的丧失。尽管它的搜索产品很出色，但投资者却威胁要撤出。随着投资者压力的增加，谷歌的领导人放弃了他们起初表明的对广告的反感。相反，他们决定通过利用对用户数据日志（data log）的独家访问，结合公司已有的大量分析能力和计算能力，对用户点击率进行预测，作为广告相关性的一个信号，来提高广告收入。

在操作上，这意味着谷歌将其不断增长的行为数据缓存作为“行为盈余”（behavioral surplus）投入使用，也就是说，这些行为数据不再用于产品改进，而是被引向一个全新的目标：预测用户行为。谷歌开始开发方法，积极寻求这种盈余的新来源，比如发现用户有意选择保持隐私的数据，以及推断出用户没有或不愿意提供的大量个人信息。然后，再对这些数据进行分析，找出可以预测点击行为的隐藏含义。盈余的数据成为新的预测市场（predictions market）的基础，该市场即为定向广告。

祖博夫认为，硅谷的年轻公司从此开始了朝向全球范围的行为监测、分析、定位和预测架构驱动的监控帝国的演变之旅。最典型的就是Facebook开始拷贝谷歌的模式。

据说，扎克伯格从Facebook的早期开始，就不愿意让不受欢迎的广告破坏自己产品的魅力。但移动产品团队称，当广告质量很高时，本身就是优秀的内容，他们以此向老板游说，可以在动态消息中投放广告。扎克伯格被说服，觉得凭借手里掌握的大量数据，Facebook开始制作同用户的正常帖子一样受欢迎的广告。

于是广告开始混入动态消息，为梅西百货吹捧服饰衣物，为宝洁兜售日用杂货，为华纳音乐宣传音乐专辑，以及为数百万家使用Facebook

---

① Zuboff, Shoshana (2019). *The Age of Surveillance Capitalism*. London: Profile Books.

自助服务系统的小商家销售各种各样的商品。而在整个过程中，一切皆由算法控制。结果，动态消息中的移动广告大获成功，将Facebook的年营收推高到数百亿美元。今天，Meta公司每年860亿美元的收入中，大部分依靠定向广告。[①]该公司擅长为广告商提供个性化促销的场所，品牌通常能够将其广告瞄准那些对特定主题感兴趣的Facebook、Instagram和Messenger用户。

这种量身定制的广告往往比笼统的广告更有可能引发销售，或促使用户加入一个特定的Facebook群组或支持一个在线组织。当然，那时候还没有人想到，有朝一日会有他国宣传机器利用动态消息中的广告，来影响美国总统选举。

不过，潘多拉的盒子就此打开了。公司立场的转折——从服务用户到监视用户——促使谷歌和Facebook收集越来越多的数据。这样做的时候，它们时常会绕过隐私设置，或者让用户难以选择不共享数据。

到2019年，谷歌和Facebook占美国所有数字广告支出的60%以上，占美国所有广告支出的33%。[②]很容易简单地认为，谷歌和Facebook的广告收入份额过大，反映了它们的服务深受消费者的欢迎。事实上，消费者的注意力并不足以解释这些服务的广告成功。

一对一的“我的广告”

夏洛克·福尔摩斯（Sherlock Holmes）有句名言：“伪装的艺术就是

---

① Isaac, Mike & Hsu, Tiffany (Nov 9, 2021). “Meta Plans to Remove Thousands of Sensitive Ad-Targeting Categories.” *The New York Times*, https://www.nytimes.com/2021/11/09/technology/meta-facebook-ad-targeting.html

② “Google, Facebook, and Amazon: The Race for Ad Server Market Share.” Sortable, Jun 15, 2021, https://sortable.com/ad-ops/google-facebook-and-amazon-the-race-for-ad-server-market-share/.

知道如何在众目睽睽之下隐藏一个物体。”[①]谷歌和Facebook在数字广告领域崛起并占据主导地位的原因常常被忽视，充分验证了这一说法。

为了体验谷歌和Facebook的绝大部分好处，用户必须登录。所以这两家公司几乎完全肯定地了解其用户的身份。对身份的洞察使两家公司的服务可以为广告商提供有针对性的广告，以接近完美的精确度接触到特定的个人。

2021年10月，由来自西班牙和奥地利的学者和计算机科学家组成的团队发现，可以利用Facebook的定向工具向一个人专门投放广告。[②]这恐怕是继尼葛洛庞帝（Nicholas Negroponte）提出“我的日报”（*Daily Me*）[③]也即一对一的内容之后，数字媒介的又一个重大变革，因为它意味着一对一的“我的广告”。

该研究不仅挑战了Facebook的广告定向工具的潜在有害用途，而且，更广泛地说，也对这家科技巨头的个人数据处理机制的合法性提出了质疑，因为它收集的信息竟然可以被用来唯一地识别个人，甚至可以纯粹根据某个人的兴趣而将其从平台上的其他人中挑选出来。

这就是定向广告的潘多拉之盒底部深埋的东西，那并非希望，而是海量的消费者数据。2022年第一季度，Facebook拥有超过29亿月活跃用

---

① 此句引语来自BBC电视系列剧《夏洛克》（*Shelock*）第一部的第三集，也是最后一集《伟大的游戏》（*The Great Game*，2010）。

② Lomas, Natasha (Oct 6, 2021). “Researchers Show Facebook’s Ad Tools Can Target a Single User.” *TechCrunch*, https://techcrunch.com/2021/10/15/researchers-show-facebooks-ad-tools-can-target-a-single-user/.

③ *Daily Me* 是一个描述根据个人口味定制的虚拟日报的术语。该术语由麻省理工学院媒体实验室创始人尼古拉·尼葛洛庞帝推广，由此指代个人定制他们的新闻动态的现象，导致读者只接触到其倾向于同意的内容。Negroponte, Nicholas (1995). *Being Digital*. New York: Vintage Books. 中译本见尼古拉·尼葛洛庞帝：《数字化生存》，胡泳等译，海口：海南出版社，1996年。

户，[①]其数据挖掘的固有规模是惊人的，同时，该公司也处理关于非用户的信息，这意味着其覆盖范围甚至超过了在这家最广泛的社交网络上活跃的互联网用户。

早先，就有关于Facebook的广告平台构成了一对一操纵的渠道的争议，比如2019年*Daily Dot*刊文，揭露一家名为Spinner的公司，针对性受挫的丈夫出售一种“服务”，向他们的妻子和女友发送心理操纵性信息。这些暗示性的、潜意识的操纵性广告会在目标用户的Facebook和Instagram上弹出。[②]

研究者将使用Facebook的广告管理工具Ads Manager而一次只针对一个Facebook用户投放广告的过程称为“纳米定向”（nanotargeting），它是一种面向用户群的“基于兴趣”的微定向广告。它证明了，只要广告商从用户那里获知足够多的兴趣，就可以系统地利用Facebook广告平台，专门向特定用户投放广告。

因此，我们不应感到惊讶的是，Facebook利用自身庞大的个人资料库和强悍的广告定向手段，持续不断而又无孔不入地挖掘互联网用户的活动，以获取基于兴趣的信号，从而对个人进行分析，以便用“相关”广告定位他们。这实际上创造了一种新型攻击载体，只要攻击者对某些人群有足够的了解（前提是他们有Facebook账户），就有可能操纵世界上几乎任何人。

当然，我们并不难想象，广告主/广告代理商也会采取类似的不透

① Lenihan, Rob (May 19, 2022). “Facebook Hasn’t Changed Much (Except for the Name).” *TheStreet*, https://www.thestreet.com/technology/facebook-celebrates-a-major-anniversary-with-the-same-controversies.

② Chandler, Simon (Jan 22, 2019). “Facebook Is Helping Husbands ‘Brainwash’ Their Wives with Targeted Ads.” *Daily Dot*, https://www.dailydot.com/debug/husband-brainwash-wife-spinner-ads-facebook/

明和不光明的手段，收集平台用户的兴趣数据，以试图操纵特定的消费群体。

在28亿用户中触达1个？想想就觉得毛骨悚然。

资本主义长期演变的最新阶段

不过事情还远远没有探到底线。

研究公司Forrester报告说，在消费者当中的许多人——尤其是广告商所珍视的手头宽裕的年轻人——都越来越讨厌广告、甚至花钱来避免广告的情况下，为了有效地触达受众，广告商必须“将数据驱动的、以技术为动力的方法和平台纳入创意过程和工具包”。这其中包括自动化和机器学习技术，Forrester预计，到2030年，这些技术将改变80%的广告代理工作。[1]

就像20世纪的通用汽车和福特等公司发明了大规模生产和管理资本一样，谷歌和Facebook想出了如何通过跟踪人们（而不仅仅是它们的用户）在网上（也越来越多地在网下）的行为，对他们未来可能的行为进行预测，从而设计出影响从购物到投票等活动的办法，并将这种办法卖给愿意付钱的人。“现实”本身因之被商品化。

卡内基梅隆大学CyLab安全和隐私研究所的蒂姆·利伯特（Tim Libert）说，在线跟踪已无处不在。“在前100万个网站中，你将在91%的网站上被追踪。我做这些类型的扫描已经很多年了，结果总是一样的：你不可能在不被追踪的情况下浏览网络，就是这样。当你访问医疗网站、色情网站、律师网站、政治网站、报纸网站时，公司会追踪你，应用程

---

① Hsu, Tiffany (Oct 28, 2019). “The Advertising Industry Has a Problem: People Hate Ads.” *The New York Times*, https://www.nytimes.com/2019/10/28/business/media/advertising-industry-research.html.

序也是如此。人们使用电脑寻找或分享的几乎所有东西都被追踪，一直被你在新闻中看到的价值数十亿美元的巨头以及数百家你从未听说过的公司所追踪。”①

这就是人工智能和机器学习对这些公司的意义：更好地猜测向你展示什么广告。每一个微小的数据都会增加公司展示“正确”广告的机会，所以它们从未停止，从不睡觉，也永远不会尊重你的隐私——每一天，像谷歌和Facebook这样的公司都在为一个目的集体工作：让展示的“正确”广告的百分比更高。

祖博夫将此称为“监控资本主义”（surveillance capitalism）的新经济安排。她写道：监控资本主义“单方面要求将人类经验作为免费的原材料，转化为行为数据。虽然这些数据中的一部分被用于改善服务，但其余的则被宣布为专有的行为盈余，被投喂给称作‘机器智能’（machine intelligence）的先进生产过程，从而造就一种预测产品，预测你现在、不久和以后会做什么。最后，这些预测产品在一种新的市场上进行交易，我称之为行为期货市场（behavioral futures markets）。监控资本家已经从这些交易业务中获得了巨大的财富，因为许多公司愿意为人的未来行为下注”。②

由此产生的广告技术即“行为广告”（behavioral advertising）。祖博夫警告说，挖掘用户数据并将其货币化的做法已经转移到保险、金融、零售、医疗保健、娱乐、教育甚至汽车等行业，广告公司现在比以往任何时候都更了解消费者。他们积累了大量的消费者数据，而由此投放的

① Sterling, Bruce (Nov 21, 2018). “Twenty Years of Surveillance Marketing.” *Wired*, https://www.wired.com/beyond-the-beyond/2018/11/twenty-years-surveillance-marketing/.

② Naughton, John (Jan 20, 2019). “‘The Goal Is to Automate Us’: Welcome to the Age of Surveillance Capitalism.” *The Guardian*, https://www.theguardian.com/technology/2019/jan/20/shoshana-zuboff-age-of-surveillance-capitalism-google-facebook.

定向广告正在摧毁互联网并破坏世界。祖博夫预测，如果不加控制，监控资本主义将像以前的资本主义变种那样具有破坏性，尽管是以一种全新的方式。

工业资本主义将大自然据为己有，直到数代以后我们才不得不面对如此做法的后果。在资本主义发展的新阶段，如果监控资本主义将人性作为产品开发和市场交换的原材料，那么必然产生知识的极端不对称，以及从这些知识中所获取的权利的巨大不平等。

这本书让人想起托马斯·皮凯蒂（Thomas Piketty）的巨著《21世纪资本论》（*Capital in the Twenty-First Century*，2013），[①]因为它令我们看到了本该注意但却没有加以注意的另一种不平等。如果我们不能驯服在我们的社会中肆虐的新的资本主义突变体，那么我们只能责备自己，因为我们无法再以无知为借口。

监控资本主义和定向广告已成为互联网的常态，它正在伤害我们所有人。

广告驱动的商业模式之害

万维网的发明人蒂姆·伯纳斯–李说："广告收入是目前网络上太多人的唯一商业模式。""人们认为当今的消费者必须与营销机器进行交易才能获得'免费'的东西，即使他们对发生在自身数据上的事情感到恐惧。为何不能想象一个付费令双方都感觉轻松的世界？"[②]

广告的捍卫者称，消费者不喜欢付费。哈佛大学商学院教授约翰·戴顿（John Deighton）说："没有人喜欢广告，大家只是喜欢他们因此而免

---

① Piketty, Thomas (2014). "*Capital in the Twenty-First Century*." Boston, MA: Harvard University Press.

② Hardy, Quentin (Jun 7, 2016). "The Web's Creator Looks to Reinvent It." *The New York Times*, https://www.nytimes.com/2016/06/08/technology/the-webs-creator-looks-to-reinvent-it.html.

费得到的东西。”戴顿认为，我们所知的互联网的存在取决于行为广告。“对任何不喜欢这类广告的人来说，简单的回答是，任何可行的替代方案都会让内容整体减少，或者产生一个巨大的订阅墙网络。”[①]

姑且暂不讨论对消费者的免费心理的预设是否准确，行为广告的确是世界上一些最大、最重要的互联网公司的财富来源，也几乎成为每个“免费”网站或应用程序赚钱的机制。谷歌80%以上的收入来自于广告；Facebook约为99%。广告在亚马逊（Amazon）的收入中也占据了一个快速增长的份额。到2024年，全球数字广告市场预计将增长到5250亿美元。[②]

行为广告的商业模式催生了一个由广告技术公司组成的喧闹的生态系统，包括通过平台和广告商之间的每一链条传递用户信息的数据经纪人，而这一切都是完全合法的，且非常有利可图。用户隐私被牺牲在此自不待言，广告驱动的商业模式还导致社交媒体上仇恨和虚假内容泛滥，制造出过滤泡沫和回声室，并增加了社会歧视。

更加严重的是，今天的数字广告基础设施为政治操纵和其他形式的反民主策略沟通创造了令人不安的新机会。随着广告技术的发展，政治传播发生了巨大的变化。在复制传统媒体以广告为基础的商业模式时，互联网公司将一个关键的规则弃置不顾：商业运作和编辑决策之间的分离。这一曾被比喻为“教会与国家的分离”的防火墙，因定向广告而分崩离析，它偷走了新闻业的午餐费，并将其用于维持平台，其驱动逻辑不是为了教育、告知或追究权势者的责任，而是为了让人们“参与”。而推动这种所谓的“参与”，其实不过是为了收集更多数据和展示更多广告

① Edelman, Gilad (Mar 22, 2020). “Why Don’t We Just Ban Targeted Advertising?” *Wired*, https://www.wired.com/story/why-dont-we-just-ban-targeted-advertising/.

② Edelman, Gilad (Oct 5, 2020). “Ad Tech Could Be the Next Internet Bubble.” *Wired*, https://www.wired.com/story/ad-tech-could-be-the-next-internet-bubble/.

的双重需要，最终表现为重视人气而非质量的算法。在不过数十年时间里，大科技公司已经用人气的数学衡量标准取代了编辑的判断，通过削弱第四等级破坏了民主制衡的稳定。

我们生活在一个被操纵的时代。一个广泛的商业监控网络跟踪我们的一举一动和头脑里的所思所想。它提出了一个可怕的前景，即我们已经成为一种高度个性化的精神控制形式的对象。

2021年欧盟提出关于人工智能高风险应用的立法建议，全面禁止人工智能系统部署“超越人的意识的潜意识技术，以实质性地扭曲一个人的行为，导致或可能导致该人或其他人的身体或心理伤害”的方式。[①]由此类推，除非大科技公司采取适当的保障措施，有力地防止其广告工具被用于扭曲或操纵个人用户的行为，否则，对私有化的监控必须采取监管监督，必要时，甚至不妨考虑限制公司使用个人数据进行广告定向的权利。

---

① Lomas, Natasha (Apr 21, 2021). “Europe Lays Out Plan for Risk-Based AI Rules to Boost Trust and Uptake.” TechCrunch, https://techcrunch.com/2021/10/15/researchers-show-facebooks-ad-tools-can-target-a-single-user/. Kogut-Czarkowska, Magdalena (Apr 28, 2021). “What Do You Need to Know about the AI Act?” https://www.timelex.eu/en/blog/what-do-you-need-know-about-ai-act.

技术的成瘾设计

缺乏伦理考量的设计，带给我们赫胥黎式世界。

技术的成瘾性会“劫持”大脑

2019年9月，行为设计学的创立者B. J.福格（B. J. Fogg）在推特上预测说：“一场‘后数字化’运动将在2020年出现。我们将开始意识到，绑定在自己的手机上是一种低等行为，类似于吸烟。”[①]

或许更狠的类比，是类似于肥胖。现在，到了2022年，相信会有越来越多的人希望这个运动发展壮大。

福格并非唯一一个这样想的人。像谷歌前设计伦理学家特里斯坦·哈里斯（Tristan Harris）这样的吹哨人早已提出手机不健康、会上瘾的观点。早在2016年，哈里斯就认定技术具有独特的成瘾性，会劫持“大脑”。

哈里斯说：“我们这一代人依赖我们的手机，对我们和谁在一起、我们应该思考些什么、我们欠谁一个答复，以及在我们的生活中什么是重要的，进行每时每刻的选择。如果手机就是你要把你的思想外包给它的东西，那就忘了大脑植入物吧。这就是大脑植入物。你一直在参考它。”[②]

哈里斯将手机称为“口袋里的老虎机”。当然，手机之所以让人上瘾，是由于其上有非常多的应用，完全基于手机自身，与电脑网络本身不发生任何关系，比如Instagram就只存在于移动设备当中。这意味着App经

---

① https://twitter.com/bjfogg/status/1171883692488183809.

② Bosker, Bianca (Nov 2016). “The Binge Breaker.” *The Atlantic*, https://www.theatlantic.com/magazine/archive/2016/11/the-binge-breaker/501122/.

济的兴起，可以说，iPhone应用商店开启了一个彻底改变我们互动方式的新时代。

一时不看手机，就浑身发痒，这是对移动应用程序的一种自然反应，这些应用程序旨在让用户尽可能频繁地滚动。正是这一点解释了“下拉刷新”（pull-to-refresh）机制——即用户向下滑动，暂停并等待查看出现的内容——是怎样迅速成为现代技术中最令人上瘾和无处不在的设计特征之一。当你向下滑动时，就仿佛拉动老虎机上的扳手，你不知道接下来会发生什么。这极其巧妙地利用了用户的心理；毕竟，如果赌博者不能自己拉动扳手，老虎机的上瘾性就会大大降低。

当一些人把我们的集体科技成瘾归咎于个人的失败，比如意志力薄弱，哈里斯却将矛头指向了软件即应用程序本身。应用程序是注意力经济的集大成者，今天我们之所以如此容易走神，是因为让用户分心，就是应用程序的设计初衷。比如，动态消息流的发明，为的是引诱我们滚动浏览无穷无尽的帖子，就像一只“无底碗”，根据一项研究，人们用自动倾注的碗喝的汤比用普通碗喝的多出73%，原因是不会意识到自己已经喝了很多。[①]还有，社交媒体上的“朋友请求”选项卡会通过推荐“你可能认识的人”来促使我们添加更多的联系人，或者请求调取你的通讯录，而在一瞬间，我们无意识的冲动会导致这个循环继续下去。微信的信息流中，总是不乏一堆带着数字的小红点，而红色是一种“触发”色，比其他的颜色更容易让人点击——由于看到这种警报一样的东西，我们就会触发一种硬性的社会义务感，感觉得放下一切来回应。

如此的注意力经济为那些抓住我们注意力的公司带来了利润，它启

① Wansink, Brian, Painter, James E. & North, Jill (Jan 2005). “Bottomless Bowls: Why Visual Cues of Portion Size May Influence Intake.” *Obesity Research* 13 (1): 93-100. https://pubmed.ncbi.nlm.nih.gov/15761167/.

动了哈里斯所说的“脑干底部的竞赛”。他解释说，在数字化使用方面进行自我控制，大可以说是用户的责任，但是否想到过，“在屏幕的另一边有一千个人，他们的工作是破坏我能够维持的任何责任”？其实，我们早就失去了对我们与技术关系的控制，因为技术日复一日地变得更擅长控制我们。

由此，哈里斯认为，鉴于技术本身是会致人上瘾的，解决这个问题的责任就不在个人。他发起了一个倡导组织“善用时间”（Time Well Spent），试图将道德操守带入软件设计，说服科技界帮助我们更容易地从其设备中脱离出来。

该组织后来更名为“人道技术中心”（Center for Humane Technology），通过这一中心，哈里斯正在领导一场改变软件设计基本原理的运动。他号召产品设计师为软件开发采用某种“希波克拉底誓言”，阻止对人们的心理弱点的利用，并恢复用户的主动权。假如有一套关于软件的新的评级、新的设计标准、新的认证标准会怎样？我们可以做到不以成瘾为基础进行设计。

是设计问题，而非个人意志问题

如果哈里斯不曾亲眼目睹技术的操纵，所有以上这些有关软件突破人类心理屏障的谈话，听起来可能不无偏执。哈里斯在湾区长大，于斯坦福大学学习计算机科学，同时在苹果公司（Apple Inc.）实习，然后回到斯坦福大学攻读硕士学位，学习人机交互。在那里他加入了B. J.福格管理的行为设计实验室（Behavior Design Lab）。福格相信，行为的改变，是一个设计问题，而不是个人意志问题。

福格有位著名的学生，是Instagram的联合创始人迈克·克里格（Mike Krieger）。在课上，福格提出了一个设计挑战：“在几年内，这些我们称之为移动电话的设备将能拍照并将这些照片发送给其他人。构思这项技术的积极用途，设计一个新的系统或点子，使得照片分享功能让人们更加快乐。”学生们三人一组开始筹划，两周后，他们进行了演示，克里格的想法非常棒，得到了全班最高分。几年后，克里格创建了Instagram，而哈里斯曾帮助克里格作应用程序演示。福格承认：“早期的Instagram是一款功能极其简单的App，用户拍摄照片，用滤镜美化后再上传分享。现在它已经完全不同了，我很担心它对我们生活的影响。”[①]

2007年，哈里斯自己也创办了一家名为Apture的创业公司，四年后被谷歌收购，哈里斯随后进入Gmail工作。他回忆说，他在那里的时候，增加用户在Gmail上花费的时间，从来不是该产品的明确目标。2013年2月，他撰写了《呼吁尽量减少分心和尊重用户的注意力》，这是一份长达144页的幻灯片演示文稿。他在报告中宣称：“历史上从来没有过少数设计师（大部分是男性，白人，住在旧金山，年龄在25~35岁）在三家公司的工作决定对全世界数百万人如何花费他们的注意力有如此大的影响……我们应该肩负一种巨大的责任去做好这件事。”三家公司指的是谷歌、苹果和Facebook。哈里斯只把演讲稿发给了他最亲密的10位同事，但它很快就传到了5000多名谷歌员工的耳朵里，当时的首席执行官拉里·佩奇（Larry Page）也有耳闻，他在一年后的一次会议上与哈里斯讨论了这个问题。

哈里斯自视为一个产品哲学家，研究谷歌应如何遵循设计伦理，但他发现很快便遭遇了“惰性”。公司的产品路线图必须被遵循，修复那些明显损坏的工具比系统地重新思考服务更重要。谷歌的设计师在哈里斯的幻灯片发布后几乎没有什么工作上的变化。“这就是那种有很多人点头的事情，然后人们该干啥干啥。”

2015年，哈里斯离开谷歌，致力于推动更广泛的设计变革。哈里斯

---

① B.J. 福格：《福格行为模型》，徐毅译，天津：天津科技出版社，2021年，中文版序。

希望通过他的倡导组织“善用时间”，动员人们支持他所比喻的针对软件的“有机食品运动”，最主要的是帮助用户善用时间，而不是向用户索取更多时间。他的老师福格也变成了哈里斯工作的粉丝：“这是一件勇敢的事情，也是一件困难的事情。”

福格的行为设计实验室现在开始推出减少屏幕时间的工具。哈里斯则展示了一系列自卫战术，例如：在iPhone上关闭所有通知；为短信设置一个自定义的振动模式，可以感觉到自动播报和人类讯息之间的差别。很多战术来自于哈里斯对心理学的研究。因为仅仅瞥见一个应用程序的图标就会“触发一整套感觉和想法”，他修剪了手机的第一屏，只包括Uber和谷歌地图等执行单一功能的应用，以避免掉入应用程序的“无底洞”。

谷歌曾经有一项实验，通过将糖果从透明容器移到不透明容器中，来减少员工的M&M零食，哈里斯借鉴了这种做法，试图让他的手机看起来极简。那些五颜六色的应用程序图标就好比糖果，他把所有耗时的应用程序都深埋在他的iPhone第二屏的文件夹里，结果是，那个屏幕一点也不吸引人。他还尝试创建一个软件，捕捉某人每周在其手机上的每个应用程序上所花费的时间，然后让用户叩问自己，哪些时间花得有所值。这些数据可以被汇编成一个排行榜，以“羞辱”那些让人上瘾但却毫无价值的应用程序。

要求技术，而不是要求自己

当然有人持有不同的看法。尼尔·埃亚尔（Nir Eyal）写作了分析硅谷公司通过技术设计吸引用户的策略指南《上钩：如何打造形塑习惯的产品》（*Hooked: How to Build Habit-Forming Products*），[1]那是在2014年。

---

① Eyal, Nir (2014). *Hooked: How to Build Habit-Forming Products*. New York: Portfolio.

彼时，制作一个类似老虎机的应用程序是一件好的和令人兴奋的事情。设计人员的理想用语是“诱人的交互设计”“一次又一次地吸引用户”和“设计改变行为”。

硅谷的技术专家们对《上钩》一书交口称赞。著名孵化器500 Startups的创始人戴夫·麦克卢尔（Dave McClure）称其为“任何希望了解用户心理的初创公司的必备小册子”。埃亚尔阐述了“巧妙地鼓励客户行为”和“令用户一次又一次回来”的技巧，这意味着一个四步计划的“钩子模式”，通过可变奖励等诱因来抓住并留住人们，或者在不可预测的时间间隔内获得快乐。他把这个模式形容为设计师的“新的超级力量”。①

像哈里斯这样的人属于新一代科技精英，对自身行业不受欢迎的副作用“觉醒”了。他们虽然在科技行业中淘到了金，但感到十分内疚，意识到他们建立的东西是如此令人上瘾。埃亚尔也是如此，2019年，他出版了一本关于如何使我们摆脱技术沉迷的新书。与上一本书相比，这是一个180度的大转弯，尽管如此，他说他并没有后悔当年写了《上钩》。

埃亚尔认为，很多时候我们看手机是因为我们焦虑，不善于独处——而这并不是手机的错。他直言不讳地说：“沉迷于屏幕？这确实是你的问题。对许多人来说，社交媒体是一件非常好的事情，游戏是一件非常好的事情。关键是你如何使用。”

现在他有一个配方可以让你解脱——虽说一开始就是你的错。这本新书叫作《心无旁骛：如何控制你的注意力和选择你的生活》（*Indistractable:*

---

① Bowles, Nellie (Oct 6, 2019). “Addicted to Screens? That’s Really a You Problem.” *The New York Times*, https://www.nytimes.com/2019/10/06/technology/phone-screen-addiction-tech-nir-eyal.html.

How to Control Your Attention and Choose Your Life）。[1]如果说“上钩”是一种方法，那么“脱钩”也是有方法论的。这一次，就像在《上钩》中一样，埃亚尔再次提出一个由四部分组成的模式——甚至再次将其描述为一种“超能力”——只不过这一次他针对的是用户，意在宣讲如何在一个争夺我们注意力的世界中做到全神贯注。

解决方案是以无数微小的方式重新树立责任。像是，回避或改变让你分心的外部触发因素，如禁用设备通知，把手机调到静音状态，或在工作中设置一个信号，告诉你的同事你正处于专注模式；使用“预先承诺”如价格协议，以激励你贯彻目标，如果因分心而导致了拖延，就付给和你签约的一方真金白银（在埃亚尔的案例中，这包括如果他没有按时完成《心无旁骛》，就得向他的朋友支付1万美元）。

读者或许会发现其中一些技巧是有用的。但在技术的分心或成瘾这类关键问题上，埃亚尔大错特错。

埃亚尔的论点大致如下：我们经常把分心的原因归咎于技术。然而，由于所有人类行为的动机都是为了尽量减少不适感，因此分心的“根源”在于我们自己。相比之下，技术只是一个“近因”。如果我们不解决根本原因，就会继续找到分散注意力的方法，并继续成为“我们自己制造的悲剧中无助的受害者”。另一方面，如果我们确实承认分心源于自己的内心，就可以采取措施，变得心无旁骛，最终过上我们想要的生活。

这里有许多奇怪的扭曲。比如，埃亚尔将内在动机与外部因素分开，并将其视为根本原因。这种根源/近因的区分来自于工程和管理科学中的诊断过程，也即“根源分析”（root cause analysis）。为什么这种方法适合于诊断人类行为？作者没有给出理由。为什么一个行为不能是多个根本

---

① Eyal, Nir (2019). *Indistractable: How to Control Your Attention and Choose Your Life*. Dallas, Tx: BenBella Books.

原因的结果？这个问题没有被问到。难道技术不能像许多其他的影响一样，增加我们内心的不舒服和不满意吗？这个问题甚至完全没有被提出来。所以，到底什么是“根本原因”？埃亚尔也没有定义。

事实上，在整本书当中，他对根本原因和近因的看法是不一致的。在不同的地方，他很乐意把各种环境因素——关系的、组织的、心理的和文化的——解释为分心的根本原因，但同时把任何关于技术的建议视为可笑的道德恐慌，即否定这些技术实际上是为分心而设计的，本身就是结构问题的一部分。他似乎觉得万事都可能导致分心，唯有技术不会。

这是一种从根本上非常不严肃的处理问题的方式。想想看：告诉技术设计者分心或者成瘾不是他们的错，管理分心问题最终属于用户的责任，即使他们的产品确实分心，其“根源”总在于用户自己。如此说法不啻为“技术中性论”的典型体现，是“枪不杀人，人杀人”这种可笑之论的一个数字化翻版：技术不会分散人们的注意力，只有人才会分散人们的注意力。

坚持这样的论调，其实等于为反对系统性变革的利益集团提供掩护，阻止了人们去对抗那些有意设计为成瘾的技术，使得被技术所干扰的人不愿意从他们的技术中要求更多，而更倾向于要求自身拥有“超能力”。历史证明，所有的人性限制注定令这类能力归于虚幻。

不客气地讲，埃亚尔属于那些一开始就在卖沉迷药的人，现在又倒回来推销治疗方法。在《上钩》中，埃亚尔写道：“社会发展出控制新习惯的精神抗体，还将需要很多年，也许是几代人的事。”但是，在《心无旁骛》中，他又写道：“我们有独特的能力来适应这种威胁。我们现在就可以采取措施，重新训练和恢复我们的大脑。说白了，我们还有什么其他选择？我们没有时间等待监管机构做些什么，如果你屏住呼吸等待公司令他们的产品不那么令人分心，到头来，你早失去知觉了。”

缺乏伦理考量的设计，带给我们赫胥黎式世界

把一切都归咎于个人，而忽略了分心和成瘾的结构性原因，这不仅在对待人性方面是不科学的，在看待对社会的影响方面是不公正的，在让人们屈服于现成设计方面也是缺乏想象力的。

技术的存在是为了帮助我们超越自身的限制。我们不能仅靠自己来对抗分心——我们也不应该这样做，而技术，经过适当的设计和激励，应该成为帮助我们更好驾驭生活的必要手段。

不过，目前的趋势却似乎是以越来越复杂的形式对用户进行更深层次的操纵。例如，Snapchat勾引用户的策略让老式社交媒体的策略都显得古板。当收信人阅读信息时，社交媒体会自动告诉发信人——按照福格的行为设计逻辑，这一设计选择激活了社会互惠意识，并鼓励收信人做出回应。Snapchat的做法更胜一筹：除非改变默认设置，否则用户会在朋友开始给他们输入信息的瞬间就被告知，这就使得对方如果不完成输入就会显得很失礼。而该应用程序的Snapstreak功能，则会显示用户连续向其他用户发送照片的天数，并用一个表情符来证明友谊的忠诚。这让一些青少年抓狂，以至于他们在度假前把自己的登录信息交给朋友，求他们代为拍摄。

Facebook的无限滚动浏览也好，YouTube的自动播放也好，Snapchat的表情符也好，抖音的竖屏视频也好，都是糟糕的技术侵害者，目的皆是为了养成用户的习惯并令他们上瘾。在科幻电影中，人工智能的威胁常常被描绘成追杀人类的终结者式机器人，但我们真正应该害怕的是扎克伯格和张一鸣们，他们的算法让我们无法抗拒数字垃圾食品。虚假新闻的争议，让问题变得更为严重，它会利用人类的心理漏洞来操纵我们的冲动，去查看那些耸人听闻及具有破坏性的内容。

有没有可能创造一种更健康的方式来替代当前的科技垃圾食品？这

种转变将需要重新评估根深蒂固的商业模式，使成功不再取决于对注意力和时间的要求。在设计中纳入伦理考量的最大障碍，并不是技术上的复杂性，根据哈里斯的说法，它是一个“意志问题”。对于任何破坏参与或增长的东西，硅谷的文化可能会与之强烈冲突。在高科技行业，无人愿意放慢脚步，深思熟虑地考虑他们的行为以及这些行为对他人的影响。创业者们只想把更多的用户拉进来，并尽可能多地消耗他们的时间，以证明数十亿美元的估值和数亿美元的风险投资是合理的。

随着数字文化走出其漫长的蜜月期，一个反击浪潮已经兴起。考虑到人们眼下的心态，苹果和谷歌已将屏幕时间监测纳入其旗下产品。然而根据这些公司的有良知的叛逃者的揭露，社交网络平台的有害性是一个有意为之的特点，并不是一个漏洞。他们声称，操纵人类行为以获取利润的做法被精确地编入这些公司。

哈里斯说：“我们实际上已经创建了一个比人类思维更加强大的人工智能，但是我们把它唤作别的东西，并将它隐藏在社会之中。通过将其称为动态消息，没有人会注意到我们实际上创建了一种完全肆意横行、失去控制的人工智能。”①

事到如今，没有比阻止这种人工智能更紧迫的问题了，因为它正在改变社会的民主，正在改变我们进行对话的能力，以及我们彼此之间的关系。

正是在这种背景下，我们可以认为，近年来对奥威尔式（Orwellian）的监控国家的夸大可能是错误的，另一位英国科幻作家阿道斯·赫胥黎（Aldous Huxley）提出了更有预见性的意见。他警告说，奥威尔式的胁迫对民主的威胁不如心理操纵的更微妙的力量，后者利用了“人类对分心

① 史蒂文·利维：《Facebook：一个商业帝国的崛起与逆转》，江苑薇等译，北京：中信出版社，2021 年，第 384 页。

的几乎无限的渴望”。[1]

当今的美妙新世界还在全面推进。如果注意力经济侵蚀了我们的记忆能力、推理能力和为自己做决定的能力——所有这些能力对自我管理至关重要——那么我们的世界还有什么希望?

① Huxley, Aldous (1958). *Brave New World Revisited*. New York: Harper & Row, 36.

拆墙开放，让互联网真正互联

中国互联网由来已久的“围墙花园”被撬开裂缝，有可能重写中国的数字广告和电子商务版图。

2016年，在中国互联网的一片高歌猛进之中，我曾撰文谈及中国互联网发展中的隐忧，其中之一即是垄断造成的企业创新隐忧。

我写道：“互联网时代呼唤的是开放、包容和自由竞争，互联网也应该是协作和共享的平台。可是与其背道而驰的想要一家独大的垄断逻辑，却开始逐渐在中国互联网公司的竞争中显现，并且呈愈演愈烈之势。”①

在当时，更准确地说，中国的互联网不是一家独大，而是BAT（百度、阿里巴巴和腾讯）三家独大。它们彼此采取很多不正当竞争行为，造成中国互联网不能完全互联互通。阿里巴巴“从数据接口切掉一切微信来源”；新浪微博禁止进行微信公众账号推广；微信屏蔽来往分享链接、快的红包，腾讯被指“选择性开放”；淘宝则不仅屏蔽微信的链接跳转，也排斥其他的导购外链，同时还屏蔽百度的抓取。在这个过程中，屏蔽甚至成了这些互联网公司心照不宣的共识。这一方屏蔽那一方，是不愿意为其贡献流量，那一方屏蔽这一方，则是要成就自己的“入口”规模——归根到底都是为了自身利益。可是，在这些你来我往的狙击中，用户的利益何在？

具有讽刺意味的是，用户对这些损害自己利益的平台行为不仅完全

① 胡泳：《中国互联网发展中的隐忧》，《新闻爱好者》2016年第4期。

无能为力，而且眼看着类似的屏蔽，都打着更好服务用户的旗号，并随着互联网应用的不断发展，逐渐加码升级。例如，2018年，当字节跳动的短视频平台抖音开始流行时，许多用户意识到他们无法直接点击进入在微信上分享的抖音链接。消费者也不能从微信内顺利打开阿里巴巴电子商务平台的链接，如淘宝和天猫。这一切的结果是，用户没有办法在数字海洋里恣意遨游，而只能学会在数字孤岛间跳来跃去。

虽然消费者不满层积，而且平台之间也互相以涉嫌垄断兴讼，但无法互联互通的障碍始终横亘于前，难以移除。最终，这一影响中国互联网已久的痼疾，依靠监管方的强势出手才开始得到疗治。

2021年4月13日，国家市场监管总局首次提到“严防系统封闭，确保生态开放共享”等说法，指向互联网平台单一垄断行为背后的生态垄断，和更深层次的平台治理难题。9月9日，工信部有关业务部门召开“屏蔽网址链接问题行政指导会”，要求限期内各平台必须按标准解除屏蔽，否则将依法采取处置措施。多部门对平台生态垄断的监管趋严。

9月17日傍晚，腾讯发布《微信外部链接内容管理规范》调整声明，称将在“安全底线”基础上，允许用户在微信“一对一聊天场景中访问外部链接”。微信群暂不在开放范围当中，后续将开发功能提供访问选择。腾讯表示，微信还将推进“分阶段、分步骤”的互联互通方案，也会积极配合其他互联网平台，探讨跨平台顺畅使用微信服务的技术可能性，实现进一步的互联互通。

互联互通本来就是互联网的题中应有之义。中国互联网的互联互通问题积重难返，既有数据安全问题，也有隐私保护问题，既有数据共享问题，也有流量竞争问题，复杂问题交织，犹如乱麻，必须先找头绪。

工信部以各大平台的外链管理为切入，抓住了中国网络用户的一大痛点。无正当理由限制网址链接的识别、解析和正常访问，弊端重重，既影响了用户的体验、损害了用户的权益，也扰乱了市场秩序、破坏了整个互联网生态的发展。对此进行整顿，势在必行。

然而，中国互联网的互联互通，并不是开放网址链接那么简单。

最基础的互联互通

最基础的互联互通，要看路由和互联的监管政策是什么样的，以及运营商自主权的多少，会如何影响互联网的联网方式。

我们可以看到，在一些国家，日益出现的一种趋势是，对互联网运营商如何管理网络互联和路由进行监管。互联和路由选择是基于本地的和运营的原因而做出的关键决定，为的是确保网络的适应性和最佳流量。如果一个国家的网络在互联和路由方面的自主权不断减少，那么它将破坏互联网的两个关键属性：一个具有共同协议的开放和可访问的基础设施，以及分散化的管理和分布式的路由。

具体而言，第一个关键属性表明，网络或个人节点访问互联网的唯一基本条件是使用其通用协议，包括TCP/IP协议。这种“无许可”的最低技术准入门槛，构成了互联网快速增长和全球覆盖的基础。

而第二个关键属性则意味着，每个网络都可以根据自己的需要、商业模式和本地要求，独立决定如何将流量路由至他处。在这里，至关重要的是，没有集中的控制或协调，而是由每个运营商做出自己的决定，并与它选择的运营商自由协作。

互联网越是接近于以符合这两个关键属性的方式运行，它就越是开放和灵活，有利于未来的创新，以及协作、全球到达和经济增长等更广泛的利益。互联网离上述的联网方式越远，它就越不像全球互联网，而会走向所谓的“分裂网”（splinternet）。

例如，俄罗斯“主权互联网”（sovereign internet）正在进行的集中控制的趋势，大大降低了互联网服务提供商的自主性和灵活性，使网络恰恰在需要更多弹性的时候，反而弹性变差了。根据俄罗斯的法律，在监管机构认为存在来自国外的威胁的事件当中，运营商可能无法控制自己的路由。一些互联决定将受到限制，而另一些则需要依据当局做出的决定。运营商反映当地情况和自身的运营及业务需求的自主权和能力，都被大大削弱了。

而美国“清洁网络”（Clean Network）计划的五项新工作涉及互联网生态系统的各个层面，从物理基础设施（电缆）、网络互联（电信运营商）到云系统和应用（应用商店与应用程序），阻碍了网络之间的互联，也妨害了互联网通信基础设施的发展，以及由此带来的服务和机会。

正如特德·哈迪（Ted Hardie）对拟议措施的批评所说：“不同网络的互联是互联网及其所有服务和机会赖以建立的物理基础。阻碍这种互联打击了作为企业的互联网的核心。它也使互联网处于危险之中，并将产生一些意想不到的有害影响。”[①]

移动互联网带来的“围墙花园”

在基础设施之外，互联网背弃互联的初心，还出于其他的复杂原因。

首先是数字平台的崛起，令互联网迅速变成一种平台控制物，这出乎很多互联网用户的想象，因为去中心化曾被广泛认为是互联网的标志。

现实的演变是，十年前，人们还拥有一个开放的网络乌托邦，而到了今天，人们所面对的是一个由若干互联网巨头联手控制的网络空间，它们拥有许多世界上最有价值的“平台”——每个其他企业、甚至是竞争对手所依赖的基本构建模块。

数字平台已经成为纵向整合企业的真正可行的替代商业模式，也代

① “Internet Way of Networking Use Case: Interconnection and Routing.” Internet Society, Sep 9, 2020, https://www.internetsociety.org/resources/doc/2020/internet-impact-assessment-toolkit/use-case-interconnection-and-routing/.

表了一种与更典型的市场结构有着显著不同的经济协调活动的机制。这些平台是不可能躲开的；你可以选择退出其中的一个或两个，但它们一起形成了覆盖整个经济的镀金网。

而随着其数据驱动的商业模式开始遭受质疑，随着它们凭借巨大利润成为经济主宰而引来垄断的指责，随着人们担心自身的政治见解、知识习惯和消费方式都可能经由算法而为人所操纵，这些平台现在到了被迫自我反思的时刻。

阻碍互联的另一个重大变化是，苹果发明了中央应用商店，由应用商店又催生出大批新经济活动，所有的人都不得不在APP（应用程序）里从事商业。以万维网为核心的互联网是开放的、连接的、透明的和可访问的；相比之下，移动互联网是封闭的，特别是苹果在移动领域的战略被描述为旨在创造一个“完全集成的封闭系统”，其中公司“保持对整个产品生态系统的高度控制”。

这些开放性的差异反映在移动互联网接入中“围墙花园”模式的重新出现。“围墙花园”的比喻出自早期的拨号上网，当时互联网服务提供商试图将用户限制在自己的专有内容中，而不是把业务定位为通往整个网络的门户。这种早期的“围墙花园”后来渐渐走入末路，但在移动互联网背景下，“围墙花园”模式卷土重来，因绕过万维网的移动应用程序的爆炸而得到加强。

应用程序的设计，部分是为了弥补基于移动网络访问的各种缺陷。尽管它可以提供高效的和用户友好的体验，但移动应用程序模式代表着一个比万维网更加不开放的互联网生态系统。例如，主要的应用程序商店（无论是iTunes App Store还是Google Play）发挥着强大的把关作用，而万维网中的内容和应用程序却可以绕过中介机构。这是内容和应用传播上的一个根本变化。

一些批评者认为，限制可用的内容来源和应用程序的范围，可能会扼杀创新。例如，应用程序往往只能通过专有的应用商店获得，这些商店控制其平台对开发者的开放性，并限制用户在不同应用程序之间的切换和链接。开发者被迫为每个平台定制他们的应用程序，这导致了额外的成本。一旦应用程序被应用商店批准，就会受到排名和特色列表的影响，这使得新应用程序打响知名度和在竞争中胜出变得特别困难。

赞扬APP的人则以应用程序经济的蓬勃发展为例，指出APP创新为用户提供了在家接受服务、与医生互动、进行金融交易、管理员工工作甚至确保停车许可等的新途径。无论如何，我们难以否认，尽管在向移动应用迁移的过程中，巨大的终端用户利益被生发出来，但却也由此产生了重大的不利因素。

例如，APP经济开启了“零工经济”，即自由职业者开始填补通常由全职雇员完成的工作。自由职业者可用的安全网很薄弱，这可能是一个潜在的爆炸性问题。独立工作并不总是一个自愿的自由人对生产进行更大控制的结果。相反，它可以反映出对很多挣扎中的工人来说，缺乏更有吸引力的就业选择。将任务外包给独立的工人，使企业摆脱了强制性的福利支出，并将风险转移到工人身上，否则这些风险可能由企业来承担。

这些零工们是被授权做自己的老板，还是一个强大的公司的受害者，是值得商榷的。零工似乎拥有了很多此前的工作所没有的自由，但平台通过系统对他们进行了广泛的控制。

移动互联网的终端设备本身在开放性方面也有根本的不同。移动手持设备（包括平板电脑）远不如个人电脑开放。与个人电脑迥异，移动手机主要是封闭的、专有的技术，人们很难为不同的用途进行调整和编程。通过更封闭、更难编程的设备上网的用户，没有能力提升网络服务，也没有能力获得相应的好处。

“围墙花园”式平台导致的结果是，今天的互联网被切分成若干个巨大的“电子集中营”，每个集中营的门口都蹲守着一个巨大的怪兽，人们被关在电子集中营里，还以为那是遍地芬芳的花园。

而这些平台无不视数据为金矿，以流量为生命，通过设置技术壁垒，阻碍数据跨平台转移，造成互联网上高墙林立，更出现平台通过数据“绑架用户”的怪象。

平台大循环，胜过单一平台的小循环

由此可知，中国互联网要想互联互通，一个关键举措是打开应用程序之间的通道，因为过去十几年来，阻止应用程序用户从使用的应用程序中访问对手的服务，已经成为中国大型科技公司的普遍做法。

归根结底，这意味着必须实现平台的互操作性。这是一个众所期待的方向，但不要指望会一蹴而就。现实情况是：即使围墙内的花园要开放，也一定是以一种相当受控的方式。牵涉到的平台公司都在进行一场精心策划的赌博，即他们怎样可以获得对方的用户群和优势，同时又不会过多地吞噬自己的用户。

每家平台的得失各有不同，因此背后存在极其微妙的关系。如果开放的压力延伸到抖音和微信的用户时长大战，我们可能会看到腾讯的短视频野心被削减，而抖音则可能通过接入微信产生新的增长空间。快手也将因此受到影响。

阿里巴巴没有任何像微信或抖音这样有价值的流量入口，因此，虽说它的网络购物平台淘宝或天猫是用户的主要目的地，但它必须花大钱才能让用户进门。有消息称，淘宝和抖音2020年签订了200亿左右的年度框架协议，包括广告和电商两个部分，这相当于阿里巴巴为抖音付出的流量费。

所以，微信对阿里巴巴开放，将是后者的很大利好，阿里可以通过社交流量来刺激新的增长。用小程序进入微信，可以提高阿里巴巴的用户数量和转换率，尽管还不清楚会有多少。

目前，尚没有核心电子商务交易通过微信小程序进入阿里巴巴的平台。这在打破互联互通的坚冰之后，可能会迅速增长。我们都知道，其他电子商务公司的小程序通过微信输送了大量的业务，无论是食品配送服务商美团，还是团购服务商拼多多。而现在，拼多多可能是最需要担心的，用户增长放缓，其来自微信的大量流量突然面临竞争压力。美团的本地服务超级应用也难免被要求更多开放。

有很多后果现在还难以预期。比如，阿里的商户如果在微信获得了大量免费流量，会不会对阿里固有的商业模式带来冲击？其核心广告业务可能受到影响，因为商家现在可以直接在微信中向用户推销产品。腾讯的广告费可能会增加，将有大量的新订单通过微信平台流动。同时，阿里多个APP，包括饿了吗、优酷等，宣布接入微信支付，但淘宝天猫才是重头戏。如果淘宝天猫也开放微信支付，移动支付市场又将如何改写？

2021年8月3日，阿里巴巴主席兼CEO张勇在分析师会议上表示，按政府要求，阿里巴巴将与腾讯打通生态。张勇说："平台之间的大循环能产生的社会价值，一定远远大过在单一平台内的小循环。平台间如果能够互联互通，肯定会带来新的改革红利。"[①] 话虽如此，腾讯和阿里这两家公司之间更全面的和解将是一把双刃剑。它们会各自开放其业务的一部分，以获得对方的力量，但这也意味着放弃为那些开放的业务创造自身版本的想法。比如，腾讯不会再去建立一个淘宝，而阿里将减少发展自己的小程序业务的尝试。

这可能不是一件坏事。多年来，阿里巴巴和腾讯一直在做仿效对方

① 《阿里张勇谈平台互联开放：肯定会带来新的改革红利结果会是多赢》，新浪科技，2021年8月3日，https://finance.sina.com.cn/tech/2021-08-03/doc-ikqciyzk9339199.shtml。

生态系统的二流产品，而如果开放，就会减少复制：双方都可以栖身于自己真正的竞争优势之上。如果这两个巨头之间出现有意义的开放，可能会在一系列领域产生反响。

中国互联网由来已久的“围墙花园”被撬开裂缝，有可能重写中国的数字广告和电子商务版图。例如，由于各家APP都是封闭的，搜索悉数变成了APP的内部搜索，接下来，假如各家平台都对搜索引擎开放，那么，搜索引擎的重要性有可能再度凸显。像Google Shopping这样的服务，允许用户在网上购物平台搜索产品，并在不同供应商之间进行价格比较。对消费者来说，这会带来更好的购物体验。

还有一个可以预期的前景是，在微信平台上的小程序会更加繁荣，这是一种越来越流行的无须下载全新应用程序就能获得在线服务的方式。微信小程序是品牌营销与商业消费的突破性创新。小程序为品牌所拥有，但在微信平台上运行。它们结合了移动应用的外观和感觉与消费者对产品和服务的按需访问。品牌可以通过建立微信小程序来提供微信生态系统中的服务，如商业交易、忠诚度计划和客服等。当然，由品牌控制的小程序现在也开始出现在其他应用程序中，例如京东与小红书。这可能导致其他平台变成阿里巴巴的咄咄逼人的竞争对手。如果微信小程序继续扩展到其他“围墙”内，甚至可能成为移动互联网的新标准。

最重要的是，开放是中国正在进行的更广泛的互联网改革的一部分：随着人为的竞争限制被消除，消费者和商家将看到更多的好处。我们可以期待，随着互联互通的进一步实现，中国的互联网公司的产品与服务之间的联系，必然会变得更加紧密，而平台之间的用户流动也会增加，中小企业的创业积极性受到保护，互联网的开放、包容和自由竞争得以实现。

代码与算法

我们是如何被代码所统治的?

我们将迎来一个人类放弃对机器的权威的时代。

代码:当今世界的神奇渊源

有关艾伦·图灵(Alan Turing)的历史剧情片《模仿游戏》(*The Imitation Game*, 2014)中,看到那台名叫克里斯托弗的机器破解Enigma那一瞬,忍不住热泪盈眶。有时候,被世界所遗弃的人,才能成就意想不到的大事。

影片最后在一段画外音中结束:"他的机器从来没有臻于完美,但它导致了一整套有关'图灵机'的研究。今天我们把这样的机器叫做'电脑'。"

从镰刀到蒸汽机,人类总是企图利用技术控制我们周边的世界。然而,要说到对环境的塑造,恐怕没有哪一种机器比电脑更有力。而令电脑如此强有力的东西是代码。

代码,简单地说,是一套由单词和数字组成的规则或者指令。把这些单词或者数字按照合适的顺序排列,就可以命令电脑为人类做事情。可编程的代码千变万化、极其灵活,无论是游戏还是太空飞船都能指挥自如。个体的天才创造力、被需要所驱使的发明以及人类了不起的想象,共同造就了代码。

从远古时代,人类就开始把玩代码。但里程碑是德国数学家莱布尼茨(Gottfried Leibniz)用简单的0和1造就的"具有世界普遍性的、最完美的逻辑语言"。目前在德国图林根,著名的郭塔王宫图书馆

（Schlossbibliothek zu Gotha）内仍保存一份莱氏的手稿，标题写着："1与0，一切数字的神奇渊源。"今天所有计算的基础都来自二进制。

在莱布尼茨发明二进制一个世纪之后，法国织机工匠约瑟夫·雅卡尔（Joseph Jacquard）在他发明的自动蒸汽动力织布机上，考虑一种由一组卡片控制的装置来机械地织出任何纹样。该控制装置由硬打孔卡和吊钩组成。每个孔的位置对应一根经线，根据打孔或不打孔决定提起或不提起经线，并交织一次。不同的打孔卡会令织机织出不同的花纹，因而，卡片构成了对织机的指令——这和现代计算机程序的工作方式完全一致。

英国数学家查尔斯·巴贝奇（Charles Babbage）认为同样的打孔卡可以用来输入数字，以及有关如何处理这些数字的指令，因而创造了世界上第一台通用的计算机器。他的工作成就了世界上第一位程序员，她是位女性，是拜伦（Lord Byron）之女。埃达·洛夫雷斯（Ada Lovelace）是位数学家，也是穿孔机程序创始人。她建立了循环和子程序概念，为计算程序拟定"算法"，写作了第一份"程序设计流程图"。在1843年发表的一篇论文里，埃达认为机器今后有可能编曲、制图和实现各种更复杂的用途，这是十分大胆的预见。

19世纪末，美国的人口普查造成了一个管理上的噩梦：不得不用八年时间手工输入每个公民的资料。人口普查部门的一位职员赫曼·霍勒瑞斯（Herman Hollerith）想出了一个解决办法：把每个人的资料以编码方式输入穿孔卡中，利用新的电力技术把一排排针压入卡片，将形成的电路予以记录。霍勒瑞斯将自己的发明商业化，日后发展为赫赫有名的电脑公司IBM。如果说图灵身后享有"计算机科学之父"和"人工智能之父"的美誉，可以说，霍勒瑞斯就是"大数据之父"。

1971年，英特尔公司发布世界上第一枚商用芯片；加州硅谷的家酿电脑俱乐部（Homebrew Computer Club）里，那些狂热的爱好者们很快围绕芯片开始开发软件和打造个人计算机。史蒂夫·沃兹尼亚克（Steve

Wozniak）开发了第一代苹果电脑，而同时代的比尔·盖茨则开创了软件产业。随后，电脑在创意产业、金融产业、制造业和科研领域等一路攻城略地。直到20世纪90年代，人们又把个人电脑联结成网，电脑终于不仅仅被视为完成指定任务的工具，也成为分享和协作的利器。再往下的故事，搜索引擎、社交媒体、移动互联等，我们毋须多言了。

就像17世纪的农民、18至19世纪工业革命时期的工人、二战以后崛起的办公室白领一样，程序员渐渐成为下一个大规模职业。

编程的终结与机器学习的兴起

由于计算机的飞速发展，编程的要求和种类也日趋多样，由此产生了不同种类的程序设计员，每一种都有更细致的分工和任务。现今，程序设计员可以指某一领域的编程专家，也可以泛指软件公司里编写一个复杂软件系统里某一块的一般程序员。

与此同时，程序自身也在变化。

在计算机发明之前，大多数实验心理学家认为大脑是一个不可知的黑匣子。不错，我们可以分析对象的行为——打铃，狗就会分泌唾液，但是思想、记忆、情感？这些东西晦涩难懂，超出了科学的范围。因此，这些自称的行为主义者，将他们的工作局限于对刺激和反应、反馈和强化、铃声和唾液的研究。他们放弃了去尝试了解大脑的内部运作，统治了这个领域四十年。

然后，在20世纪50年代中期，一群叛逆的心理学家、语言学家、信息理论家和早期的人工智能研究者对大脑提出了不同的理解。他们认为，人不仅仅是条件反应的集合。他们吸收信息，对其进行处理，然后据其采取行动。他们拥有一个用于写入、存储和调动记忆的系统。他们通过逻辑形式语法进行操作。一言以蔽之，大脑根本不是黑匣子，而更像是一台计算机。

所谓的认知革命起步甚微，但是随着计算机成为心理学实验室的标准设备，上述想法获得了更广泛的接受。到20世纪70年代后期，认知心理学已经推翻了行为主义，随着新范式的出现，我们拥有了一种谈论心智生活的全新语言。

心理学家开始将思想描述为程序，普通人谈论将事实存储在他们的记忆库中，而管理专家则对现代工作场所中的心智带宽和处理能力的局限感到担忧。

这个故事不过是上一次心智革命的重复。随着数字革命席卷我们生活的各个方面，它也渗入了我们的语言，以及我们关于事物运作方式的更深的、更基础的理论。技术总是这样做的。

在启蒙运动中，牛顿（Isaac Newton）和笛卡尔（René Descartes）启发了人们将宇宙视为一架精致的时钟。在工业时代，宇宙成了带有活塞的机器——就连弗洛伊德的心理动力学思想也是从蒸汽机的热力学中借来的。而到了今天，宇宙变成了一台计算机。

仔细考虑这一点，会发现它是一个从根本上让我们变得更强大的想法。因为，假如世界是一台计算机，那么人就可以对世界进行编码。

代码是合乎逻辑的。代码是可以入侵的。代码即命运。这些构成了数字时代生活的核心原则，也是自我实现的预言。

随着软件吞噬了世界（风险资本家马克·安迪森语），[①]我们已经让机器环绕我们自身，这些机器将我们的行为、思想和情感转换为数据，汇聚的原材料可供大量使用代码的工程师操纵。我们已经将生命本身看作是由一系列可以被发现、利用、优化甚至重写的指令所控制的东西。

公司使用代码来了解我们最亲密的关系；Facebook的马克·扎克伯格

---

① Andreessen, Mark (Aug 20, 2011). “Why Software Is Eating the World.” https://a16z.com/2011/08/20/why-software-is-eating-the-world/.

甚至暗示可能存在“一种基本的数学法则，它决定着人与人之间的关系，而这些人与人的关系又支配着我们所有人挂念谁和关心什么”。[①]2013年，克雷格·文特（Craig Venter）宣布，在对人类基因组进行解码的十年后，他开始编写允许他创建合成生物的代码。文特说：“越来越明显，我们在这个星球上知道的所有活细胞都是由DNA软件驱动的生物机器。蛋白质机器人执行着经过数十亿年的进化软件的变化而发展出来的精确生化功能。”[②]甚至连励志书都坚持说你可以破解自己的源代码，对爱情生活、睡眠常态和消费习惯进行重新编码。

在这个世界上，编写代码的能力已不仅成为一种必不可少的技能，而且还成为一种授予内部人身份的语言。他们可以使用在更机械的时代被称为力量杠杆的东西。

未来学家马克·古德曼（Marc Goodman）写道：“如果你控制了代码，就可以控制整个世界。这就是等待我们的未来。”[③]在《彭博商业周刊》上，保罗·福特（Paul Ford）说得稍微谨慎一些：“就算程序员不控制世界，那他们也运行着运行世界的东西。”[④]

你不是编程精英，可能连手机设置也搞不好，那么，是不是就只有被统治的份了？且莫慌张。我们的机器现在开始说另一种语言，即使是最好的程序员也无法完全理解。

---

① Miners, Zach (Jun 30, 2015). “Zuckerberg Wants to Be the Stephen Hawking of Social Relations.” *Computerworld*, https://www.computerworld.com/article/2942915/zuckerberg-wants-to-be-the-stephen-hawking-of-social-relations.html

② Tanz, Jason (May 17, 2016). “Soon We Won’t Program Computers. We’ll Train Them Like Dogs.” *Wired*, https://www.wired.com/2016/05/the-end-of-code/.

③ “What Does the Future Of Crime Look Like?” NPR, Sep 13, 2013, https://www.npr.org/2013/09/13/215831944/what-does-the-future-of-crime-look-like.

④ Ford, Paul (Jun 11, 2015). “What Is Code?” *Businessweek*, https://www.bloomberg.com/graphics/2015-paul-ford-what-is-code/.

在过去几年中，最大的科技公司都在积极推行一种被称为“机器学习”的计算方法。在传统编程里，工程师编写明确的分步说明供计算机遵循。而到了机器学习阶段，程序员无需使用指令对计算机进行编码，而是训练计算机。比如，如果你想教一个神经网络来识别猫，不是告诉它寻找腮须、耳朵、毛皮和眼睛，而是向它展示成千上万张猫的照片，最终它就能解决问题。万一它将狐狸错误地归类为猫了，怎么办？要是过去，程序员就需要重写代码。而现在，你坚持继续训练。

这种方法并非刚刚开始，只是最近变得更加强大，这在一定程度上要归功于深度神经网络的兴起，大规模分布的计算系统模仿了大脑中神经元的多层连接。也许你还没有意识到，机器学习已经在为我们的在线活动提供各种强大的支持。Facebook用它来确定新闻中出现哪些故事，Uber用它来实现拼车，而Google Photos用它来识别面孔。机器学习运行微软的Skype翻译器，可将语音实时转换为不同的语言。自动驾驶汽车利用机器学习来避免发生事故。甚至连Google的搜索引擎（多年来一直是人工编写规则的重镇）也开始依赖于这样的深度神经网络。2016年2月，该公司起用机器学习专家约翰·詹南德雷亚（John Giannandrea）出任搜索主管，并启动了一项重大计划，对其工程师进行新技术的再培训。秋天，他告诉记者：“通过建立学习系统，我们不再需要编写这些规则了。”①

然而这正是问题：依靠机器学习，工程师永远无法确切地知道计算机是如何完成任务的。神经网络的操作在很大程度上是不透明和难以理解的。换句话说——你猜对了——它是一只黑匣子（就像行为主义心理学家眼中的大脑）。随着这些黑匣子承担着越来越多的日常数字任务的责

① Tanz, Jason (May 17, 2016). “Soon We Won’t Program Computers. We’ll Train Them Like Dogs.” *Wired*, https://www.wired.com/2016/05/the-end-of-code/.

任，它们不仅将改变我们与技术的关系，还将改变我们对自己、我们的世界以及我们在其中的位置的看法。

从上帝到驯狗师

《连线》(*Wired*) 杂志网站总监杰森·坦兹 (Jason Tanz) 写道："从旧的角度看，程序员就像上帝，制定着控制计算机系统的法律。而现在，他们就像父母或驯狗师。正如任何父母或者狗的主人可以告诉你的那样，他们由此就陷入了一种神秘得多的关系。"[①] 不仅训练的性质是神秘的，连结果也是神秘的。

这意味着编程的结束、AI的开始。当工程师探究深度神经网络时，他们窥见的是数学的海洋：大量的多层微积分问题，通过不断推导数十亿个数据点之间的关系，可以得出有关世界的猜测。

神经网络没有符号或规则，只有数字。这让很多人感到疏离。然而，不可解析的机器语言的含义不只是哲学上的。在过去的二十年中，学习编码一直是获得可靠就业的最确定途径之一。对于所有将孩子在课后赶到编程班的父母来说，他们是在为孩子的未来打算。现在，由擅长深度学习的神经网络运行的世界将需要不同的劳动力。由于机器使旧技能变得无关紧要，分析师早就开始担心AI对就业市场的影响，预计程序员用不了多久就会体会到睡不着觉的感觉。由此，工程师的定义也将被改写。

当然，仍然必须有人训练这些系统。但至少现在，这还是一项稀缺的技能。它既需要对数学的高度理解，也需要对教学的输入输出具备直觉。谷歌的DeepMind AI团队负责人德米斯·哈萨比 (Demis Hassabis) 说："它几乎像一种艺术形式，即怎么把这些系统最大程度地动用起来。世界

---

① Tanz, Jason (May 17, 2016). "Soon We Won't Program Computers. We'll Train Them Like Dogs." *Wired*, https://www.wired.com/2016/05/the-end-of-code/.

上只有数百人可以做到这一点。”[①]然而就是这么少的一些人，已足以在短短几年内改变技术行业。

无论这种转变的专业意义如何，其文化后果将会更大。如果人工编写软件的兴起引发了我们对工程师的热爱，并且人们最终可以将人类经验简化为一系列可理解的指令，那么，机器学习将朝着相反的方向发展。运行宇宙的代码可能逃脱人类的了解。举一个小小的例子：当谷歌在欧洲面临一项反托拉斯调查、指控该公司对其搜索结果施加不当影响时，这样的指控将很难被坐实，因为就连公司自己的工程师也无法确切说明其搜索算法的工作方式。

将会产生一种不确定性的大爆炸。事实证明，哪怕简单的算法也可以促发不可预测的紧急行为，混沌理论正是这么认为的。

在过去几年中，随着网络越来越紧密地交织在一起，其功能也越来越复杂，代码似乎变得日益像一股外来力量，机器中的幽灵渐趋难以捉摸和不可控制。

集发明家、创业家和科学家于一身的丹尼·希利斯（Danny Hillis）在《设计与科学杂志》（JoDS, *The Journal of Design and Science*）上写道：“随着我们的技术和制度创新变得越来越复杂，我们与它们之间的关系也发生了变化。”“我们没有成为我们的创造物的主人，而是学会了与它们讨价还价，哄骗和指导它们朝着我们目标的总体方向发展。我们建立了自己的丛林，而这丛林拥属于自身的生命。”[②]机器学习的兴起是这一旅程的最新、也许是最后一步。

这一切都可能令人恐惧。毕竟，编码至少是普通人可以想象的在训

---

① Tanz, Jason (May 17, 2016). “Soon We Won’t Program Computers. We’ll Train Them Like Dogs.” *Wired*, https://www.wired.com/2016/05/the-end-of-code/.

② Hillis, Danny (Feb 23, 2016). “The Enlightenment Is Dead, Long Live the Entanglement.” JoDS, https://jods.mitpress.mit.edu/pub/enlightenment-to-entanglement/release/1.

练营中习得的东西，而程序员至少是人类。现在，技术精英的规模甚至走向更小，而他们对自己的造物的命令已经减弱，且变得间接。那些制造这些东西的公司已然发现它们的行为方式难以治理。

2015年夏天，当谷歌的照片识别引擎开始将黑人的图像标记为大猩猩时，公司赶忙道歉。一开始它最直接的解决办法是防止系统将任何东西标记为大猩猩。然后，公司表示，围绕着哪些标签可能出问题，它正在着手研究长期的修复办法，希望能够做到更好地识别深色皮肤的脸部。

三年以后，谷歌没有取得任何进展。它完全阻止了其图像识别算法去识别大猩猩——为了不冒错误分类的风险，主动限制了自己的服务。《连线》杂志还发现，谷歌也限制其他种族类别的AI识别。例如，搜索“黑人”或“黑人妇女”只会返回按性别分类的黑白照片，而不按种族分类。[①]

另一起知名的事件是微软的聊天机器人Tay。该机器人2016年3月23日推出，面向18至24岁的青少年。微软希望能通过这款机器人更好地了解年轻人使用的随意性和戏谑性的网络交流语言。然而，发布仅24小时后，微软似乎开始编辑Tay发出的那些具有煽动性的评论。

原因是，Tay上线仅几个小时，推特用户们便开始对其算法中存在的缺陷加以利用，导致它在回答一些特定问题时带上了种族主义色彩，如使用种族侮辱用语，支持白人至上主义和种族灭绝政策等。

“人工智能聊天机器人Tay是一项机器学习计划，专为与人类交流而设计。”微软的一名发言人说。“在它学习的过程中，它发表了一些不合适的言论，能够反映出人们都和它进行了怎样的互动。我们目前正在对

---

① Vincent, James (Jan 12, 2018). “Google ‘Fixed’ Its Racist Algorithm by Removing Gorillas from Its Image-Labeling Tech.” *The Verge*, https://www.theverge.com/2018/1/12/16882408/google-racist-gorillas-photo-recognition-algorithm-ai.

Tay进行一些调整。”

随后，关注者质疑为什么“她”的某些推文看上去正在被编辑，从而促成了一场#justicefortay运动，要求软件巨头让AI“为自己学习”。[1]

微软关闭了Tay，一年以后推出Zo。Zo几乎立刻就因为有意规避潜在的攻击性话题而引入的算法偏见饱受批评。克洛伊·罗丝·斯图尔特–乌林（Chloe Rose Stuart-Ulin）在*Quartz*的一篇文章中揭露了这些偏见，她说：“Zo的政治正确走到了一个糟糕的极端；一旦触发那些可能的诱因，她就会变成一个武断的小混蛋。”作者说，政治正确的机器人比种族主义的机器人更可憎。[2]

2019年，Zo也被微软关闭。像谷歌的图片识别程序和微软的聊天机器人所显示的，试图建立跨世界的算法，对硅谷自我隔绝的文化而言，并非一出bug就寻求快速修复那样简单。

一些科技领域的顶尖思考者和实践者相信，这一切都预示着我们将迎来一个人类放弃对机器的权威的时代。史蒂芬·霍金（Stephen Hawking）说：“人们可以想象，这样的技术将智胜金融市场，比人类研究者更具发明力，比人类领导人还多操控术，并开发出我们甚至无法理解的武器。”埃隆·马斯克（Elon Musk）和比尔·盖茨等都对此表示赞同。霍金和其他三位科学家在《独立报》上写道：“尽管人工智能的短期影响取决于谁来控制，但长期影响取决于是否可以完全控制它。”[3]

---

① Wakefield, Jane (Mar 24, 2016). “Microsoft Chatbot Is Taught to Swear on Twitter.” BBC, https://www.bbc.com/news/technology-35890188.

② Stuart-Ulin, Chloe Rose. “Microsoft’s Politically Correct Chatbot Is Even Worse Than Its Racist One.” *Quartz*, https://qz.com/1340990/microsofts-politically-correct-chat-bot-is-even-worse-than-its-racist-one/.

③ Snyder, Bill (Feb 2, 2015). “Bill Gates, Stephen Hawking Say Artificial Intelligence Represents Real Threat.” Computerworld, https://www.computerworld.com/article/2878959/bill-gates-stephen-hawking-say-artificial-intelligence-represents-real-threat.html.

相信人，还是相信机器？

我们以前从未制造过以其创造者不理解的方式运作的机器。

从网络的早期开始，戴维·温伯格（David Weinberger）就一直是一位先锋思想领袖，探讨关于互联网对我们的生活、对我们的企业以及最重要的——对我们的想法——的影响。

几十年来，他保持为一个互联网价值的预言家，但在《混沌：我们如何在一个充满可能性的互联网世界中蓬勃发展》（*Everyday Chaos: Technology, Complexity, and How We're Thriving in a New World of Possibility*, 2019）一书[①]中，他承认预测并不见得有用：有关网络的声音并没有以言说者期待的方式改变世界。商业和技术总是比预言家更快。

这一方面是由于，世界的不可预测性增加了。人工智能、大数据、现代科学和互联网都在揭示一个基本的事实：世界比人类所看到的要复杂得多，也不可预测得多。我们不得不开始接受这样一个事实，即这个世界真正的复杂性远远超过我们用以解释它的定律和模型。正是“深不可测的复杂性”令我们开始启用人造的机器来打破预测的旧界限，而这一转向表明，了解我们的世界如何运作，并不是为未来做准备的必要条件。

另一方面，温伯格提出一个更加惊人的看法：人类的预测是不是可

① 中译本参见戴维·温伯格：《混沌：技术、复杂性和互联网的未来》，刘丽艳译，北京：中信出版社，2021年。

欲的？过去，当我们面对未来时，我们往往依赖于预测。预测方式的故事也是我们对未来和世界运行方式的理解的故事。可是，既然预测是不可行的，那么，让我们换一种认知策略会怎样？这种想法并不像表面上看起来那么简单，因为它不只是策略变换，而是有可能颠覆我们作为人类对自己的一个核心假设：人是一种能够理解世界运行机制的特殊生物。若该假设不再成立，宇宙就从可知的变为不可知的。而想要改变如此根深蒂固的人类自我认知，无疑会带来很深的痛苦。

在此基础上，温伯格把问题挖得更深："至少从古希伯来人开始，我们就认为自己是上帝创造的独一无二的生物，有能力接受他对真理的启示。自古希腊人开始，我们就把自己定义为理性的动物，能够看到世界的混乱表象之下的逻辑和秩序。"①我们把自己放在一个基座上，并加以膜拜。

如果我们发现，我们不仅不知道我们不知道的东西，也不理解我们认为我们知道的东西，那会如何呢？如果我们需要放弃对这个世界的理解，对不可解释的事情也需要从不接受到接受，那又会如何呢？如此富有挑战性的问题，吸引我们深入思考认知与理解的关系。

不预测未来，而是创造可能性

每隔一段时间，我们整齐有序的世界就会受到一些科学家/哲学家的冲击。他们说，事情不是大家想得那样。你为什么想，和你如何想，都错了。世界以不同的方式运作，有不同的理由，不同的关系，和不同的结果。牛顿、爱因斯坦、哥白尼、伽利略、达尔文甚至弗洛伊德都扮演过这类角色，他们永远改变了思想和行动的进程。而现在，温伯格似乎

① Weinberger, David (2019). *Everyday Chaos: Technology, Complexity, and How We're Thriving in a New World of Possibility.* Boston, MA: Harvard Business Review Press, 3.

期待着人工智能（AI）来承担该角色。

温伯格分析了人为什么喜欢作预测。人喜欢提前了解所有的可能性，并为它们做准备，尽管常常会出现准备过度、准备不足和准备不当。假如上述这三种情况发生，社会就不得不承担巨大的成本。与人相比，机器则没有这些盲目性。它们在非预期的情况下运作，听从数据的指示。机器学习能在对数据背后的意义一无所知的情况下，发现数据之间的关系。它们发现并证明一切都在同时发生，而不是按顺序发生。

温伯格的第一个也是最好的例子是一个名为“深度患者”（Deep Patient）的医疗学习怪物。纽约某医学院的研究人员向它输入整整70万份病历，并让它不受限制地找出它能做的事情。结果，它做出的诊断和预测远远超出了人类医生的能力。虽然该“黑盒”诊断系统无法解释它给出的预测，但在某些情况下，它的确比人类医生更准确。

这就是深度学习，会带来人类从未考虑过或甚至无法想象的发现。温伯格说，“深度患者”的教训是，深度学习系统不必将世界简化为人类能够理解的东西。

这违背了我们迄今所建立的一切。机器学习对天气、医疗诊断和产品性能的预测比我们做得更好，但往往以牺牲我们对其如何得出这些预测的理解为代价。

温伯格强调，虽然这可能带来危险，但也是一种解放，因为它使我们能够驾驭我们周围大量数据的复杂性，从混乱和琐碎的数据中获益。温伯格将此形容为“从混沌理论转向混沌实践——将这一理论那令人兴奋的想法应用于日常生活”。[①]这就是本书英文书名*Everyday Chaos*的由来，

① Weinberger, David (2019). *Everyday Chaos: Technology, Complexity, and How We're Thriving in a New World of Possibility.* Boston, MA: Harvard Business Review Press, 14.

它讨论的并非理论意义上的混沌，而是每日每时的混沌。

温伯格指出，这种转向并非始于人工智能，而是从有互联网以来就开始了。各行各业都采取了那些完全避免预测未来的做法，比如柔性生产、敏捷开发、A/B测试、最简可行产品、开放平台和用户可修改的视频游戏等。他甚至极而言之地说，我们在过去二十年里做的那些发明与革新，都是为了避免去预测未来会发生什么。[①]

我们对这种新的认知模型已经如此适应，以至现在我们对上述与传统认知模型相悖的新事物已经习以为常了。我们在互联网上公认的工作方式，事实上推翻了关于未来如何运作的旧假设：互联网并不试图预测未来并为其做准备，而是通过创造更多深不可测的可能性来造就我们的繁荣。网络也降低了在没有定律、假设、模型、甚至对什么会成功的直觉的情况下运作的成本。

战略不是一个漫长的计划，也不通往可知的未来

预期和准备，是我们处理日常事务的核心，也是企业做战略规划的核心。长期以来，人类一直认为，如果能够理解事件发生的永恒定律，我们就能够完美地预测、规划和管理未来。但认知模型发生转换后，我们的最佳战略往往需要忍住不去预测，因为预测总是着眼于通过减少可能性来集中资源。

很多人把战略理解为“长期规划”，只有存在一个有序的、可预测的未来，这样的规划才有意义。在不同程度上，以不同的方式，战略规划要求公司能够将各种可能性缩小到自己可以追求的可能性。正因如此，温伯格才说：“战略规划通常被视为一种限制性操作。它识别可能性，并

---

① Weinberger, David (2019). *Everyday Chaos: Technology, Complexity, and How We're Thriving in a New World of Possibility.* Boston, MA: Harvard Business Review Press, 14-15.

选择企业想要实现的可能性。”[1]

这种线性思维激发了一种异乎寻常的战略制定方法——场景规划（scenario planning）。在场景规划的过程中，战略制定者发明并深入考虑有关企业的若干同样合理的未来故事。虽然这无疑有助于打开思路，探索未来如何影响现在，但它受限于一种错误的世界观。从根本上说，不管设计出几个场景，面对世界的复杂性，都还是过于简单化。线性思维当然也可以努力增加自身的复杂程度，但无论线性思维趋向多么复杂，世界都不会有如其所愿的规则结构。我们需要的是非线性思维。

丽塔·麦克格拉斯（Rita Gunther McGrath）在《竞争优势的终结：如何使你的战略与你的业务一样快速发展》（*The End of Competitive Advantage: How to Keep Your Strategy Moving as Fast as Your Business*，2013）一书中，驳斥了迈克尔·波特（Michael Porter）关于企业可以拥有“可持续竞争优势”的看法，她提倡一种“持续重构的战略”。[2]这种对战略的理解要求公司必须对环境中的任何变化保持警惕。它们也必须拥有特定的组织结构和文化，使其能够通过脱离当前的轨迹来做出反应，从而创造一个新的轨迹。与波特式的战略观相比，这是一个180度的翻转，那种认为战略是一个漫长的计划、通往一个基本可知的未来的观点彻底过时了。

场景规划寻找的是大规模的变化，而麦克格拉斯的方法是意识到可见的变化。这是对商业生活中各方面的微妙关系的更恰当的反应，其中不乏一些变化，可能对企业业务产生终结性的影响，或者令企业在竞争激烈的赛道上跛行。

在这样一个混乱和不可预测的时代，战略应该比以往更加重要。它

---

① Weinberger, David (2019). *Everyday Chaos: Technology, Complexity, and How We're Thriving in a New World of Possibility.* Boston, MA: Harvard Business Review Press, 132.

② McGrath, Rita Gunther (2013). *The End of Competitive Advantage: How to Keep Your Strategy Moving as Fast as Your Business*. Boston, MA: Harvard Business Review Press.

确实重要，但前提是我们必须深刻地调整我们对战略的思考方式。混沌状态下的战略应转变思路，不是缩小可能性，而是去尽可能创造更多的可能性。这也是互联网给我们带来的教训：唯有随机应变，方能创造可能性。这样的战略路径也意味着，我们不再需要为准备过度、准备不足或准备不当导致的资源浪费或机会错失而付出沉重的代价。

以预测准确性为目标，放弃可解释性

商业实践中的这些变化预示着，我们对世界如何运作和未来如何发生的想法，有了更多的试验机会。

机器学习正在让我们面对我们一直凭本能感觉到的事情：这个世界远远超过了我们理解它的能力，更不用说控制它的能力。如同书的前言所说："万物皆一体。"一切都会影响其他一切，一直如此，永远如此。这种混乱是我们生活、商业和世界的真相。

面对这一事实，温伯格扮演了AI代言人的角色。他批评说，我们坚持让机器向我们解释自己，显示了我们的不安全和无知。我们坚持要知道它们是如何得出结果的，对机器的要求比对人类的要求更高。

为了让机器更好地发挥潜力，温伯格建议我们接受超出我们理解能力的系统。这些系统只需要以预测准确性为目标，而毋需保证可解释性。在许多情况下，如果这些系统的历史表现良好，我们就可以接受它们的建议，就像我们会接受医生基于一个我们不能理解的有效性研究而给出的建议一样。

他诗意地描述说：这些新工具"创造了一个因特殊性而蓬勃发展的充满联系和创造性的世界。它们开启了一个世界，在这个世界里，每个微粒都相互依存，而粗暴的解释只会侮辱这种复杂的关系"。[1]

---

① Weinberger, David (2019). *Everyday Chaos: Technology, Complexity, and How We're Thriving in a New World of Possibility.* Boston, MA: Harvard Business Review Press, 192.

在这样歌颂了机器以后，温伯格也认识到，如果不加以控制，系统很可能以最残酷的方式对待最弱势的群体。但他笔锋一转："我们之所以制造这些工具，总的来说，是因为在大多数时候，它们都是有效的。"[①] 由此来看，衡量系统的标准是有效而不是伦理："机器学习系统极度非道德化。它们只是机器，而不是代表正义的机器。"[②]

温伯格承认，人工智能系统需要底线价值观，但又指出，正是在这里，我们遇到一个棘手的问题："将价值判断程序化意味着，计算机要达到我们所要求的具体和精确程度。然而，关于价值观的讨论往往是混乱、不精确和争论不休的。"[③] 所以人类应该怎么办呢？停止试图将人的价值灌输给机器？

读到这里，我觉得温伯格此书，在暗自敦促人类向机器投降。尽管他的说辞是，机器可以通过创造更多未来的可能性，从而让人类更加蓬勃地发展下去。但是，如果说他之前关于混沌的日常应用及企业应用等尚能引发我的共鸣，到了机器与人的关系这一部分，就不由我不产生怀疑了。他的两个前提都不能让我信服。

其一，不管怎样，机器也会越来越多地接手人类事务。"这个未来不会安定下来，不会自行解决问题，也不会屈服于简单的规则和期望。感到不知所措、困惑、惊讶和不确定是我们面对世界的新常态。"[④] 就是说，反正你也注定搞不清楚人的未来境况，所以不如就把自己交给机器好了。

---

① Weinberger, David (2019). *Everyday Chaos: Technology, Complexity, and How We're Thriving in a New World of Possibility.* Boston, MA: Harvard Business Review Press, 193.

② Weinberger, David (2019). *Everyday Chaos: Technology, Complexity, and How We're Thriving in a New World of Possibility.* Boston, MA: Harvard Business Review Press, 189.

③ Weinberger, David (2019). *Everyday Chaos: Technology, Complexity, and How We're Thriving in a New World of Possibility.* Boston, MA: Harvard Business Review Press, 185.

④ Weinberger, David (2019). *Everyday Chaos: Technology, Complexity, and How We're Thriving in a New World of Possibility.* Boston, MA: Harvard Business Review Press, 193.

其二，机器本身可能教会我们新的伦理。虽然人工智能需要学习更多的伦理知识，但伦理学科是不是也可以从人工智能中学习一些东西呢？“当你试图开发一个影响人的机器学习应用时，你很快就会知道，公平比我们通常认为的要复杂得多，而且公平几乎总是要求我们做出艰难的权衡。”[①]

所以，机器不仅是我们的管家，也可能是我们的导师。最后，温伯格把这一切上升到敬畏的高度：我们比以往任何时候都对未来更具掌控力，但我们驾驭世界的技术和认知手段，恰恰证明了这个世界已经超出我们自欺欺人的理解。他将此称作“一个新悖论的起点”，并说人类应该感到敬畏，一如以往敬畏星空。[②]

敬畏什么呢？敬畏算法的有效性，因为它们比任何人类都能更好地掌握宇宙的复杂性、流动性、相互关联性，甚至是美？[③]

理解，还是不理解，这是一个问题

温伯格对网络化知识的认识曾给我们打开新疆界（见《知识的边界》[④]），而现在，他对人工智能时代的知识的见解，可以归纳如下：

> *人类努力获得对复杂系统的理解。然而，我们基于“人类的理解”所做的预测并不像人工智能那样准确，虽然人工智能并不真正

---

① Wells, Joyce (Mar 9, 2020). “David Weinberger’s New Book, *Everyday Chaos*, Is Honored with Axiom Award.” KMWorld, https://www.kmworld.com/Articles/Editorial/ViewPoints/David-Weinbergers-new-book-Everyday-Chaos-is-honored-with-Axiom-Award-139650.aspx.

② Weinberger, David (2019). *Everyday Chaos: Technology, Complexity, and How We’re Thriving in a New World of Possibility.* Boston, MA: Harvard Business Review Press, 193.

③ Weinberger, David (2019). *Everyday Chaos: Technology, Complexity, and How We’re Thriving in a New World of Possibility.* Boston, MA: Harvard Business Review Press, 2.

④《知识的边界》，戴维·温伯格著，胡泳、高美译，太原：山西人民出版社，2014 年。

理解任何东西。

*不过，鉴于人工智能的预测比基于人类理解的预测更准确，我们应该放弃对理解的追求，而专注于建立能够为我们做决定的人工智能。

*将主导权交给预测性人工智能，我们将迎来人类进化的下一个阶段。

毋庸置疑，人工智能的未来关键在于，到底我们是应该放弃理解，还是致力于建立可以理解的人工智能？

这提出了令人匪夷所思的问题。随着技术的发展，我们可能很快就会跨越一些门槛，而越过这些门槛，使用人工智能就需要信仰的飞跃。当然，我们人类也并不能够总是真正解释我们的思维过程，但我们找到了直觉上信任和衡量人的方法。对于那些以不同于人类的方式思考和决策的机器来说，这是否也是可能的？

我们以前从未制造过以其创造者不理解的方式运作的机器。我们能指望与这些不可预测和不可捉摸的智能机器，达成多好的沟通和相处？这些问题将把我们带向人工智能算法研究的前沿。

人工智能并不一向这样。从一开始，对于人工智能的可理解性，或可解释性，就存在两派观点。许多人认为，建造根据规则和逻辑进行推理的机器是最有意义的，这样将使它们的内部运作对任何愿意检查某些代码的人来说是透明的。其他人则认为，如果机器从生物学中获得灵感，并通过观察和体验来学习，那么智能将更容易出现。这意味着要把计算机编程转给机器。与其由程序员编写命令来解决一个问题，不如由程序根据实例数据和所需输出生成自己的算法。后来演变成今天最强大的人工智能系统的机器学习技术，遵循的正是后一种路径：机器基本上是自己编程。

任何机器学习技术的工作原理本质上比手工编码的系统更不透明，即使对计算机科学家来说也是如此。这并不是说，所有未来的人工智能技术都将同样不可知。但就其性质而言，深度学习是一个特别黑暗的黑盒子。

一旦面对黑盒子，就产生了人对系统的信任问题。而温伯格恰恰没有深入处理人对人工智能的信任。比如，即便“深度患者”的诊断比人类医生更准确，但要是它无法解释自己给出的判断，医生和患者会对它表示信任吗？

人类的信任往往基于我们对其他人如何思考的理解，以及对这些思考的可靠性的经验了解。这有助于创造一种心理安全感。而AI对于大多数人来说仍然是相当新颖和陌生的。它使用复杂的分析系统进行决策，以识别潜在的隐藏模式和来自大量数据的微弱信号。

即使可以在技术上解释，AI的决策过程对于大多数人来说通常都是难以理解的。更何况目前的人工智能发展是在朝着不可理解的方向加速前进。同自己不明白的事情互动会引起焦虑，并使我们感觉我们失去了控制。

芯片制造商英伟达推出的自动驾驶汽车，看上去与其他自动驾驶汽车没有什么不同，但它实际上迥异于谷歌、特斯拉或通用汽车所展示的任何东西，而是显示了人工智能的崛起。英伟达的汽车并不遵循工程师或程序员提供的任何一条指令。相反，它完全依靠一种算法，这种算法通过观察人类的行为而学会了自己驾驶。

让一辆车以这种方式行驶是一项令人印象深刻的壮举。但它也有点令人不安，因为并不完全清楚汽车的决定是如何做出的。来自车辆传感器的信息直接进入一个巨大的人工神经元网络，该网络处理数据，然后提供操作方向盘、刹车和其他系统所需的命令。其结果似乎与你所期望的人类司机的反应一致。

但是，如果有一天它做出一些出乎意料的事情——比如撞上了一棵树，或者在绿灯前停止不动呢？按照现在的情况，可能很难找出它这样做的原因。该系统是如此复杂，甚至设计它的工程师也难以分离出任何单一行为的原因。而且你也不能向它提问：没有办法来设计一个系统，使它总是能够解释为什么它做那些事。

除非我们找到方法，让深度学习等技术对其创造者更容易理解，对用户更负责任。否则，将很难预测何时可能出现失败——而失败是不可避免的。麻省理工学院研究机器学习应用的教授托米·贾科拉（Tommi Jaakkola）说："这是一个已经凸显意义的问题，而且在未来它将变得更有意义。无论是投资决策、医疗决策，还是可能的军事决策，你都不希望仅仅依靠'黑盒子'方法。"[1]

所以，理解，还是不理解，绝非可以轻易得出结论，因为我们投入的赌注太太了。正如人类行为的许多方面也无法详细解释一样，也许人工智能也不可能解释它所做的一切。或许这就是智力性质的一个特点：它只有一部分被暴露在理性解释之下。而另外一些是本能的，或潜意识的，或不可捉摸的。

如果是这样，那么在某个阶段，我们可能不得不简单地相信人工智能的判断（这是温伯格所主张的），或者干脆不使用人工智能。相信或者不使用，这种判断将不得不纳入社会智能。正如社会建立在预期行为的契约之上，我们将需要设计和使用人工智能系统来尊重和适应我们的社会规范。如果我们要创造机器人坦克和其他杀人机器，重要的是它们的决策必须与我们的道德判断相一致。

哲学家丹尼尔·丹尼特（Daniel Dennett）对可解释性持很审慎的态度。

---

① Knight, Will (Apr 11, 2017). "The Dark Secret at the Heart of AI." *MIT Technology Review*, https://www.technologyreview.com/2017/04/11/5113/the-dark-secret-at-the-heart-of-ai/.

他说："如果我们要使用这些机器并依赖它们，那么让我们尽可能坚定地掌握它们是如何和为什么给我们答案的。但是，由于可能没有完美的答案，我们应该对人工智能的解释持谨慎态度，就像人类对彼此的解释一样——无论机器看起来多么聪明。而如果它不能比我们更好地解释它在做什么，那么就不要相信它。"①

我的看法是，要想达至人工智能诱人的前景，至少需要完成三件事情：第一，打开黑盒子，让AI能够解释自己所做的事情；第二，发现和减轻训练数据及算法中的偏见；第三，为人工智能系统赋予伦理价值。

机器学习的兴起是人类历史上最重大的变革之一，越来越多的机器学习模型将成为我们的知识库，就像现在的图书馆和人类的头脑一样。然而，机器学习模型里没有知识，这将意味着我们需要重新思考知识的性质和用途，甚至重新思考作为能够了解自己世界的生物，我们到底是谁。在这些方面，温伯格的思考给我们带来了更多探询的可能性，尽管远不是全部的答案。

① Knight, Will (Apr 11, 2017). "The Dark Secret at the Heart of AI." *MIT Technology Review*, https://www.technologyreview.com/2017/04/11/5113/the-dark-secret-at-the-heart-of-ai/.

算法必须为社会服务，而不是反过来

算法上最微小的变化都会对全人类产生巨大的影响。

2022年3月1日，国家网信办等四部门联合发布的《互联网信息服务算法推荐管理规定》(以下简称《规定》) 正式实施。算法推荐技术一般指通过抓取用户日常的使用数据，分析得出人们的行为、习惯和喜好，进而精准化地提供信息、娱乐、消费等各类服务。

算法推荐的本意，是在更好地挖掘用户潜在需求的基础上，提升企业服务水平，实现用户与企业的双赢。早期沃尔玛通过数据分析发现啤酒与尿布在周末存在高度相关的销售关系，进而改变货架陈列，就是一个经典的案例。

然而，近年来算法推荐在为用户提供便利的同时，“大数据杀熟”、诱导沉迷等不合理的应用也在影响用户的正常生活。随着《规定》的实施，算法推荐会在更加规范的框架下运营，这将对企业和个人带来哪些影响?

算法如何（秘密地）管理世界

当你在网上浏览一双新鞋，在Netflix上挑选一部流媒体电影，或申请住房贷款时，一个算法很可能对结果有话要说。

复杂的数学公式在各行各业发挥着越来越大的作用：从检测皮肤癌，到推荐新的社交媒体朋友，决定谁能得到一份工作，如何部署警察资源，谁能以何种成本获得保险，或者哪一位在“禁飞”名单上。

我们可以看到算法在这个世界上的工作。我们知道它们正在塑造我们周围许多事务的结果，但我们大多数人都不知道算法是什么，或者我们是如何被它们影响的。

算法是一个黑盒子。

我们熟悉一些明显的例子，比如谷歌搜索算法，或亚马逊推荐算法，或百度地图算法，或美团外卖算法。但人们很少觉察到，算法已经被邀请进入我们的政府、法庭、医院和学校，它们正在代表我们做出很多决定，悄悄地、但是巧妙地改变了社会的运作方式。

往往只有在算法出错的时候，我们才意识到其深入人类生活的程度。往好了说，我们与算法的关系都是一言难尽的。人对机器的态度十分复杂：有的时候，我们盲目信任机器。我们期望它们成为几乎是神一样的存在，如此完美，如此精准，以至于我们会盲目地跟随它们，去往其所带领的任何地方。

另一方面，我们又有一种习惯，一旦某一算法被证明有一点缺陷，我们马上就会否定它。如果Siri出错，或者GPS导航错误，我们就会认为整部机器都是垃圾。更不用说机器人医生误诊、自动驾驶汽车撞死行人这类事。

其实两种截然相反的态度都没有任何意义。算法并不完美，它们往往包含创造它们的人的偏见，但很多时候，它们仍然令人难以置信地有效，使我们所有人的生活也变得更加容易。因此，最正确的态度应该是介于两者之间。我们不应盲目地相信算法，但也不应完全否定它们。

人类和机器不一定要相互对立。我们必须与机器合作，承认它们有缺陷，就像我们一样。它们也会犯错，就像我们一样。

如同伦敦大学学院的数学家汉娜·弗莱（Hannah Fry）所说："我们不必创造一个机器告诉我们该做什么或如何思考的世界，尽管我们很可能最终进入这样一个世界。我更喜欢一个人类与机器、人类与算法都是伙伴的世界。”[1]

现在，我们花大量精力讨论，人类和人工算法最终很可能会以模糊两者区别的方式结合起来。其实这个愿景距离我们还非常遥远，因此，尽管这样的对话很有趣，但却也可能分散我们对目前正在发生的事情的注意力。我们迫切需要关注的是，管理我们生活的规则和系统正在我们周围发生变化，而算法是其中的关键部分。

我们一直生活在技术的狂野西部，在那里大科技公司可以在未经允许的情况下收集私人数据并将其出售给广告商。平台正在把人变成产品，而他们甚至没有意识到这一点。互联网巨头实际上成为巨大的媒体公司，但假扮成中立的平台，吞食曾经维持旧媒体生态系统的收入，同时拒绝承担正常形式的编辑责任。同时，它们的领导人拥有跨国管辖权，行使着传统的种种权力——从文化审查、政治放逐到构建巨大的市场——却缺乏传统的监督机制。

在此过程中，即便某一个特定的算法是有效的，也没有人评估它是否为社会提供了净利益，还是消耗了大量的社会成本。不存在任何人、任何机构做这些检查。只有到一系列问题浮出水面之后，各方才逐渐形成共识：社会需要一个强大的算法监管框架。

中国走在全世界算法监管的前列

在中国，应用程序近年来蓬勃发展，这要归功于它们为用户提供其所喜好的视频、开展产品和服务比价或完美定制消费的能力。但是中国第一部算法法规的出台，似乎将会限制科技巨头的这些能力。

2021年11月16日，国家互联网信息办公室审议通过了《互联网信息

---

① Illing, Sean (Oct 1, 2018). “How Algorithms Are Controlling Your Life.” *Vox*, https://www.vox.com/technology/2018/10/1/17882340/how-algorithms-control-your-life-hannah-fry.

服务算法推荐管理规定》（以下简称《规定》），2022年伊始，会同工业和信息化部、公安部、国家市场监督管理总局联合发布，自2022年3月1日起施行。《规定》旨在遏制算法不合理应用导致的问题。由于种种不合理的应用，在过去很长一段时间里，公司和商家能够利用看似无所不知的算法来锁定特定人群或个人，以销售产品或影响意见。

算法新规是否会影响从阿里巴巴、腾讯到美团、字节跳动等公司的商业模式，以及监管机构又将如何执行该法规，都值得我们下一步密切关注。

以下是算法法规中的一些重要条款：

公司不得利用算法推荐从事法律、行政法规禁止的活动，如危害国家安全和社会公共利益、扰乱经济秩序和社会秩序等。

算法推荐服务提供者应当定期审核、评估、验证算法机制机理、模型、数据和应用结果等，不得设置诱导用户沉迷、过度消费等违反法律法规或者违背伦理道德的算法模型。

鼓励算法推荐服务提供者综合运用内容去重、打散干预等策略，并优化检索、排序、选择、推送、展示等规则的透明度和可解释性，避免对用户产生不良影响，预防和减少争议纠纷。

算法推荐服务提供者提供互联网新闻信息服务的，应当依法取得互联网新闻信息服务许可，不得生成合成虚假新闻信息，不得传播非国家规定范围内的单位发布的新闻信息。

算法推荐服务提供者应当以显著方式告知用户“算法推荐服务的基本原理、目的意图和主要运行机制”等。

算法推荐服务提供者应当向用户提供不针对其个人特征的选项，或者向用户提供便捷的关闭算法推荐服务的选项。算法推荐服务提供者应当向用户提供选择或者删除用于算法推荐服务的针对其个人特征的用户标签的功能。

算法推荐服务提供者不得向未成年人推送可能引发未成年人模仿不安全行为和违反社会公德行为、诱导未成年人不良嗜好等可能影响未成年人身心健康的信息，不得利用算法推荐服务诱导未成年人沉迷网络。

算法推荐服务提供者向老年人提供服务的，应当保障老年人依法享有的权益，充分考虑老年人出行、就医、消费、办事等需求。

算法推荐服务提供者向劳动者提供工作调度服务的，应当保护劳动者取得劳动报酬、休息休假等合法权益，建立完善平台订单分配、报酬构成及支付、工作时间、奖惩等相关算法。

算法推荐服务提供者向消费者销售商品或者提供服务的，应当保护消费者公平交易的权利，不得根据消费者的偏好、交易习惯等特征，利用算法在交易价格等交易条件上实施不合理的差别待遇等违法行为。

这些规定反映了当今中国社会最关注的一些问题——大型科技公司的透明度和反竞争行为、网上内容控制、零工经济、人口老龄化、未成年人保护等，并寻求在算法被用来腐蚀社会团结或加剧市场问题之前未雨绸缪。

实质上，《规定》要求在其服务中使用基于算法的推荐的公司提供更多的透明度，说明这些算法是如何工作的，以及将对用户产生什么影响。《规定》要求平台"积极传播正能量"，并确保它们的算法应用"向上向善"；禁止它们设计诱使用户参与"过度消费"或对平台上瘾的模式；禁止它们滥用个人信息，实行"大数据杀熟"；鼓励平台综合运用内容去重、打散干预等策略，不得利用算法操纵榜单、控制热搜等干预信息呈现；要求平台满足不同群体的利益诉求，更好地保障未成年人、老年人、劳动者等群体的权益，消除算法歧视等。这些要求与许多内容平台、社交媒体、游戏厂商或电子商务供应商现行的商业模式不尽一致，预计会对所有过度依赖预测消费者偏好而将其商业模式与之挂钩的公司产生影响。

而且，算法法规的执行可能会在监管机构和科技公司之间引发冲突。这是因为，为了让监管机构发现违规行为，它们可能不得不检查算法背后的代码。而算法是一个公司最深藏的秘密，也是其最宝贵的资产，让政府在其中展开挖掘，有可能带来很多争议。比如，监管部门能获得多少代码的权限？即使它们可以接触到代码，真的能确保算法违规的事情不再发生吗？

同时，监管机构在试图监督科技公司的算法方面，将进入一个未知的领域。鉴于算法新规的规定相当广泛，部分内容具有较强的技术性，无论对执法机构和公司来说，都是一个学习过程，它们将承担遵守这些规定的主要责任。

然而，无论从哪方面看，这些规定都代表了全球最领先的算法监管框架之一。所有本地消费产品和零售服务商、电商公司、短视频应用和社交媒体平台都将受到这一法规的影响。根据新规则，算法将不再被允许影响网络舆论，逃避监督管理，或促成垄断和不公平竞争。当然，对于收入可能在短期内受到影响的企业来说，这不是一个好消息。但是，如果企业现在必须重新谈判他们与用户的关系，而把数字生活的控制权至少部分交还给用户，这难道不是一件好事吗？

大规模展开的社会实验，必须认真对待

眼下，全球各国政府都纷纷提出立法建议，试图遏制科技巨头的权力。这些巨头的算法被指推荐加剧仇恨言论和恶化政治极化的帖子，促成封闭和高度同质化的回声室而让每个人得到自己的现实片段，在电商交易中偏向平台和平台可以收取服务费的卖家，诱使青少年进行不当的

社会比较并放大他们在社交网络中的不安全感，等等。对头号互联网大国美国来说，监管互联网平台的挑战比中国更棘手，因为美国宪法第一修正案限制了政府命令私营公司删除某些类型内容的能力。

很明显，在反垄断方面，中国目前比美国的力度大得多。体现在算法监管上，中国的领先体现在：其一，中国的算法法规强调算法的透明度和可解释性，强大的透明度要求、严格的算法机制机理审核和科技伦理审查，凸显了适当的平台监督的重要性，如果缺乏这种监督，平台可能因为权力过大而对社会造成损害。

其二，中国的算法法规明确提出让用户控制推荐算法，这将迫使平台尊重隐私或在算法上不那么具有强制性。平台应该致力于提供算法推荐服务以外的服务版本，其中的内容不是由“不透明的算法”所选择的。比如，社交媒体平台应当允许用户完全关闭推荐算法，而只是按照时间顺序查看帖子。用户在与互联网平台接触时应当获得选择余地，而不被由用户特定数据驱动的秘密算法所操纵。科技公司需要坦诚地说明用户和平台的主要算法之间的关系到底是如何运作的，并给予用户更多的控制权。从长远来看，只有当人们对算法系统的工作方式有更多的了解，并有能力对其进行更多的知情控制时，他们才会对这些系统感到放心。

当然，挑战仍然存在。比如，对算法透明度和用户控制的推动让人想起了隐私声明中的“知情同意”框架。两者都依赖于用户能够理解他们所得到的关于某个系统的信息，然后对自己是否或如何使用它做出选择。然而，熟悉隐私政策的人都知道，“无人阅读隐私协议”是网络隐私保护的一个痼疾，原因在于，用户认为隐私协议通常都又长又难读。如果你认为隐私声明的可读性很强，那么试着解释一下算法看看。

而且，很多在网络上暴露出来的问题并不能够全然归咎于算法。即使允许用户选择算法，用户也未必主动选择使他们的动态新闻流更加多样化，并参与更广泛的意见和信息来源。当涉及仇恨言论、极端主义和错误信息时，算法甚至可能都不是问题的最危险部分。真正的问题是人们在平台上寻找仇恨或极端的言论并找到了它们。同样，当你看到围绕错误信息和虚假信息所发生的事情时，有一些证据表明，它们不一定是通过算法提供的，而是来自人们选择加入的群体。

许多对算法的担忧，其核心来自我们的一种假设，即在人类和复杂的自动化系统之间，我们不是控制者，人类的作用已经被削弱了。或者，正如《华尔街日报》的技术专栏作家乔安娜·斯特恩（Joanna Stern）所宣称的那样，我们已经“失去了对我们所看、所读——甚至所想——的控制，把控制权拱手让给了那些最大的社交媒体公司”。[①]

事实是，机器并没有全盘接管，但毫无疑问它们会长久留在这里。我们需要与它们和平相处。更好地理解用户和算法之间的关系，符合每个人的利益。人们需要对现代生活中不可或缺的系统有信心。在获得广泛的公众同意之后，互联网需要新的道路规则。而科技公司需要了解社会对其运作感到满意的参数，这样它们才有可能继续创新。这始于开放和透明，以及给用户更多的控制权。

每一个社交媒体平台，每一个成为我们生活一部分的算法，都是人类目前正在大规模展开的社会实验的一部分。全世界有数十亿人在与这些技术互动，这就是为什么哪怕算法上最微小的变化都会对全人类产生巨大的影响。而科技公司，不管是被动的还是主动的，正开始认识到这一点，并认真对待。归根结底，算法必须为社会服务，而不是反过来。

---

① Stern, Joanna (Jan 17, 2021). “Social-Media Algorithms Rule How We See the World. Good Luck Trying to Stop Them.” *The Wall Street Journal*, https://www.wsj.com/articles/social-media-algorithms-rule-how-we-see-the-world-good-luck-trying-to-stop-them-11610884800.

数据与隐私

数据究竟属于谁?

数据时代，存在一个我们无论如何也无法绕道而行的“天问”：数据究竟属于谁?

数据以空前的规模产生

如今，人类的各种行为被广泛记录下来，数据似乎以空前的规模产生。传感器、可穿戴设备和智能装置不断将物理运动和状态转化为数据点。智能手表可以实时捕捉我们的脉搏信息，蓝牙和GPS可以记录我们在哪里停留购物，摄像头、机器人、无人机广泛应用于智慧城市、智慧社区、智能制造、新零售等AI边缘计算场景，而网络汽车和自动驾驶依赖于对车辆和交通数据的大规模收集和处理。

在浏览互联网或使用社交媒体时，分析工具处理每一次点击。购物兴趣和行为被纳入量身定制的广告和产品。精准医疗的目的是在大量病人数据中寻找模式和相关性，并承诺根据个别病人的具体特点和情况进行个性化的预防、诊断和治疗。金融行业与信息技术的融合交汇，推动金融机构不断发展自身的大数据分析能力，应用于精准营销、实时风控、交易预警和反欺诈、信贷风险评估、供应链金融、普惠金融等方面。工业4.0将制造和生产的步骤数据化和自动化，物联网则将数字化、数据化和网络化的对象进一步扩展。

反复出现的现象是，数据处理将变得越来越普遍和强大。生成和收集个人数据已成为当代经济的一个重要组成部分。现在，我们见证了人类在感知、框架、思维、价值、沟通、谈判、工作、协调、消费、信息保密和透明方面的转变。

国际货币基金组织的两位经济学家严·卡里尔–斯沃洛（Yan Carrière-Swallow）和维克拉姆·哈卡萨（Vikram Haksar）指出，新冠疫情将有关数据的两个基本问题带入了人们的视线：一是数据经济本身并不透明，因而时时处处出现个人隐私被侵犯的情况；二是数据大量存储在私人数据库内，这降低了数据作为一种公共品的价值。[①]

大数据，捡到归我？

公允地说，这两个问题长期以来一直存在，只不过疫情让其更加凸显。它们的背后，其实离不开数据时代我们无论如何也无法绕道而行的“天问”：数据究竟属于谁？

大多数国家都奉行“捡到归我”的模式，即谁获取了数据，谁就可以处理、转售它们。该模式往往会导致数据收集过多的现象。例如，你会在APP安装过程中发现，获取权限的请求五花八门，但绝大多数APP索取的权限与实现功能的需求并不匹配。据相关统计，目前在智能手机上平均每安装1个移动APP应用，就需要获取15项以上个人信息。[②]个人变成透明人的趋势越来越明显。

作为使用者，你可曾想到，从GPS、麦克风、电脑软件、手机应用程序、面部识别、生物识别、无人机以及大量部署的高分辨率闭路电视摄像头等收集的大量数据，都去往了哪里？

首先，政府依赖对这些数据的收集，来维系社会秩序、开展社会管理；同时，数据也成为那些控制社交媒体、电商销售和搜索引擎的大型

---

① Carrière-Swallow, Yan & Haksar, Vikram (2019). “The Economics and Implications of Data: An Integrated Perspective.” Departmental Paper 19/16, International Monetary Fund, Washington, DC.

② 陆峰:《加强数据治理　护航数字经济》,《光明日报》2018 年 11 月 22 日。

科技公司所持有的私有财产。卡里尔–斯沃洛和哈卡萨指出："由于数据量越大，分析结果就越精准，这反过来又可以吸引更多的用户下载使用，进而获取更多的数据和利润。这些公司为数据战拨付了巨量资金，这巩固了它们的平台网络，也扼杀了潜在竞争对手。"[①]

考虑到这些数据的价值，科技公司采取严格的数据保密。[②]同时，它们设置技术壁垒，阻碍数据跨平台转移，导致出现了平台通过数据"绑架用户"的普遍现象。这进一步造成数据垄断日趋严重，为获取更多的数据，科技公司频繁并购，并不断向其他产业渗透，加剧数据集中，市场竞争规则遭到破坏。

面对政府的监管与用户的反弹，科技公司一般采取两种方式为自身辩护：一是声称，对用户数据的采集，均经过用户的"知情同意"。即用户读过隐私协议，了解自己将分享哪些数据、对数据享有何种权利，并同意相关安排。

其实，在实践中我们都知道，隐私保护中的一个常见现象是"无人阅读隐私协议"。网络用户虽然在使用服务时不得不点开相关的隐私协议页面，但他们通常会视冗长繁复的法律文本为无物，直奔底下的"同意"按钮。这就导致，所谓的用户同意常常流于形式，勾选同意复选框的授权方式，很难构成真正的用户知情同意。消费者对数字平台如何使用信息仅拥有"有限的知识"，甚至不清楚平台何时以何种方式收集信息、信息的种类和数量，以及是否会将这些信息转给第三方使用。有观察者认为："用户在'同意'企业协议时难言'知情'，这一点将同时损害用户

---

① Carrière-Swallow, Yan & Haksar, Vikram (2019). "The Economics and Implications of Data: An Integrated Perspective." Departmental Paper 19/16, International Monetary Fund, Washington, DC.

② Jones, Charles I. & Tonetti, Christopher (2020). "Nonrivalry and the Economics of Data." *American Economic Review* 110 (9): 2819–58.

和企业双方的利益：其一，企业可能借机攫夺用户对个人数据享有的权益；其二，企业将因此始终面临数据合规层面的监管风险。”[①]

更何况，相当多的涉及个人信息的交易，用户实际上并不知情，遑论交易授权。这就产生了经济学所称的外部性：数据交换并没有充分考虑到隐私泄露的成本。以个人数据过度或超范围采集而言，采集者给用户留下了数不胜数的隐患：[②]个人数据在数据主体不知情的情况下被转移和流通交易，甚至被不法分子以不正当途径获取并进行非法交易；个人数据进入非正常营销活动，大数据被应用于商业杀熟、精准诈骗、人肉搜索等不法目的；个人数据被过度画像，不正当分析个人生理健康、兴趣爱好、生活习惯、社会关系等个人私密信息，侵犯了个人隐私权益，危害个人安全。尤为令人担忧的是，个人特殊数据被非安全形式采集、存储和流通，包括基因、指纹、虹膜、声纹、肖像等个人唯一生物信息，其一旦泄露，后果将更为严重。这是因为，个人生物信息最为独特的特性就是它的不可再生性，一旦泄露，就是终身泄露。

科技公司的第二种防卫方式是流传甚广的“以隐私换便利”的说辞。大数据蕴含的商业价值不言而喻，因为它可以影响用户的消费行为，潜移默化地塑造用户的消费习惯。在这种情况下，科技公司声称，这样的价值交换是双向的，用户无须直接支付经济成本，就可以体验很多便捷的数据驱动功能。然而问题在于，用户的数据贡献与价值分享之间，存在巨大的不对等性。随着经济的智能化，数据对人工智能、机器学习等服务的价值不断提高，但由于用户缺乏数据的生产价值方面的知识，使得科技公司具有显著的垄断力量并由此获取高额垄断租金。

---

① 朱悦：《连美国大法官都不阅读隐私协议，“知情同意”原则如何落地？》，腾讯研究院，2019 年 1 月 2 日，https://page.om.qq.com/page/OR0C0Q1o1D0GSwZloct6JQzA0。

② 陆峰：《加强数据治理　护航数字经济》，《光明日报》2018 年 11 月 22 日。

保护性与参与性

在上述背景下，最重要的考量是个人主体的基本权利是否得到尊重，以及如何保障这些权利不受干扰。一个经常讨论的话题是，必须厘清数据的所有权关系，也就是一个所有者和她/他的财产之间的关系。然而数据财产有其自身的复杂性。虽然数据具有有形的方面，例如它们与技术-物质基础设施的关系，但它们似乎也与普通资源和有形财产不同。[①]

在一个数字化和数据化的生活世界中，对数据的主张，对于主张个人基本权利和自由，是不可或缺的。这促使我们澄清数据所有权的确切含义，它是如何被证明的，它试图实现什么，以及它是否可以成功地用来促进我们的目标。

数据所有权是指对信息的占有和责任。所有权意味着权力和控制。对信息的控制不仅包括访问、创建、修改、打包、获取利益、出售或删除数据的能力，还包括将这些访问权限分配给他人的权力。这是戴维·劳辛（David Loshin）在大数据时代之前就比较早地给出的一个数据所有权定义，当时尚未考虑大数据分析及大数据交易。根据劳辛的说法，数据具有内在价值，同时作为信息处理的副产品也具有附加价值，“核心是，所有权的程度（以及由此推断的责任程度）是由每个相关方从该信息的使用中所获得的价值驱动的”。[②]

其后，数据所有权概念经历了复杂的变迁。首先，它可以是一个单纯的防御性、保护性概念。个人需要一个保密的领域，而对其数据的访问和使用的权限允许他们保护这一领域不受国家、公司和其他人的影

---

① Prainsack, Barbara (2019). “Logged Out: Ownership, Exclusion and Public Value in the Digital Data and Information Commons.” *Big Data & Society*, 6 (1): 1-15.

② Loshin, David (Jun 8, 2002). “Knowledge Integrity: Data Ownership.” Data Warehouse. Quoted in OECD (2015) “Data-Driven Innovation: Big Data for Growth and Well-Being.” Paris: OECD Publishing,

响。劳伦斯·莱斯格（Lawrence Lessig）即持此立场，他认为财产权具有工具性价值，因为其促进和加强了隐私：如果我的数据是我的财产，那么在未经我同意的情况下，拿走、使用或出售它们都是错误的。“如果人们把一种资源看成是财产，那么就需要大量的转换来说服他们，像亚马逊这样的公司应该可以自由地拿走它。同样地，像亚马逊这样的公司也很难摆脱小偷的标签。”[①]财产权可以用来划定一个别人不得干涉的个人领域。“产权的言谈经常受到抵制，因为它被认为会孤立个人。这是很可能的。但是在隐私的背景下，隔离是目的。隐私即是授权个人选择被隔离。”[②]

同样，艾伦·威斯汀（Alan F. Westin）声称“个人信息，作为对一个人的私人人格的决定权，应该被定义为一种财产权”，[③]这也是建立在一种工具性的主张上：产权化本身不是目的，而是一种有效的手段。它的价值来自于促成和促进个人控制和保障隐私的能力。

按照这种思路，我们可以想象，至少对于某些隐私泄露事件，可以认定隐私破坏的错误性源自它破坏了所有权。当然，反对隐私侵犯的理由也可能在于个人不受伤害的权利，或是个人不被仅仅作为一种手段来对待。在具体实践当中，产权化和经营数据的选择加强了数据主体的控制和权力。莱斯格认为：“如果‘产权’的本质是想要它的人必须与它的持有者进行谈判才能得到它，那么将隐私产权化也会加强个人拒绝交易或转让其隐私的权力。”[④]

---

① Lessig, Lawrence (2002). “Privacy as Property.” *Social Research: An International Quarterly* 69 (1): 255.

② Lessig, Lawrence (2002). “Privacy as Property.” *Social Research: An International Quarterly* 69 (1): 257.

③ Westin, Alan F. (1967). *Privacy and Freedom*. New York: Atheneum, 324.

④ Lessig, Lawrence (2002). “Privacy as Property.” *Social Research: An International Quarterly* 69 (1): 261.

前述主要是消极的、保护性的主张，即把他人挡在个人信息空间之外。然而，对数据所有权的作用的立场，也可以通过个人的自性理论（theory of selves）加以了解——什么构成了自我，以及我们是否认定个人主要是作为公民或特定社区的成员而占据社会角色。在此，我们可以通过卢西亚诺·弗洛里迪（Luciano Floridi）的论述获得启示。弗洛里迪对人格的描述建立在“对自我的信息性解释”之上。自我是一个复杂的信息系统，由意识活动、记忆和叙述组成。“从这样的角度来看，你就是你自己的信息”。[①]因而，隐私的重要性主要来自于我们作为“相互连接并嵌入信息环境（infosphere）的信息有机体（inforgs）”的地位。[②]由于信息对信息体的自我构成具有重要意义，隐私泄露会侵犯人们的身份。这种情况导致弗洛里迪反对基于所有权的隐私解释，根据这种解释，“[一个]人被认为拥有他或她的信息……因此有权控制其整个生命周期，从生成到通过使用被删除”。[③]人不只是拥有信息；他们被信息所构成。因此，弗洛里迪呼吁“将对一个人的信息隐私的侵犯理解为对一个人的个人身份的侵犯”。[④]

一方面，弗洛里迪的自我概念强调了保护与个人领域和人的完整性有关的信息的重要性。另一方面，他也在暗示，保护虽然重要，但远远不够。个人作为信息体与他们的个人信息及其在信息圈中的嵌入深深地交织在一起。由于信息体在信息圈中编织着信息纽带，我们可以说，可

---

① Floridi, Luciano (2014). *The Fourth Revolution: How the Infosphere Is Reshaping Human Reality*. Oxford: Oxford University Press, 69.

② Floridi, Luciano (2014). *The Fourth Revolution: How the Infosphere Is Reshaping Human Reality*. Oxford: Oxford University Press, 94.

③ Floridi, Luciano (2014). *The Fourth Revolution: How the Infosphere Is Reshaping Human Reality*. Oxford: Oxford University Press, 116.

④ Floridi, Luciano (2014). *The Fourth Revolution: How the Infosphere Is Reshaping Human Reality*. Oxford: Oxford University Press, 119.

控的、局部的信息屏蔽的保留权，使他们能够与他人互动，并参与社区和社会活动。

这意味着，数据所有权不会总是与假定的权利和机制挂钩，以限制数据流动。有时，个人会要求他们的数据，并寻求以某些方式分享它们。[①]对于信息体来说，数据所有权作为孤立的东西是不够的。它还必须允许参与经由信息圈居间调停的社会努力。因此，一个人利用自身数据的方式不仅是保护性的，常常也是参与性的。

由此来看，一些关于数据所有权的建议和反对意见涉及真正的财产权，而另一些则涉及某些控制权，而不管这些权利是否符合财产权的条件。有些人认为数据所有权的意义在于将个人置于经营其数据的地位，而另一些人则坚持认为，个人与他们的数据之间的关系实际上激励着一种完全相反的动机：个人数据的不可剥夺性。根据一些理解，对数据所有权的承认涉及分配保护性权利以及保障和执行这些权利的机制。但在其他建议中，这还远远不够。数据所有权并不局限于保护性权利，而是涉及更多的内容：使数据所有者能够享受到社会参与和社会包容。最后，对于数据到底是由个人数据主体、数据处理者和/或像整个社会这样的集体所拥有，也存在着分歧。

促进数据主体的信息自决

弗洛里迪批评数据所有权的保护性语言，是为了强调它实际上仅涉及最字面意义上的自我所有权。而由于信息与它所构成的信息有机体之间的密切纠缠，弗洛里迪要求对信息的保护应直接建立在后者的规范性地位之上。

---

① Hummel, Patrik, Braun, Matthias, Augsberg, Steffen & Dabrock, Peter (Nov 23, 2018). “Sovereignty and Data Sharing”. ITU Journal: *ICT Discoveries*, Special Issue No. 2.

> 人们仍然可以争辩说，一个个体行动者“拥有”他或她的信息，但不再是在刚刚看到的隐喻意义上，而是在一个行动者就是她或他的信息的确切意义上。“你的信息”中的“你的”与“你的汽车”中的“你的”不同，而是与“你的身体”“你的感觉”“你的记忆”“你的想法”“你的选择”等中的“你的”一样。它表达了一种构成性的归属感，而不是外部所有权，也即一种你的身体、你的感觉和你的信息是你的一部分，但不是你的（法律）财产的感觉。①

这意味着，“对隐私的保护应直接基于对人类尊严的保护，而不是间接通过其他权利，如财产权或表达自由权。换句话说，隐私应该作为一级分支嫁接到人类尊严的主干上，而不是嫁接到某些分支上，好像它是一项二阶权利”。②

这样做的一个结果是，数据将变得不适合于市场交易。事实上，弗洛里迪怀疑，如果他的看法是对的，“个人信息是……一个人的个人身份和个性的构成部分，那么有一天，交易某些种类的个人信息可能会成为严格的非法行为”。③

上述观察阐明了当数据所有权被主张时的利害关系。对这些含义的反思会带来一个实质性的主张：数据所有权的所有这些方面对于信息层面的自决权都是至关重要的。保护性与参与性两个领域都需要被考虑，

---

① Floridi, Luciano (2014). *The Fourth Revolution: How the Infosphere Is Reshaping Human Reality*. Oxford: Oxford University Press, 121.

② Floridi, L. (2016). “On Human Dignity as a Foundation for the Right to Privacy.” *Philosophy & Technology*, 29 (4): 308.

③ Floridi, Luciano (2014). *The Fourth Revolution: How the Infosphere Is Reshaping Human Reality*. Oxford: Oxford University Press, 122.

以掌握与数据所有权相关的主张，而对它们进行协商是促进数据主体的信息自决所必需的。

总的来说，这些区别表明对数据所有权的呼吁并不像人们希望的那样统一。理由虽然各不相同，但存在一套与数据所有权相关的期望。“它给那些想要释放数据经济潜力的人和那些试图重新赋权给失去数据控制的个人以希望”。[①]这方面我们需要更多的公共对话，以更好地承认数据主体和重新分配整个数据驱动的生活世界的资源。

全球性解决方案仍然付之阙如

2021年8月20日，中国全国人大常委会通过了《个人信息保护法》（PIPL, *Personal Information Protection Law*），与另外两部法律并行，组成中国治理网络安全、非个人身份数据和个人信息的“三驾马车”。这“三驾马车”分别是：《网络安全法》，适用于中国境内建设、运营、维护和使用网络的活动，以及网络安全的监管；《数据安全法》，规范除个人信息以外的其他数据的安全、治理和交易；《个人信息保护法》，适用于个人信息和相关事项。

在草案阶段，研究人士即指出，PIPL可能代表了美国的部门法和欧盟全面的《通用数据保护条例》（GDPR, *General Data Protection Regulation*）框架之外的第三种方式，前者对特定行业或消费者类别适用不同的规则，后者则在各种情况下体现了基本权利。在法律的草案阶段可以清晰看出，中国不断发展的数据治理制度在强调消费者隐私的同时，也通过数据本地化措施、跨境数据流动限制以及持续的监控和执法权力，将国家安全

---

① Thouvenin, Florent, Weber, Rolf H. & Früh, Alfred (2017). “Data Ownership: Taking Stock and Mapping the Issues.” In Dehmer, Matthias & Emmert-Streib, Frank (Eds.) *Frontiers in Data Science*, 111-145. Boca Raton: CRC Press, 113.

放在首位。

事实上，最终通过的PIPL建立了一个类似于GDPR的机制，但它在某些方面的要求更严格。比如，PIPL要求在处理敏感个人信息时应向个人披露更多细节。向境外提供个人信息的，PIPL要求披露每一个境外接收方的名称/姓名和联系方式，并取得个人的单独同意。PIPL还要求控制者在若干种情形下进行安全影响评估。PIPL对关键信息基础设施运营者和处理个人信息达到规定数量的控制者提出了信息存储要求。此外，PIPL对跨境数据转移实行更严格的管控。

从数据治理角度，该法不仅重塑了中国的隐私法，而且还将成为不断发展的全球隐私格局中的重要力量，亦即成为对国际商业具有高度影响的监管框架。

然而，也正是因为这一点，中国的PIPL与欧洲的GDPR之间，可能会产生互操作性障碍。首先我们必须承认，任何重要的隐私法都不可避免地要被拿来与欧洲的GDPR相比较。这部分是因为它提供了一个全面的框架，启发了包括中国在内的其他司法管辖区的监管，但同时也因为欧洲的规则适用于欧洲人的数据在世界各地的处理方式，令GDPR成为任何处理跨国个人数据的参考点。

在许多方面，中国的法律显示出与GDPR的相似之处，GDPR中的几个被广泛采用的隐私最佳实践，包括数据最小化（data minimization）和目的限制，都体现在中国的法律中。广义上说，个人信息、敏感信息、个人权利和处理的法律依据的定义都与GDPR有相似之处，但其中也存在重要区别，最大的区别在于与国家安全有关的规定。

原则上，GDPR促进了数据的跨境自由流动，提供了若干法律转移机制。然而，虽然一些欧盟委员会官员公开批评数据本地化措施，但其他人似乎支持这一概念。在此方面，PIPL发出了毫不含混的信息。根据《网络安全法》，包括个人数据在内的关键信息基础设施（CII, critical information infrastructure）数据必须存储在中国境内。PIPL将这一要求扩大到了非CII运营商处理的个人数据，代表着《网络安全法》和《数据安全法》中现有数据本地化措施的扩展，这些措施都与GDPR在满足条件下实现数据流动的机制相悖。虽然与GDPR的一些差异是可以预期的，但这方面的不一致可能会破坏数据保护，并可能阻碍数据制度的互操作性。

对于PIPL来说，隐私的追求主要是针对私营部门的风险。尽管个人数据处理规则同样适用于政府，但现有的制度缺乏明确的措施和界限，以做到在援引国家安全或公共利益时能够保护公民隐私。在后斯诺登时代，虽然世界各地的公民和政府都在推动保护个人隐私免受政府监控，但仍然没有一个全球性的解决方案来平衡高度的隐私问题和国家安全需求。

为此，迫切需要在全球范围内找到解决方案，并对全球监控行为进行改革和提高透明度，特别是在涉及相称性（proportionality）和个人补救权利方面。

“数据究竟属于谁”的问题，牵涉到中国与世界上其他数据保护制度的适当性之争。尽管中国是最大的数据进口国和出口国之一，并且表达了与其他国家相互承认数据保护规则的雄心，但可以预期，中国在全球舞台上推进自身的数据治理模式的挑战将相当深远。

隐私不会死，而会更强大

隐私不仅仍然活着，而且我们必须以应有的尊重对待它，因为它是数字世界中所有人权中最重要的权利

三种隐私权

隐私，像大多数抽象概念一样，对不同的人可能有着不同的意义。它可以意味着隐居（seclusion）——隐身于一个不必害怕他人窥视的地方，它也可能意味着控制对私人信息的获取的能力。《隐私杂志》（*Privacy Journal*）的编辑罗伯特·埃利斯·史密斯（Robert Ellis Smith）给出的定义包含了以上两层含义："隐私是我们每个人都有的对一种不受他人打扰、侵犯、为难的私人空间的欲求，也是一种控制自己的个人信息的披露时间和方式的责任和努力。"①

尽管许多国家的宪法都明确指出了隐私权，但"隐私"一词在美国宪法中却没有出现过一次。②最接近的说法出现在《权利法案》的第四修正案中，它规定"人民有保护其身体、住所、文件与财产之权，不受无

---

① Smith, Robert Ellis (2000). *Ben Franklin's Web Site: Privacy and Curiosity from Plymouth Rock to the Internet*, Providence, RI: *Privacy Journal*, 6.

② 中国的宪法没有明确规定隐私权，只在某些条款中间接地体现了对公民隐私权的保护，例如第三十七条公民的人身自由不受侵犯的规定，第三十八条公民的人格尊严不受侵犯的规定，第三十九条公民的住宅不受侵犯的规定以及第四十条有关通信自由和通信秘密的规定。《民法典》第 1032 条第 1 款明确宣示"自然人享有隐私权"。同时，该条第 2 款对"隐私"的内涵进行了界定，即"自然人的私人生活安宁和不愿为他人知晓的私密空间、私密活动、私密信息"。

理搜查和扣押”。

美国最高法院把第四修正案解释为保护一个人“对隐私的合理期待”；但这样的解释留下了太多的空间。而且，必须注意到的是，美国宪法仅仅保护公民不受国家行为的侵犯。第四修正案没有提到如果个人、企业或媒体侵犯了隐私应当如何处理。为了规范这类行为，政府必须通过明文法规，否则，公民就只好在有关民事侵权行为的普通法判例中寻求追索。

1890年，塞缪尔·D.沃伦（Samuel D. Warren）和路易斯·D.布兰代斯（Louis D. Brandeis）在一篇雄辩的论文中要求，可以就隐私权（right to privacy）提出民事赔偿，这样，为自身的隐私权遭受侵犯而起诉他人才算有了内在的理据。他们的基本论点是，一个日益狂乱和技术化的社会的巨大压力，个人只有在其存有一种可执行的“独处权”（right to be left alone）时才能够承受。[1]这一术语成了隐私判例的核心。

作为最高法院的大法官，布兰代斯后来有了机会在1967年对*Olmstead v. United States*（1928）一案发表异议的时候推动自己的看法。布兰代斯指出：“我们的宪法缔造者……寻求保护美国人的信仰、思想、情绪和感觉。他们授予了我们面对政府的独处权——它是人类权利中涵盖面最广的、也是最为文明人所珍视的权利。”[2]他的影响逐渐得到扩大。例如，在著名的*Katz v. United States*一案中，私人谈话被列入第四修正案的保护范围中；1992年，在里程碑式的*Doe v. City of New York*一案中，最高法院的法官们一致宣布承认两种隐私权：一种是个人免受不正当的

---

① Warren, Samuel D. & Brandeis, Louis D. (Dec 15, 1890). “The Right to Privacy.” *Harvard Law Review* 4 (5): 193-220. https://www.cs.cornell.edu/~shmat/courses/cs5436/warren-brandeis.pdf.

② Brandeis, Lewis (1928). Dissent in *Olmstead v. United States*. Quoted in Henderson, Harry (2006). *Privacy in the Information Age*. New York: Fact On File, 3.

外部干扰做出有关自身的根本性决定（例如堕胎）的权利，此种隐私权即是建立在布兰代斯大法官的“独处权”概念基础上的；第二种隐私权则与个人避免披露私人信息时的权力、权威和义务相关。[①]

此后，法律人士将“决策性的隐私”（decisional privacy）（在最高法院的*Griswold* and *Roe v. Wade*判案中得到确认）与“信息性的隐私”（informational privacy）区分开来。后者如同哥伦比亚大学法学教授艾伦·威斯汀所描述的，是“个人、群体或组织的这样一种主张：他们自行决定在什么时候，以何种方式，到什么程度，把有关自己的信息透露给他人”。[②]

然而，随着网络的发达，越来越多的人上网寻找商品、娱乐和社会联系，对信息的控制感似乎正在消失，隐私由此渐渐不再是一种坚定的保证，往最好里说，也只是一种不确定的允诺。杰弗里·罗森（Jeffrey Rosen）指出：

> 随着思考和写作日益被搬到网上，我们生活中可以被监视和搜索的部分被大大扩充了。电子邮件，即便表面上被删除了，也还会留有永久的记录，被雇主或起诉人在将来的任何一刻翻出老底来。在网上，我们访问的每一个网站，我们浏览的每一家网店，我们翻阅的每一本网刊，以及我们翻阅的时间有多长，都留下了可以被追溯的电子印迹，我们的品位、喜好和私密想法都以一种充满细节的方式显示出来。[③]

---

① Brin, David (1998). *The Transparent Society*. Reading, MA: Addison-Wesley, 72.

② Westin, Alan F. (1967). *Privacy and Freedom*. New York: Atheneum, 7.

③ Rosen, Jeffrey (2000). *The Unwanted Gaze: The Destruction of Privacy in America*. New York: Random House, 7.

而在移动互联网时代，人们的个人信息更是被无处不在的设备和应用程序普遍地、无声地、廉价地收集起来。所有那些给你的生活带来方便的数字工具也可能使你的隐私面临风险。比如，当你下载一个应用程序时，它可能会要求允许它从你的设备上访问个人信息，如电子邮件联系人、通话记录、图片库和位置数据等。应用程序可能出于合法目的而收集这些信息——例如，一个共享汽车应用程序需要你的位置数据，以便来接你。然而，你必须了解，应用程序的开发人员也有机会获得这些信息，并可能与第三方分享，如根据你的位置和兴趣开发定向广告的公司。它们收集到的数据比你所预期的更能揭示你的情况。

例如，对用户进行实时跟踪的技术，可以帮助应用程序根据智能手机传感器的数据推断用户的活动：他们是在跑步还是坐着，在公园还是博物馆附近，开车还是坐火车。通过对用户在应用程序上的过往活动的了解，与他们当下正在做的事情的信息相结合，广告瞄准的对象不是传统的消费群体分类，比如说35岁以上的女性，而可以做到专门针对“早起的人”来投放。

由上所述，我们可以得出三种有关隐私权的概念：第一种是私人的空间感，包括身体，正是在这个意义上，强奸构成了对个人隐私权的最大侵害之一；第二种是决策性的隐私；第三种是信息性的隐私。这些隐私权之间并不存在绝对的界限。例如，人们控制自身信息如何获取和使用的权利与自主和自由的体验是深深联系在一起的。失去了对自身信息的控制，人们又怎会有自信做出重要决定?

在信息时代，常见的说法是，隐私的侵蚀是一种必然的发展。其实这个说法大可推敲。隐私的丧失并非不可避免，就像它的重建也远非定能实现一样。我们不乏能力重建我们失去的私人空间，关键是，我们有这样的意愿吗?

在回答这个问题之前，让我们先来看一下隐私是怎样在现代社会的发展中浮现出来的。

隐私的历史

开始于18世纪后期的工业革命极大地改变了英国和其他西欧国家的生活条件。它把成千上万的人带到到处涌现的都市中的工厂和办公室里工作，靠种地糊口的农民变成了工资劳动者，延展家庭也被打碎成核心家庭。

这种流动性更强、彼此也更为隔绝的生活创造了新的需求。工业世界和中产阶级的成长破坏了过去的严格的社会界限，提供了向上流动的新机会，但它也带来了不安全感和紧张感，出于不同背景和奉行不同习俗的人被扔在了一起，必须找到共同生活的方法。个人和家庭要求划定私人空间，这种需要在隐私权的概念中得到了表达。

隐私权需求也反映在文化和心理变化上。罗伯特·埃利斯·史密斯指出："隐私权意味着一种自主的感觉，一种发展自己独特的个性和生活空间的权利，一种把自己同所有其他人区别开来的权利。"[1]这种感觉促成了"内外之别"，即有些东西是内部的、个人的、私密的，另外一些东西则是公共的，隶属于外部世界。

在这样的演进过程中，人们开始界定保护隐私权的新的社会惯例，政治哲学家如约翰·洛克（John Locke）强调个人权利和个人与政府交互中此种权利的至高无上性。在中世纪，权利是与社会地位捆绑在一起的（例如，英国1215年的《大宪章》中的大部分权利，都指向贵族而不是普通百姓）。但是，18世纪英国政治家威廉·皮特（William Pitt the Elder）在议会演说中说：

> 哪怕是最穷的人，在他的小屋中，也可以蔑视国王的所有力量。

---

① Quoted in Brin, David (1998). *The Transparent Society*. Reading, MA: Addison-Wesley, 77.

> 小屋可能弱不禁风，它的屋顶也许会晃动；风可能吹进来，暴风雨可能打进来，雨可能流进来，但是英格兰的国王不能进来；他的所有力量都不敢穿越这个破损了的房屋的门槛。[①]

隐私权，如同言论自由和新闻自由一样，成为可以用来对抗政府的权利。从英格兰来到美国的拓殖者分享了这种理念。在美国革命前夕，约翰·亚当斯（John Adams）对一个陪审团说："一个英国人的家就是他的城堡。法律在它周围建起了壁垒。"[②]

美国宪法通过以后，人们对在英国统治时期政府滥用职权的情形记忆犹新，要求对个人权利提供明文保证，由此产生了10条宪法修正案，即《权利法案》，1791年开始施行。第四修正案的语言实际上就是"你的家就是你的城堡"理念的重申。第五修正案规定，任何人"不得在刑事案中被迫自证其罪"。换言之，锁定在一个人头脑中的信息是私人的，不能被强迫吐露，并用作不利于这个人的证据。

到19世纪早期，工业革命的社会影响已经历历可见。对许多哲学家、艺术家和文学浪漫主义者来说，工业化和技术威胁到刚刚出现的自我，似乎要把自我转变成一部巨大而无情的机器中可以相互替代的零件。正如尼采所指出，人类挥霍地把所有的个体都用作加热他们庞大机器的燃料，"它把许多人变成一部机器，又把每个人变成达到某个目的的工具"；"它制造平庸和单调"。[③]超越主义哲学家梭罗（Henry David Thoreau）隐

---

① Quoted in Strum, Philippa (1998). *Privacy: The Debate in the United States Since 1945*. Fort Worth, TX.: Harcourt, 116.

② Quoted in Strum, Philippa (1998). *Privacy: The Debate in the United States Since 1945*. Fort Worth, TX.: Harcourt, 116.

③ 转引自曹怡平：《是谁搞臭了后现代》，《二十一世纪》（网络版），2006年8月号，http://www.cuhk.edu.hk/ics/21c/supplem/essay/0604020g.htm。

退到瓦尔登湖，爱默生（Ralph Waldo Emerson）抗议说："在每一个地方，社会都在阴谋反对其成员的人性……最被要求的美德是一致性。"[①]

如同工业化威胁到个性，新兴的科学也对自主的自我的概念发起了挑战。牛顿和达尔文的学说令个体变得无关紧要。马克思和弗洛伊德都是决定论者，认定人类行为都是由个人通常意识不到的力量所决定的。

科学和技术提供了一些新能力，但它们也可能吞噬隐私。边沁（Jeremy Bentham）提出了敞视监狱的概念。[②]面对通信技术的发展，英国小说家乔治·奥威尔在1948年出版了他的名作《一九八四》，它似乎是人们有关技术摧毁自由和个性的恐惧的一个大总结。在奥威尔的小说中，一种崭新的技术——电视，可以实现边沁的远见。没有一位公民能够逃脱"老大哥"的监视，就连拥有一个同"老大哥"相脱离的自我的想法，都会被判定为"思想罪"。在"老大哥"的世界里，隐私是无法存在的，因为没有意识，就不可能有自我的感觉。[③]

20世纪五六十年代的社会批评家开始认为，对个人的威胁不是来自一个单一的"老大哥"的集中性宣传，而是来自企业、学校和商业文化中要求一致性的压力。现在自我被一种同质化过程所侵蚀，如果说，隐私依赖于独特的认同，那么，这种独特性的丧失就动摇了隐私的根基。流行文化不断反映着这个主题。它的终极表述出现《黑客帝国》三部曲（*The Matrix*）里，在其中，人们所认定的现实实际上是一种虚拟现实，用以服务躲在幕后的阴谋家的需要。

比奥威尔更早，另一位英国作家阿道斯·赫胥黎在1932年出版了一

---

① Emerson, Ralph Waldo (1982 [1841]). "Self-Reliance." In Ziff, Larzer (Ed.) *Selected Essays*. Harmondsworth: Penguin, 175-203.

② Bentham, Jeremy (2011 [1787]). *The Panopticon Writings*. Ed. Miran Božovič. London: Verso.

③ 乔治·奥威尔：《一九八四》，董乐山译，上海：上海译文出版社，2006年。

本名为《美妙的新世界》(*Brave New World*)的科幻小说，与奥威尔的预言不同，它认为人们将不是由于专制失去自由，而是由于享乐失去自由。[①]尼尔·波斯曼(Neil Postman)在《娱乐至死》(*Amusing Ourselves to Death*，1985)中认为，不是奥威尔，而是赫胥黎的预言在今天成了现实：

> 奥威尔害怕的是那些强行禁书的人，赫胥黎担心的是失去任何禁书的理由，因为再也没有人愿意读书；奥威尔害怕的是那些剥夺我们信息的人，赫胥黎担心的是人们在汪洋如海的信息中日益变得被动和自私；奥威尔害怕的是真理被隐瞒，赫胥黎担心的是真理被淹没在无聊烦琐的世事中；奥威尔害怕的是我们的文化成为受制文化，赫胥黎担心的是我们的文化成为充满感官刺激、欲望和无规则游戏的庸俗文化……奥威尔担心我们憎恨的东西会毁掉我们，而赫胥黎担心的是，我们将毁于我们热爱的东西。[②]

换言之，通过拉尔夫·纳德尔(Ralph Nader)所称的“和谐意识形态”(harmony ideology)，[③]通过诺姆·乔姆斯基(Noam Chomsky)所称的“制造共识”(manufacturing consent)，[④]人们获得了一种表面化的个性(主要通过占有物和生活方式来界定)和一种拥有内在自我的幻觉。随着电子媒介创造了越来越多的人们可以沉浸其中的社区的替代物，随着公与私的界限在媒体上和整个文化中都变得流动起来，“我们急速前往的未来并

---

① 阿道斯·赫胥黎：《美妙的新世界》，孙法理译，南京：译林出版社，2010年。

② Postman, Neil (1986). *Amusing Ourselves to Death*. New York: Elisabeth Sifton Books, vii.

③ Quoted in Davies, Simon (1996). *Big Brother.* London: Pan Books, 53.

④ Herman, Edward S. & Chomsky, Noam (1988). *Manufacturing Consent: The Political Economy of the Mass Media.* New York: Pantheon Books.

不是一种每一步都会被无所不知的老大哥所监视和记录的场景，而是成百个小弟弟在不断地监视和干扰我们的日常生活”。[1]

数字时代，隐私无存?

在过去数十年中，政府和巨头公司都已成为数据挖掘者，搜罗有关我们活动、行为和生活方式各方面的信息。新的和廉价的数据存储形式，与互联网连接革命一起，在任何所到之处追踪我们，在未经真正同意的情况下收集我们的数据，再从传感器和数据收集设备不断传输到中央“大脑”，而人工智能革命使得分析这样的海量数据成为可能。

技术进步在隐私权和数字经济赖以生存的广泛数据汇集之间造成了严重的张力和不相容的局面。这一发展要求对隐私权的实质进行新的思考。

密集的数据收集和新技术的固有优势催生了一种愤世嫉俗的想法，即隐私已死，我们不妨习惯于这个事实。你可能听说过一些最著名的后隐私论者。毫无疑问，最常被引用的斯科特・麦克尼利（Scott McNealy），时任太阳微系统公司的首席执行官，早在1999年就半打趣半认真地说:“反正你的隐私为零。……克服不适吧。”[2]

2010年，Facebook首席执行官马克・扎克伯格宣称，隐私已不再是一种“社会规范”。他说:“人们真的已经习惯于不仅分享更多的信息和不同种类的信息，而且更公开地与更多的人分享。”[3]所以，当社会规

---

① Garfinkel, Simson (Feb 28, 2000). “What They Do Know Can Hurt You.” *The Nation*, 270: 11ff. https://www.thenation.com/article/archive/what-they-do-know-can-hurt-you/.

② Sprenger, Polly (Jan 26, 1999). “Sun on Privacy: ‘Get Over It’.” *Wired*, https://www.wired.com/1999/01/sun-on-privacy-get-over-it/.

③ Johnson, Bobbie (Jan 10, 2010). “Privacy No Longer a Social Norm, Says Facebook Founder.” *The Guardian*, https://www.theguardian.com/technology/2010/jan/11/facebook-privacy.

范随着时间的推移而演变，人们必将顺应Facebook对更多数据共享的引导。

然而，尽管监控资本主义正在全速运转，但隐私远未死亡，只不过它正处于一个拐点上，现在阻止数据经济的发展已经太晚了，但现在收回我们的隐私还不算太晚。我们在今天以及未来数年在隐私方面所做出的决定将在几十年内塑造人类的未来，而对于这种塑造，我们每一个人都可以发挥作用。

在下文中，我将描述数字时代隐私权的三个方面，它们和我们的数字生活息息相关。然后，我将证明，隐私不仅仍然活着，而且我们必须以应有的尊重对待它，因为它是数字世界中所有人权中最重要的权利。

与其他人权相比，隐私权的边界允许妥协和灵活。出于这种弹性控制，我——作为一个个体——有权查看含有我的信息的数据库的内容。此外，未经我同意，任何人不得对这些信息进行任何使用，除非在非常情况下。在我下载一个应用程序到我的手机上或开始使用免费软件之前，我保留是否同意使用条款（terms of use）的特权，这类产品类别的经济模式依赖于我的个人数据的商业化。

在这个意义上，我们可以将隐私理解为控制的限度。反映在使用条款中，诸多条款要求我同意他人利用和处理个人数据，确保我能够获得有关我自己的数据，并规定我可以要求删除、修正数据或转移数据到不同的公司。

然而这种取向有一个严重的问题。它不切实际。一个应用程序、在线服务或一个网站不会让用户使用他们的服务或访问他们的内容，直到人们接受使用条款为止，所以大多数人都不得不接受。在一个数据被以多种方式和目的处理的世界里，根本不可能谈及对侵犯隐私的知情同意，其中一些侵犯在授予同意时是无法预见的。此外，每一个研究行为心理学的学者都会告诉你，没有人会阅读使用条款，即使它们的措辞很简洁或以大字显示——当然，这两种情况在互联网公司那里几乎都不存在。

仅仅看到这一点还不够，还有众所周知的“隐私悖论”（privacy paradox）心理现象，它指的是用户所持的隐私观（“我非常关心我的隐私”）与他们的实际行为（“免费的东西？太棒了！你需要什么信息？”）之间的差异。大多数人都会说他们关心自己的个人信息在网上被分享，然而，真正采取必要行动来保护隐私的人的比例要小得多。原因也很简单，用户愿意牺牲一些隐私来换取互联网连接带来的便利。抛出一个免费的东西，或者给消费者10%的折扣，以换取数据，那么消费者想不分享自己的信息就变得更加困难。诱惑的部分压倒了监控的部分。

隐私即控制的概念的缺点是，我们对个人数据的控制几乎是虚构。现实生活中，商业实体在没有获得真正同意的情况下利用大量的私人信息。这些信息被用于各种用途，其中一些是有价值的，而另一些则对社会构成严重威胁。

因此，首要的一条是，我们需要了解隐私作为控制的局限性。显然，提升我们的数字素养是有益的，以便学会如何处理隐私被侵犯的情况；然而根本性的解决方案是以更明确的立法开始——定义个人信息的合理合法使用，并强制要求公司获得相关个人的真正同意。

在关于隐私的讨论中，我们常常倾向于主要处理在信息被收集后，如何控制其传输或管理的问题，这涉及到数据匿名化、安全和加密等问题。但其实我们目前更应该做的是，追问商业公司或公共部门为何需要如此执着地收集我们的个人数据。

其次，数字世界中隐私权的第二个层面与隐私权的最基本和最经典的内涵有关，也即“独处的权利”。它指的是我们维护和保护自己身份的权利，以及围绕我们的身体、思想、情感、最黑暗的秘密、生活方式和亲密活动等，保持一个安全和受保护的空间。

1890年，当沃伦和布兰代斯首次主张隐私意味着“独处的权利”时，他们面对的是瞬时摄影（instantaneous photograph）的发明和开始侵入家庭生活的报纸企业的出现。而在当今世界上，我们周围到处都是传感器和监控摄像头，还有不断监控我们行为的记录设备和小工具，这对我们的心理正在产生深远的影响。

例如，在珍视隐私的威廉·皮特的祖国英国，目前有600多万台监控摄像头在运行，除了中国以外，英国的人均监控摄像头比地球上任何其他国家都要多。[①]传统上，英国比其他西方国家更多地牺牲了隐私，主要是出于安全的名义。政府对大量闭路摄像头的使用以及对数字通信监控能力的依赖，受到北爱尔兰多年冲突引发的国内爆炸事件和2001年9月11日以来的恐怖袭击的影响。

然而在现在的英国城市，新一代的摄像头开始使用。这些摄像头为人脸识别软件提供信息，可以实现实时的身份检查。它对位置隐私的某些威胁是公开的：很明显，由人脸识别软件支持的摄像头可能被滥用，以追踪人们并记录他们的行动。

人脸识别构成侵犯我们独处权的新技术，如果不加节制地随意使用，相当于对毫无戒心的公众进行持续的身份检查。2019年5月，旧金山成为第一个禁止人脸识别技术的美国城市，其他一些城市纷纷效仿。[②]反对者认为，在何处使用人脸识别软件需要经过一个更仔细的考虑过程，而不是由治安部门以及商业公司来单方决定。

---

① Carlo, Silkie (May 17, 2019). “Britain Has More Surveillance Cameras Per Person Than Any Country Except China. That’s a Massive Risk to Our Free Society.” *Time*. https://www.yahoo.com/video/britain-more-surveillance-cameras-per-151641361.html.

② Lee, Dave (May 15, 2019). “San Francisco Is First Us City to Ban Facial Recognition.” BBC, https://www.bbc.com/news/technology-48276660. Metz, Rachel (Jul 17, 2019). “Beyond San Francisco, More Cities Are Saying No to Facial Recognition.” CNN Business, https://www.cnn.com/2019/07/17/tech/cities-ban-facial-recognition/index.html.

与技术进步、商业便利甚至执法的明显优势相比，我们必须权衡隐私被践踏所带来的寒蝉效应，在一个大规模监控社会里，如果人人都噤若寒蝉，那么，好奇心、信任和创造力将杳然无踪，亲密活动和多彩的生活方式将被剥夺空间，跳出框框思考的能力——这是创新的关键火花——将丧失殆尽。

对隐私权的第三种考量是，隐私权的履行应该使商业或政府实体无法将我们的个人数据与从其他人那里积累的大数据结合起来，以便通过机器学习构建精准的个性、心理和行为档案。这种现象被称为“自主性陷阱”（autonomy trap），该过程使用机器学习来分析从公开的（有时是不公开的）平台收集的数据，并为目标创建特定档案。然后，这些档案被卖给广告商，他们确切地知道用户的兴趣和弱点是什么，从而可以销售精确定制的产品。

这样的数字世界有可能汇集和分析关于我们的信息，以产生“只为你”的购买和行为建议（亚马逊上的购买，Netflix上的节目，Waze等导航指南）。我们实际上在不知不觉中把我们的一些决策自主权交给了那些知道何为到达我们目的地的最佳路线和了解晚饭我们应该吃什么的系统。

由此创建的个性、心理和行为档案与以往任何时候都不同。在过去，广告商向你推广产品，因为他们知道你以前曾搜索过类似的产品。现在，广告商根据对你会喜欢的东西的预测来推广产品——无须你明确表达兴趣。

从使用技术收集个人信息以提供产品和服务，到运用同样的技术来影响人们的思想，创造一个关于信仰的“自主性陷阱”，并破坏社会对民主机构的信任（例如操纵选举），是一个很容易下行的滑坡。

2018年剑桥分析公司的丑闻就是一个很好的例子。该公司收集了8700万人的Facebook数据，包括他们喜欢和访问的网页，这有助于推断他们的政治忠诚度。剑桥分析利用这些数据来支持2016年获胜的美国总统候选人。例如，它向摇摆不定的选民展示“压制性的”或“负面的”广告，同时在有最多摇摆选民的地区展开广告购买，以便为其所喜欢的候选人争取机会。

剑桥分析公司的败露揭开了利用个人数据来左右许多国家选举的盖子，这表明隐私权远远超出个人对信息的控制，而是延伸到开展健全的民主进程的可能性，从而使得保护隐私权成为保护众多人权的必要条件。

隐私就是力量

在数字世界中，隐私必须被看作是我们作为一个社会、一个集体的极其重要的权利。在概念层面上，它需要经历与它的长兄——表达自由权相同的演变过程。就像言论自由一开始是个人尽情呐喊的权利，后来发展成一项集体权利，旨在维持丰富而具实践性的公共话语，使我们能够参与健康的民主进程。同样，隐私也必须成长和发展：从个人交易自己的数据的权利，发展成在精神控制的背景下防御自主权陷阱的集体权利。

隐私并没有死亡。事实上，它已经成为我们最基本的权利，必须得到充分的保护。没有个人隐私，个人的生活就没有意义，而没有隐私作为一项集体权利，民主就失去了所有的意义。

隐私就是力量。无论我们谈论的是个人、群体还是整个社会，隐私都起着关键作用。我们需要隐私来自由探索新的想法，来做出我们自己生活中的决定。隐私保护我们不受不必要的压力和权力滥用的影响，让我们得以从与他人相处的负担中解脱出来。我们需要依靠隐私来成为自主的个人，而为了使民主的社会良性运作，我们需要公民自主。

隐私越是在数字时代遭到全面的侵蚀，我们越需要发起一场“重获隐私”的运动。即使隐私处于困境之中，我们现在比过去十年处于一个更好的位置来捍卫它。而这只是在数字时代保护隐私的斗争的开始。

什么是好的科技公司隐私政策？

如果还怀着“一切照旧”的自满情绪，隐私的礁石完全有可能颠覆顺流而下的公司航船。

以盈利为目的的科技公司希望尽可能多地赚钱，这本身无可厚非；它们毕竟是企业。但赚钱不能以牺牲用户的隐私为代价。比如，依赖广告的公司创造出破坏隐私的算法，以实现利润最大化。这些算法收集你的个人信息，用它们来预测购买行为，然后向你展示尽可能诱人的广告。还有，作为互联网用户，你可以预期，在网上总是存在一个关于你的个人信息的数字仓库，每当你使用一个流行的社交媒体或其他不可或缺的应用程序时，该仓库的库存就会扩大。这些仓库储存并提供关于你的各种细节，无论大小。

所有这些数据都可以转化为商品。有些商家使用数据是为了让你尝试他们的新系列运动鞋，有些商家则是为了让你黏在他们的应用上从不离开。无论商家的转换目标是什么，它们都没有对从哪里收集你的信息以及如何使用这些信息的过程保持特别透明。

让科技公司违背自己的利益将是反直觉的。所以，我们往往需要靠管理机构施加规则。虽说最初的政府法规未必尽善尽美，但它们至少会提供普遍和透明的方向。与此同时，随着公众越来越了解政府和私营实体如何使用个人信息，对科技公司的压力会越来越大。无论从哪方面来说，我们都需要一个更安全、更公正的技术架构来保障我们的数字化生活。这也是为什么一个负责任的技术公司应该拿出好的隐私政策，并使其适配业务模式。如果还怀着“一切照旧”的自满情绪，隐私的礁石完全有可能颠覆顺流而下的公司航船。

平心而论，科技公司的隐私政策还是取得了不小的进步，比如给了用户更多的机会来选择退出数据收集和共享，而且也开始使用更容易理解的语言来书写这样的政策。但是，在为基本的数据处理需求而有意识地投资于隐私保障措施、同时消除多余的和有风险的数据做法方面，科技公司还需要拿出更大的努力。

承诺并实施强有力的数字权利治理

公司通过发布强有力的数字权利政策来证明自身对保护和尊重表达自由和隐私的承诺。必须通过建立董事会监督和全面的尽职调查机制来支持这些承诺，以识别公司全线运营给隐私可能带来的影响，并确保公司最大限度地努力保护用户的数字权利。为此，公司应该：

进行数字权利方面的尽职调查。公司应该对其业务中可能影响用户数字权利的所有方面进行全面的尽职调查。应扩大数字权利影响评估的范围，包括政府的法规和要求；自身政策的执行（包括对内容加以限定的决定的准确性和影响）；算法系统和定向广告的开发和部署。在每个领域，公司必须明确规定，需要评估对信息自由、隐私和非歧视（承诺在不损害任何人的情况下给予任何个人平等的机会）的影响。公司应大力加强现有的尽职调查，包括将其反馈到高级领导层的决策中，并与能够保证质量的独立第三方签约。

加强数字权利监督。公司的董事会应直接监督与用户安全、隐私以及言论和信息自由有关的风险。为此，董事会成员应包括在与数字权利相关的问题上具有专业知识和经验的人。董事会还应该确保尽职调查、补救程序和利益相关者的参与足够有效，以解决和减轻数字权利的影响和风险。

加强对隐私管理的承诺。公司应实施有效的管理和监督，以应对可能获得用户信息（无论是合法还是非法）的行为者对用户隐私造成的风险。应致力于保护和推进强大的加密标准，并在发生数据泄露时通知用户。最后，应提供可获得的、可预测的和透明的申诉和补救机制，确保对侵犯隐私的行为进行有效的补救。

与受影响的利益相关者接触。公司应与数字权利遭受侵犯风险最大的个人和社区接触。他们应该积极纳入那些最容易受到伤害的人的声音。他们应与这些个人和团体合作，建立新的程序来识别风险、减轻伤害、表达不满和提供有意义的补救措施，并制定服务条款和执行机制，最大限度地保护和尊重所有用户的权利。最后，公司应加入或鼓励建立独立的多利益攸关方组织，这些组织具有一定的问责机制，其范围涵盖了公司活动可能造成或促成数字权利伤害的所有领域。

提供有效的申诉和补救机制。当用户隐私或其他权利在使用公司的平台、服务或设备时受到侵犯，他们需要能够报告伤害并寻求补救。公司必须提供清楚的通知，以及一个可信的上诉和解决途径。

最大限度地提高透明度

公司应披露全面系统的数据和其他信息，使用户以及研究人员、政策制定者、投资者、公民社会和其他第三方能够清楚地了解平台和服务如何限制或塑造行为，如何评估和减轻风险，又怎样提供了对用户的补救措施。需要做到：

发布关于其规则执行情况的透明度报告。这类报告应定期发布，报告公司实施了哪些类型的限制，以及为什么这样做。对它们收集的关于用户的数据保持透明。对数据的受益者保持透明。对公司如何开发和使用算法保持透明。对公司在打击错误信息方面所做的工作保持透明。

表现出对安全的可靠承诺。公司应在其经营的所有市场中实施隐私

政策，提供尽可能高的保护，平等地尊重所有用户的数字权利。应该尽可能多地披露是否以及在多大程度上遵循了加密和安全的行业标准，进行安全审计，承诺主动向公众通报数据泄露情况，监督员工对信息的访问，并教育用户如何防范威胁。

从关系上理解透明度。将信息披露概念化为技术提供者和用户之间的沟通，并根据语境因素对可信度进行评估。对企业隐私政策的审视显示，透明度也常常作为某种遮蔽性的表现而出现，其中围绕数据使用的选择性披露似乎旨在遮蔽问题性质和潜在范围。这是因为，信息披露是在组织背景下进行的，涉及专业人士的策划，并且带有某些战略意图，因此往往是一个复杂和动态的沟通过程，而非简单和直接的信息传输。为此，需要建立透明度、知情同意以及对个人自主权和有意义的人类能动性的基本理解之间的关系，明确告知用户系统及其决策的存在和基本逻辑，使得用户作为独立的行为者，在经由透明度获取信息的基础上做出自主决定。透明度在此化作某种可信度信号，显示企业愿意对那些受自己的行为或产品影响的人负责任。

企业为实现产品或服务的透明度所做的努力向用户表明，他们并不害怕向行为者主体提供详细的信息。这样的关系信息是表明愿意负责任的信息，而它构成企业值得信任的一个核心指标。相反，如果存在不透明，对用户来说，就可能面临不知情和被欺骗或被利用的突出风险，一旦出现事故，对技术提供者和用户之间的信任的杀伤力将是巨大的。

不是所有的数据都是平等的

从GDPR到PIPL，随着数据隐私的不断发展，企业如何对待数据收集比以往任何时候都更加关键。一方面是监管举措的不断推出，另一方面是用户意见的微妙变化，各种形式的数据的相关性及其价值将不可避免地被改变。

用户自愿分享的数据构成了报告数据。分享行为可能包括填表、选择cookies、打开社交媒体账户等。这层数据对营销人员来说通常具有最高的价值，因为它们是100%基于用户活动的。而且，用户对这种数据的态度通常是诚实的（与调查相比），因为他们输入的内容决定了他们对产品和服务的获取。

推断数据，顾名思义，是在没有用户明确输入的情况下，围绕用户开发的数据，根据搜索历史、内容消费、购买记录和社交媒体活动等系统地生成。这种数据虽然有其用处，但并不具有与报告数据相同的价值（不是更好，也不是更差，只是不同），因为它是基于一系列的假设得出的，尽管看上去是有根据的。换句话说，推断数据是指系统根据用户的可观察到的活动为其分配一个价值。

一般来说，确定数据的质量是"更好"还是"更差"，主要取决于其预测能力。然而，试图预测的东西也会影响质量。例如，如果你对某人会阅读什么感兴趣，看他以前读过什么书是个好选择。但是，如果你想知道某人可能会买什么，只看他的年龄、性别和阅读习惯是不足以做出准确预测的。你还需要知道他们的购物历史、购买频率、产品类别的订单价值，以及品牌偏好等。

让用户对自身数据和推断数据进行有意义的控制

不论是哪种数据，公司都需要采取一系列具体措施，给予用户有意义的控制权，包括为用户提供明确的选择，不仅决定是否以及如何使用他们的数据，而且决定是否首先收集这些数据以及出于何种目的。

*承诺数据最小化，并明确披露收集的数据。*公司应向用户明确披露其信息的整个生命周期——从收集、使用、共享到保留和删除，并说明收集和共享信息的目的。公司应只收集为实现明确规定的目的所需的数据。公司应明确披露从第三方收集或与第三方共享的任何数据，以及这

些数据是如何获得的。

对第三方数据的收集要完全透明。公司应明确解释他们从第三方来源收集了哪些关于用户的数据。使用cookies、网络信标或其他方式在网络上跟踪用户的公司应向用户明确披露这些做法。应尊重用户发出的从被追踪的情况中“退出”的信号。

让用户能够选择同意；不要强迫他们选择退出。公司应向用户提供他们所需的信息，以便对其数据的管理方式给予有意义的同意。每当公司旨在使用个人数据来发展其算法系统、定向广告或业务的其他组成部分时，他们应该让用户选择加入，而不是让他们承担选择退出的责任，并明确说明他们如何能够这样做。

关于“数据最小化”，还可以多说几句。数据最小化原则是数据保护的一般原则之一，它理想地表明，收集的数据量应该是开展业务所需的最小数据量。对于企业组织来说，数据最小化应该包括有关收集信息的适当范围的讨论，什么数据是可接受的，以及一个组织将如何处理有关数据的问题。而且，它不仅仅是指组织收集的信息，也适用于保留的信息。

该原则主要提出了将个人数据的收集和保留限制在与完成特定目的直接相关的和必要的范围内的做法；也就是说，组织应尽可能只收集和保留最小数量的数据。例如，如果是为了医疗服务，性别可能比宗教或种族更相关。而申请办公室工作的个人不应该被要求提供健康状况的细节。

与“保存所有一切”相反，在个人数据保护的背景下，拥抱数据最小化政策，意味着不必要的数据将被丢弃。此外，相关的必要的内容的保留，也应该只保留在必要的或法律法规所要求的时间之内。

企业需要认识到的是，数据最小化不仅仅与隐私有关，但隐私为数据最小化的需要提供了依据。数据最小化实际上是关于高效的数据管理的实践。在目前的竞争态势中，提高整个组织的数据效率的需求已经变得越来越重要。

虽然数据最小化的方法被指对大数据分析有所削弱，但它有许多实际的好处。它可以降低成本，防止数据泄露成为灾难性事件，并受到刑事过失的指控。事实上，持有不需要的数据会给你带来更多的伤害而不是好处。

当只有必要的数据被存储起来，数据丢失和计算机黑客攻击的风险也会降到最低。因此，数据分类，在处理、保留和访问方面有明确和健全的数据政策，通过设计或默认定期审查数据，可以从数据爆炸中排除风险。

有时，少即是多。

对算法和定向广告所带来的伤害承担责任

公司应最大限度地提高其在开发和部署算法系统和定向广告方面的透明度，公布并持续更新其政策，以明确在何处使用这些系统和哪些规则，并发布与这两个领域的数字权利保护有关的数据。

展示算法的问责制。公司应承诺在开发和使用算法时遵循国际人权标准。他们还应该公布全面的政策，描述如何在其服务中使用和开发算法。这些政策应通过明确披露算法在公司运营的关键领域所发挥的作用而得到加强。如果自动化以任何方式被用于执行公司的政策，这些情况应被纳入公司的透明度报告。如果算法被用于具有广泛认可的突出风险的领域，例如在排名或推荐系统中，公司应明确影响算法的变量，并为用户提供可获得的方法来控制算法的使用。

坦承公司的定向广告行为。公司应公布广告内容和目标政策，不仅规定哪些广告是允许的，哪些是禁止的，而且规定公司如何检测违反规则的行为，并执行这些规则。定向广告系统的使用应该得到强有力的数

字权利尽职调查程序的支持，此外，还应评估其偏见和潜在的歧视性影响。在平台上为用户提供广告服务的公司应公布在其上的通用的、可公开访问的付费广告库，包括相关定向参数。他们还应报告因违反政策而删除的广告。

在今天，可以认为，如果你使用上网设备，那么你就会产生数据，而这些数据并不只是在网络空间中漂浮。相反，它被硬件、软件和服务系统精心利用。过往，通过默认的选择设置和没有商量余地的隐私政策，用户数据的获取对科技公司来说几乎没有成本，但却作为一种商品被广泛资本化。

我们知道，少数巨头控制着数字经济中如此大的一块蛋糕，存在许多原因，但毫无疑问，利用用户数据是一个重要原因。然而，这种现状正在迅速改变。近段时间以来对大科技公司的指控来自两个方向：隐私实施和反垄断调查。所以，切不可对隐私问题掉以轻心。

围绕大型科技公司垄断和滥用用户数据的担忧每天都在增强。如果科技巨头不能够做到有效地自我监管，总会有公共压力和现实世界的事件迫使它们这样做。

技术伦理

科技帝国的新伦理

一向我行我素、你奈我何的Big Tech发现，自身正面临一场空前的存在危机。

Facebook效应

2010年，《财富》杂志高级编辑大卫·柯克帕特里克（David Kirkpatrick）出版了Facebook的企业传记《Facebook效应：看Facebook如何打造无与伦比的社交帝国》（*The Facebook Effect: The Inside Story of the Company That Is Connecting the World*），我应邀撰写了中文版前言，题目叫作《让这个世界上的人们自己组织起来》。[①]

是年，Facebook全球活跃用户数始破5亿（我自己2007年开始拥有Facebook账号，但并非活跃用户）。这里的活跃用户指的是在过去30天内访问过Facebook的用户。事实上，"月活跃用户"作为一项互联网公司普遍看重的业务指标，正是Facebook增长团队率先予以推行的。原因在于，如果用户连续一个月使用某项服务，那么他们很有可能会留下来。

我写道：Facebook是一种现象，它"也许是历史上由完全不同的人聚合在一起的形成速度最快的团体……也是迄今为止互联网上最大的分享网站。"为什么会发生这样的奇迹？扎克伯格2015年有个总结："当时互联网上有很多网站，你几乎可以找到所有的东西：新闻、音乐、书籍、

① 大卫·柯克帕特里克：《Facebook效应：看Facebook如何打造无与伦比的社交帝国》，沈路等译，北京：华文出版社，2010年。

可买的商品，但没有任何服务帮我们找到对生活最重要的东西：人。”[①]

《Facebook效应》倾力剖析了这一现象，然而，读完该书，有一个地方我很不解渴，正如我看完那部名为《社交网络》的电影之后也很不解渴一样。谁是Facebook背后的人？他的生活和哲学究竟是怎样的？2010年那一年，扎克伯格只有26岁。

我指出：“我们现在比以往任何时候都更需要了解扎克伯格的内心世界，这并不是缘于我们有多少对名人的窥视欲，而是因为，他的内心世界是隐藏不得的。Facebook为首的社交网络已彻底改变了互联网世界里的人际关系定义，以及人们对隐私的概念和要求，甚至形成了一种崭新的文化现象。扎克伯格如此年轻，却如此有权力，全人类都有必要了解其商业哲学。”

而关于扎克伯格的商业哲学，在《纽约客》杂志2010年9月号上，记者何塞·安东尼奥·瓦尔加斯（Jose Antonio Vargas）有过这么一段描述：

> 在过度分享的时代，扎克伯格看起来是一个过度分享者。但这也正是问题的关键。扎克伯格的商业模式取决于我们对隐私、披露和纯粹的自我展示等概念的转变。人们愿意放到网上的东西越多，他的网站就越能从广告商那里赚更多的钱。让他高兴的是，对于他本人和他最终的财富前景来说，他的商业利益与他的个人哲学完全一致。[②]

---

① Guo, Owen (Oct 26, 2015). “Mark Zuckerberg Courts China with Speech on People and Perseverance.” *The New York Times*, https://www.nytimes.com/2015/10/27/technology/facebook-zuckerberg-china-speech-tsinghua.html.

② Vargas, Jose Antonio (Sep 13, 2010). “The Face of Facebook.” *The New Yorker*, https://www.newyorker.com/magazine/2010/09/20/the-face-of-facebook.

瓦尔加斯在文章中引用了Facebook批评者和网络先锋阿尼尔·达什（Anil Dash）的话："如果你26岁，你一直是个金童，你一生都很富有，你一生都有特权，你一生都很成功，当然你不会认为任何人有什么可隐瞒的。"

这个批评很犀利，但我对Facebook的感受还有更多微妙之处，而不仅仅是对其CEO的特权的不满。事实是，作为一个非常关心网络文化的人，我担心Facebook做出的许多决定对文化是有害的，特别是当Facebook无意中将一套极端的价值观强加给其用户，而并没有充分沟通这些选择的后果时。我们要清楚的是，Facebook的管理者，对信息共享持某种极端态度。

问题一直是问题

2020年，比柯克帕特里克更有名的科技记者史蒂文·利维（Steven Levy）写了一本新的Facebook企业传记，甚至名字都和柯克帕特里克的那本不无相似（全打上了"inside story"的字样）。[1]书中写到了柯克帕特里克在2016年美国大选结束两天后，对扎克伯格进行的一次炉边聊天式的采访。

他问扎克伯格，唐纳德·特朗普是否从Facebook动态消息（News Feed）里传播的虚假信息中获益。扎克伯格驳斥了这个想法："我觉得，认为在Facebook上只占很小比例的假新闻以任何方式影响了选举，都是一个相当疯狂的想法。"

听到这一回答，柯克帕特里克并未就此对扎克伯格提出进一步质疑。当时利维在座，也没有觉得所谓"疯狂的想法"的评论有多么错误。然而，事态的发展出乎所有人的意料。接下来的两年里，随着人们对

① Levy, Steven (2020). *Facebook: The Inside Story*. New York: Penguin. 中译本见史蒂文·利维：《Facebook：一个商业帝国的崛起与逆转》，江苑薇等译，北京：中信出版社，2021年。

Facebook及其运作方式了解得越来越详细，扎克伯格不得不为自己的言论反复道歉。那些曾被Facebook吹嘘为其最宝贵成就的东西，现在都成了罪过。而曾经象征着对美好未来的希望的扎克伯格，瞬时化身硅谷的达斯·维达（Darth Vader）。[①]

转折点是2016年的美国大选。这次大选凸显了Facebook对政治信息的巨大传播力，被不同的媒体信息圈强化的党派偏见，以及日益严重的虚假信息危机。Facebook在散布虚假信息与仇恨偏见、数据隐私保护和滥用等问题上接连触礁，终于从硅谷偶像跌落凡尘，变成了一个处境艰难的Big Tech公司。对其泄露隐私的义愤甚至导致了一场广泛的“#Delete Facebook”（删除Facebook）运动。[②]

人们对Facebook的反感，在各大科技巨头中是无与伦比的。但这并非毫无道理。过去十年中，侵犯数据隐私的行为、诡异的政治广告政策，以及其他大量有问题的商业决策，都构成了人们厌恶Facebook的理由。然而，真正的症结并不在于不当处理用户数据的孤例或某个单一的糟糕政策，而在于该公司屡次不当地处理用户数据和持续做出错误的政策决定。也就是说，Facebook最紧迫的一些问题一直是问题！

人消失了，只有数据

Facebook的商业模式取决于广告，而广告又取决于操纵用户的注意力，为的是使他们看到更多广告。操纵注意力的最好方法之一是诉诸愤怒和恐惧，这些情绪可以提高参与度。

Facebook的算法给了用户想要的东西，所以每个人的动态消息都成

---

① 电影《星球大战》正传三部曲里的头号反派。

② “#DeleteFacebook Trends Amid Cambridge Analytica Scandal.” CBS News, Mar 21, 2018, https://www.cbsnews.com/news/deletefacebook-trends-amid-cambridge-analytica-scandal/.

为独特的现实、一个过滤气泡，它制造了一种幻觉，即大家都相信同样的事情。只向用户展示他们同意的帖子对Facebook的盈利有好处，但它也增加了极化，破坏了共识，并最终损害了民主。

为了满足其人工智能和算法的需要，Facebook在任何可能的地方收集数据。没过多久，Facebook就开始监视所有人，包括不使用Facebook的人。对用户来说，不幸的是，Facebook并不能保护其所搜集的数据。它会拿这些数据做交易，以获得更好的商业结果。

虽然用户数量和驻留时间都因此而不断增加，但是Facebook要靠另一项创新带动广告业务获得巨大成功。从2012年底到2017年，Facebook完善了一个新的想法，即所谓的“增长黑客”（growth hacking）——不断试验算法、新的数据类型和设计，以数据来衡量一切。增长黑客使Facebook能够有效地将其数据海洋予以货币化，以致增长的指标屏蔽了所有其他的考量。

在增长黑客的世界里，用户只是一个指标，而并非活生生的人。用户的每一个动作都让Facebook更好地了解用户自身以及用户的朋友，它因此得以每天都在用户体验方面做出微小的“改进”，也就是说，在操纵用户的注意力方面做得更佳。而任何广告商都可以购买这种注意力。

Facebook的人生活在他们自己的泡沫之中。扎克伯格一直认为，连接地球上的每一个人是一项非常重要的使命，以至于可以为之采取任何必需的行动。扎克伯格和他的员工深信他们的使命是崇高的，因此他们倾听批评却从不改变他们的行为。他们对几乎每一个问题的回应都与当初问题被制造出来的路径惊人地一致：更多的人工智能，更多的代码，更多的短期修补术。

也就是说，Facebook拒绝解决其系统性问题，而是选择用先进的、但不充分的技术解决方案来掩盖问题背后深刻的价值缺陷。这正是许多人长期以来的担忧所在。

大型科技公司的存在危机

2009年，在Facebook成立五年之后，扎克伯格觉得有必要认真地对公司的价值观进行一番总结。负责完成这项任务的部门经理最终向扎克伯格提出了公司的四条核心价值观，分别是：

> 专注于影响。
> 大胆。
> 快速行动，破除陈规。
> 开放。

扎克伯格对这四条都很满意，但他坚持加上第五条：打造社会价值。前四条是公司内部准则，而第五条强调了Facebook对外部世界的影响。[①]

具体而言，社会价值对扎克伯格意味着，Facebook的存在是为了让世界更加开放和互联，而不仅仅是为了建立一家公司。他甚至将此写入了招股说明书。[②]

听上去很美好。然而系统思维告诉我们说，好的意图真的很危险。你可以有非常好的意图，但在一个复杂的系统中，它们可能会适得其反。比如，扎克伯格不无惊讶地发现，赋予人们建立社区的力量，有时会与拉近世界距离发生冲突。

2016年6月18日，扎克伯格最信任的副手之一、Facebook副总裁安德鲁·博斯沃思（Andrew Bosworth）分发了一份非同寻常的内部备忘录，

---

① 史蒂文·利维：《Facebook：一个商业帝国的崛起与逆转》，江苑薇等译，北京：中信出版社，2021年，第227页。

② 史蒂文·利维：《Facebook：一个商业帝国的崛起与逆转》，江苑薇等译，北京：中信出版社，2021年，第282页。

权衡该公司无情追求增长的代价。“一句话，我们连接人。这就是为什么我们在增长方面所做的所有工作都是合理的。……我们所做的所有工作都是为了把更多的交流带进来。……如果人们正面使用，那是件好事。也许有人找到了爱情。如果人们负面使用，那可能很糟糕。也许它让某人暴露在欺凌者面前而送了命。也许有人在利用我们的工具协调的恐怖袭击中死亡。……丑陋的真相是，我们非常相信人与人之间的联系，以至于任何能让我们更频繁地与更多人联系的东西都被看作事实上的好。”[①]

这份爆炸性的内部备忘录名为《丑陋》。它表明，Facebook终于开始认识到，一个网络化的世界本身并不见得是一个更美好的世界。这就是为什么在2017年6月，Facebook第一次修改自己的使命，不再把连接作为关键词，而开始把社区建设作为发挥积极影响的主要焦点。

扎克伯格在采访中暗示，Facebook必须更加“积极主动”地弥合社会中的分歧，因为仅仅“连接”已经不够了。他说：“我们肯定还没有完成这［第一个］任务，但我们有责任在这个世界上做更多的事情。”[②]

然而，从根本上说，Facebook的问题并非技术问题，而是商业模式问题。Facebook虽然进行了表面上的技术改革，但其核心在于从参与度和病毒性中获利。一项又一项的研究发现，谎言比真相传播得更快；[③]阴谋

---

① Mac, Ryan, Warzel, Charlie & Kantrowitz, Alex (Mar 30, 2018). “Growth at Any Cost: Top Facebook Executive Defended Data Collection in 2016 Memo — And Warned That Facebook Could Get People Killed.” *BuzzFeed*, https://www.buzzfeednews.com/article/ryanmac/growth-at-any-cost-top-facebook-executive-defended-data.

② Coren, Michael J. (Jun 23, 2017). “Facebook’s Global Expansion No Longer Has Its Mission Statement Standing in the Way.” *Quartz*, https://qz.com/1012461/facebook-changes-its-mission-statement-from-ing-its-mission-statement-from-sharing-making-the-world-more-open-and-connected-to-build-community-and-bring-the-world-closer-together/.

③ Vosoughi, Soroush, Roy, Deb & Aral, Sinan (Mar 9, 2018). “The Spread of True and False News Online.” *Science* 359 (6380): 1146–1151. https://www.science.org/doi/10.1126/science.aap9559.

论通过更分散的网络传播；[1]政治上极端的来源往往会产生更多的用户互动。[2]Facebook十分清楚，最大化利润的最有效方法是建立算法，创造过滤泡沫，传播病毒式的虚假信息。

而在算法和AI模型方面，Facebook毫无透明度可言。该公司没有提供有关它的推荐和过滤算法的全面数据，或者其他人工智能项目的详情。Facebook的算法和AI模型是专有的，而它也有意对外界隐瞒。虽然许多公司都这样做，但有哪家能够拥有29亿月活跃用户？任何触及如此多生活的平台都必须被研究，以便社会能够真正了解其影响。然而，Facebook并没有提供对该平台进行有力研究所需的那类数据。

Facebook的早期投资者彼得·蒂尔（Peter Thiel）在强调Facebook可以帮助世界上的人自我组织的时候，曾经信誓旦旦地说："在我看来，对好的全球化至关重要的一件事情是，在某种意义上，人类对技术保持了掌控，而不是相反。无论是经济上、政治上还是文化上，可以说在一切方面，公司的价值都源于一个理念：人是最重要的。"[3]

这段话在今天听来充满了讽刺，因为对于扎克伯格领导下的Facebook来说，人的重要性仅仅在于他/她是个行动的数据体。但是，如果我们所做的只是批评Facebook这样行事丑陋的公司，就不会解决任何系统性的问题。

全球互联网的风向都在变。Big Tech一向以为自己是商业中的另

---

① Wood, Michael J. (Aug 1, 2018). "Propagating and Debunking Conspiracy Theories on Twitter During the 2015–2016 Zika Virus Outbreak." *Cyberpsychology, Behavior, and Social Networking* 21 (8). https://www.liebertpub.com/doi/10.1089/cyber.2017.0669.

② Cybersecurity for Democracy (Mar 3, 2021). "Far-Right News Sources on Facebook More Engaging." https://medium.com/cybersecurity-for-democracy/far-right-news-sources-on-facebook-more-engaging-e04a01efae90.

③ Kirkpatrick, David (2010). *The Facebook Effect: The Inside Story of the Company That Is Connecting the World*. New York: Simon and Schuster 325.

类，生来就有所不同。它们的信条是：无论我们做什么，都可以使世界变得更美好。这让人想起通用汽车公司CEO查尔斯·威尔逊（Charles E. Wilson）那句著名的话："对通用汽车有利的事情就对美国有利。"[①]只不过大科技平台把美国替换成了世界。然而，经历数年的丑闻，互联网的乱象就连科技公司自己也看不下去了。一向我行我素、你奈我何的Big Tech发现，自身正面临一场空前的存在危机，所以扎克伯格和比尔·盖茨竟然都出来呼吁：现在是政府介入监管大型科技公司的时候了。[②]对于信奉自由放任主义的硅谷来说，这真是一个绝大的反讽。

就Facebook而言，它关于开放和互联世界的豪言壮语现在已无人相信，公众认为自己看清了这家公司的真面目：一个逃避责任，让用户沉迷于其产品的数据饥渴型公司。即使在这些公司的内部，员工也疑虑重重。例如，Facebook的内部调查显示，认为其产品对世界有积极影响的员工仅仅勉强过半。[③]人们开始怀疑，扎克伯格确实关心将人们聚集到一起，

---

① 1953年1月艾森豪威尔选择通用汽车公司CEO查尔斯·威尔逊为国防部长，其提名引发了一场争议，在参议院军事委员会对他的确认听证会上爆发，原因是他持有大量通用汽车的股票。在听证会上，当被问及他作为国防部长是否能做出不利于通用汽车公司利益的决定时，威尔逊给予了肯定的回答。但他补充说，他无法想象这种情况会出现，"因为多年来我认为对我们国家有利的事情对通用汽车公司也有利，反之亦然"。这句话经常被误引为"对通用汽车有利的就是对美国有利的"。尽管威尔逊多年来一直试图纠正这句话，但据报道，在他1957年退休时，他已经接受了大众的印象。Hyde, Justin (Sep 14, 2008). "GM's 'Engine Charlie' Wilson Learned to Live with a Misquote." *Detroit Free Press*.

② Murphy, Hannah (Mar 31, 2019). "Zuckerberg Calls for More Regulation of Big Tech." *Financial Times*, https://www.ft.com/content/0af70c80-5333-11e9-91f9-b6515a54c5b1; Huddleston Jr., Tom (Oct 17, 2019). "Bill Gates: 'Government Needs to Get Involved' to Regulate Big Tech Companies." CNBC, https://www.cnbc.com/2019/10/17/bill-gates-government-needs-to-regulate-big-tech-companies.html.

③ Mac, Ryan & Silverman, Craig (Nov 4, 2020). "Plunging Morale and Self-Congratulations: Inside Facebook the Day Before the Presidential Election." *BuzzFeed*, https://www.buzzfeednews.com/article/ryanmac/inside-facebook-24-hours-before-election-day?scrolla=5eb6d68b7fedc32c19ef33b4.

但那只是第二位的。他的公司的行为始终表明，让人们更紧密地联系在一起，固然是一个很好的加分项，但远不如为自己和投资者尽可能多地赚钱来得重要。如果有什么是可以从Facebook的价值挫折中汲取的教训，恐怕突出的有两条：

第一，公司宣称的价值观与其实际奉行的价值观必须保持一致。

任何具备自尊的组织都会宣称自己有一套指导其运作的价值观。但对于一些组织，很多价值观不过就是一组随意的名词、形容词和动词，用来安抚监督者，或是应付媒体。好的组织则以诚意和意义来制定它们的价值观。最重要的是，这些价值观在任何时候都被付诸实践。

第二，公司的价值观必须超越赚钱，而建立在更高的使命感之上。

商业上的成功并不总是仰赖经商技巧和经营才能。关键在于，从一开始就把你的旗帜插在地上，上面写明："我支持某一社会目的"，并始终坚持你所相信的。事实证明，将企业创始人与社会目的感联系起来的深层意义的工作，构成了竞争优势的来源。强大的创始价值观真的可以推动成功。

在曾经很长一段时间里，高科技公司最宝贵的资产之一是，社会文化允许它们大量尝试新事物。公众忍受这些公司傲慢的言辞、过分的做法，法律也普遍对其持宽松态度，为的是换取对现状进行革新的创造性想法。但是，一旦公众发现，这是一笔浮士德式的交易，不受约束的创新带来的是不受控制的疯长的阴影，社会的反弹将格外强烈。

对企业切实为公共利益做出贡献的需求，只会在未来的动荡中增长。关心公众、社会以及他人的整体观念，应该成为Big Tech的一种新伦理。

技术并不中立，而有特定目的

技术绝不像表面上看起来那样中立，因为它是有方向性的，它通过增加选择或者改变过程而指向某种特定的方向。

技术的方向性与中立性

在技术问题上，除了常见的技术悲观主义和技术乐观主义，人们往往还会产生两种想法。一类人认为技术具有方向性——它会改变它所触及的文化。此处的方向性是指，技术使一种文化能够朝着它本来无法去往的方向发展。另一类人认为技术是中立的。他们批驳第一类人提出的说法，相信我们看到的变化是由于文化内部的力量而不是技术造成的。

有很多例子可以为技术确实改变了文化这一论点做辩护。一个经常被引用的例子是印刷机。印刷机在欧洲发明后（特指实用的近代金属活字印刷机），引起了书籍和学问的广泛传播，破除了知识垄断，引发了宗教改革、反宗教改革和早期的现代时代。

另一个例子是时钟，它最初是由天主教的修士们开发的，目的是为了对他们一天七段的祈祷仪式做精确的计时。但这一技术最终导致工厂工人遵循规律的工作时间，产生了现代资本主义。修士们没有意识到的是，钟表不仅是一种计时的工具，也是一个整合和控制人类行动的手段。

然而，主张技术中立的观点会认为这种历史叙述是对这类事件的曲解。印刷机和钟表都是在中世纪欧洲之前很久就在中国被发明出来。然而，中国并没有因此产生现代科学或资本主义。那些认为技术保持中性的人指出，潜在的文化信念和社会实践是造成变化的原因，而非技术本身。

钱存训的《中国纸和印刷文化史》一书有一个结论：印刷术在中国和西方的功能虽然相似，但其影响并不相同。在西方，印刷术的使用激发了欧洲各民族的理智思潮，促进了民族语言及文字的发展，以及民族独立国家的建立；而在中国，印刷术的作用正好相反，它不仅有助于中国文字的连续性和普遍性，更成为保存中国文化的一种重要的工具。因此，印刷术与科举制度相辅相成，构成中国传统社会相对稳定的两个重要因素，也是维护中国民族文化统一的坚固基础。[①]

为了使技术改变一种文化，这种文化中的人们必须选择使用它。这种选择可能是糟糕的，也可能是明智的，但选择是关键。

人类所做的每一个决定都涉及从若干选择中做出不同的权衡。每个可能的选择都会产生好的和坏的结果。作为人类，我们必须权衡每一种选择的利弊，以决定哪一种在我们看来是最好的选择。

技术看上去为我们增加了新的选择。在印刷术之前，阅读对大多数人来说根本不是一个可行选择。在时钟之前，人们日出而作，日落而息，无须考虑几点上班、几点下班，以及在固定时间里生产出某种东西。

随着技术的引入，新的选择就出现了。任何技术都是这样，无论是现在我们使用的汽车、电视、手机，还是尚未发明的未来技术。

不过，人类经常做出错误的选择。我们吃明知对自己有害的食物。我们浪费时间在社交媒体上与那些明显不听的人争论。我们也经常做出我们知道一定会后悔的错误选择。在决定是否使用某项技术时也是如此。虽然我们可以也确实拒绝使用技术，但我们其实不一定会对如何使用以及何时使用技术做出好的选择。

在这个意义上说，技术是中性的，因为它只是提供了选择机会，而

---

① 钱存训：《中国纸和印刷文化史》，郑如斯编订，桂林：广西师范大学出版社，2004 年。

没有强迫任何人去做出选择。不同的人，进而不同的文化，会对技术的用途做出不同的选择。然而，也可以认识到，技术绝不像表面上看起来那样中立，因为它是有方向性的，它通过增加选择或者改变过程而指向某种特定的方向。

比如，相信技术中立的人提出的经典说法经常包括："枪不杀人，是人杀人"，"一把菜刀可以用来切菜，也可以用来砍人，关键看拿在谁手里"。枪支的确可能有许多不同的用途——比如把它用来做镇纸——但我们大多数人都知道这不是人们拥有枪支的原因。枪支是为特定的目的而开发的，我们一般是按照这一目的来使用它。

一种技术的可能使用范围并不是无限的。从理想用途的有限范围可以透视发明者的价值观——枪不是镇纸，而是用来杀人的好工具。当用于它的预期目的时，它相当有效。我们能相信发明者对其创造的东西没有道德义务的说法吗？当美国人谈论枪支时，可以合理地解释枪支的必要性，以及个人如何拥有持枪的权利，并由此做出自己的选择。然而，枪支的设计就是为了杀人，这是毫无疑问的。这项技术不是一个中立的产品，它从来都不是。

发明者和设计者偏好价值中立

"枪不杀人，人杀人"，代表着价值中立论的认知，即没有任何道德价值可以归于某种技术，只有在人使用技术时才出现价值问题。也就是说，技术本身是价值中立的，而使用它的人是不中立的。如果一项新技术问世，无论是枪支还是智能手机，造成了或好或坏的影响，那是由于好人或坏人造成的，而无关技术本身。

价值中立论主要围绕以下几个论证来展开：

首先，价值难以检测。技术要想包含或体现价值，这些价值应该是可识别的，但现实中很少是这样。

其次，不同的人拥有不同的价值观。工具只是在被一个有价值的生命所拥有时才具备价值，所以完全取决于这个人的价值体系。而这一体系还会随着人或环境发生的变化而变化。

第三，价值取决于用途。人的行为的成果、结果、后果才有价值，由此，价值体现在最终使用者身上而不是所依赖的工具上。一把刀只是一把刀，是一个中立的物品，有人用它来削水果，有人用它从背后捅人，只有在使用时才可以说到道德价值。

由此可以很清楚地得出结论，最终使用者需要对技术的道德使用负责。是他们的欲望、需求和目标决定了技术的使用方式，从而也就决定了技术的价值。这种论证表明，我们不能责怪枪支射杀了人，哪怕它的确让射杀这事变得更轻易了。

价值中立论者把技术视作纯粹被动——在没有人类干预的情况下什么也不做。然而，技术自己不做事，并不能说明它的中立性。仅仅因为枪需要人去扣动扳机，它就是中立的吗？枪仍然是一种人造物，会通过降低杀人的难度而鼓励这种行为。例如，根据反枪团体的说法，如果家里有枪，人们更容易自杀或对家庭成员实施暴力。涉及枪支的事故也很常见。因此，似乎很难仅凭枪支的被动性来证明枪支的中立性。同样的论点也适用于一般的技术。

所有技术发展都有共同的特征。首先，技术对象是独一无二的，它们被设计成以一种特殊和有限的方式发挥作用；其次，技术对象与它们的环境交织在一起，它们以独特的方式与现实相互作用。

由于技术是为了特定的目的而构建的，因此，在这些目的的方向上，技术通常更容易使用。用户可以根据自己的企图选择和修改技术，但是受制于人造物的物理现实和相关社会系统的惯性。

不难明白，价值中立论给了发明家和工程师等很大的帮助，似乎免除了他们对自身发明物所引发的不良影响的责任。它也隐含着应保持自由市场和开放创新的政策预设。百花齐放，群雄竞逐，让技术的人类使用者来决定后果。

问题是，所有的技术都是由社会经济、文化和政治因素决定的。技术哲学家兰登·温纳（Langdon Winner）在《人造物有政治吗？》一文中举过一个有趣的例子，纽约的林园式大道，立交桥的离地间隙被有意设计得很低，使公共汽车无法在这些道路上行驶。于是，平常使用公交出行的贫民和黑人就被拦在了外面，而拥有汽车的白人却能够利用这些大道自由地观光和通勤。桥梁建筑看似中立，事实上可以通过技术配置对社会秩序施加影响，正反映出设计者的阶级偏见和种族歧视。温纳提醒我们注意，包括人造空间在内的技术物本身“固有”其政治性。①

如果把技术的最终目的视为是为了全人类或部分人类的利益而开发资源，那么，技术就具有非中性的属性。如果技术以某种方式使人们受益，或对一个群体比另一个群体更有利，那么它们就不是中立的。如波斯曼所指出的，“一种新技术的利弊长短不会势均力敌。仿佛是游戏，有输家也有赢家”。②事实上，根据这个判断，中立技术的概念本身没有任何意义。

更何况，技术发明人往往不知道自己的发明会给社会带来怎样的效应。在最开始的时候，面对新的技术，哪些人是赢家，哪些人又会成为输家，既无法细察，也难以预料。一种新技术并非某种东西的增减损益，它带来的是整体上的生态变革。③

---

① Winner, Langdon (Winter, 1980). “Do Artifacts Have Politics?” *Daedalus* 109 (1), Modern Technology: Problem or Opportunity? 121-136.

② 尼尔·波斯曼:《技术垄断：文化向技术投降》，何道宽译，北京：北京大学出版社，2007年，第4页。

③ 尼尔·波斯曼:《技术垄断：文化向技术投降》，何道宽译，北京：北京大学出版社，2007年，第9页。

总体而言，技术为人类带来的是正面影响，但这并不会改变一个现实：它使社会中的一些人生活变得更好，而对另一些人来说却变得更糟。

人工智能终结价值中立

主张“枪是中性的，而人不是”的一派还会遇到一个麻烦。枪支也许不会自己杀人，但它使人们以某种方式被杀的可能性大大增加，这一点已如上论。现在请考虑一下这件事：自主武器系统的确可以自己杀人。

说技术没有偏向性，或者说它并不体现某一套价值，显然是误导性的。但为什么这么多人着迷于价值中立论呢？原因在于，价值中立性是一种诱人的立场。在人类历史上的大部分时间里，技术都是人的能动性的产物。为了使一项技术得以存在，并对世界产生影响，它必须是由人类构思、创造和利用的。在人类和技术之间存在着一种必要的对偶关系。这就意味着，每当要评价某项技术对世界的影响时，总会有一些人分享赞美，而另一些人则群起指责。由于我们习惯于赞美和指责我们的同胞，所以很容易把一项技术的好处或坏处直接归因于人类使用者的可赞或可责的行为/偏好。我们的想法是，在很多情况下，技术本身的好坏并不能怪罪于技术，而是要怪罪于人。

但是请注意，我上边强调了“在人类历史上的大部分时间里”都是如此。突然，我们发现，有一种显而易见的方式可以令技术不再价值中立：让技术自己拥有能动性。

设想一下，如果技术发展出自己的偏好和价值，并采取行动在世界中追求它们，会出现什么样的情形？有关人工智能的巨大承诺（同时也是恐惧）是，它将导致某些技术形式产生自己的意志。一旦我们拥有了完全能动的智力代理人，价值中立论可能就丧失了它以往的诱惑力。

存在两种人工智能哲学。一种主张人工智能需要成为一种公正的、完全透明的技术，它的决策能力完全依赖于逻辑，而不反映人类所表现的任何偏见和偏好。第二种预期人工智能可能会表现得像人类，因此难以避免人的身上存在的一些固有偏见。

不过迄今为止，还不存在任何没有偏见的人工智能。这主要是因为，人工智能会从我们给它的任何东西中学习。这意味着决策的质量取决于训练数据的质量。但训练数据很可能是不完整的、不具代表性的，或许继承了之前决策者的偏见，也可能只是反映了世界上普遍存在的偏见。在现实中，偏见就像一种病毒，会传播和复制。人类的偏见被转移到人工智能和机器学习应用中，主要是通过被喂养的用以训练的数据。

人工智能工具的发明者和设计者很难再以价值中立为自己开脱：这些工具很容易被应用到道德上有问题的实践中，由于其不可捉摸性，也很容易被滥用，甚至被具有良好意图的从业者滥用。

计算机视觉就是一个明显的例子。让人可以轻松地使用无人机图像绘制街区的技术进步，也可以令权势者有能力追踪人们在世界各地移动时的脸。如果你正在研究人脸识别技术，思考这一技术的含义是至关重要的。

机器学习（尤其是深度学习）所创建的模型是难以被真正理解的。然而它却变成了一把强大的锤子，当你拿着它时，一切都开始看起来像钉子。数据科学家很容易认为，他们可以随便涉足一个他们一无所知的领域，然后用一个训练有素的神经网络来解决它，比如所谓的智慧城市解决方案。可是，每当我看到那些云计算企业对智慧城市的演示，脑海里却总会闪过“大数据傲慢”这个词。像福楼拜这样的作家是这么看待城市的：对他来说，城市是人类相撞的地方，个人发现自己的无序是神圣的。而现在，数据科学家却企图把城市纷杂迷人的一切都纳入一个模型。

他们忘记了，模型的设计本身就可能引入偏差。从算法的角度来看，偏差可以理解为过度简化。模型可能过于僵化，因此无法把握数据的基本趋势和复杂性。然而，它们还可能对微小的波动非常敏感，以至于它们在捕捉信号的同时，也捕捉到了大量的噪音。

问题在于，偏差不仅会传递给算法，而且还会被放大。当有偏见的机器学习算法创建新数据，并作为其持续训练的一部分重新注入模型时，就会发生这种情况。当有偏见的算法作为自动决策过程的一部分，每分钟进行数百万次预测时，情况就会变得更糟，实际是将偏见重新带入现实世界，并规模化地运行。

集体行动与延迟满足

对价值中立性的批判还可以在另一个维度上展开。哲学家大卫·莫罗（David Morrow）提出了一种尝试性论述。他认为，技术并不总是价值中立的，缘于它们改变了某些选项的成本，从而使得集体行动问题或理性选择错误更有可能发生。[①]这是个很有意思的角度，了解了这个论点，我们就可以看到，要充分区分技术的价值中立和价值负载是多么困难。

莫罗首先假设人类在做决策时遵循理性选择理论的一些基本原则。人类存有偏好或目标，他们的行为是为了使自己的偏好或目标满足度最大化。这意味着他们在做决策时会遵循一种成本效益分析。如果某项行动的成本超过了它的收益，他们就会倾向于转到其他更有利的行动上。

相应的，技术的主要功能之一是降低某些行动的成本（或使得以前不可能的行动成为可能，负担不起的行动得以负担）。人们发明技术通常是为了能够更有效、更快速地做事。

交通技术就是一个明显的例子。火车、飞机和汽车都有助于降低个

---

① Morrow, David R. (Aug 23, 2013). “When Technologies Makes Good People Do Bad Things: Another Argument Against the Value-Neutrality of Technologies.” *Science and Engineering Ethics* 20: 329-343. https://link.springer.com/article/10.1007/s11948-013-9464-1.

人旅行者的长途旅行成本。成本的降低可以改变人们的行为。

可是，技术虽然改变了行动的成本，但技术的好处却不是均匀分布的。它们可以降低一些人的成本，同时提高另一些人的成本。

兰登·温纳再次提供了一个精准的例子。温纳研究了西红柿收获机对大农和小农的影响，发现它主要使大农受益。他们买得起这些机器，收获的西红柿比以前多得多。这增加了总的供应量，从而降低了每颗西红柿的价格。这对大农户来说仍然是净收益，但对小农户来说却是重大损失。现在，为了获得同样的收入，他们不得不以更有限的技术收获更多的西红柿。[①]

莫罗的论点是，技术通过降低成本，可以使得某些选择对最不在乎体面的人更具吸引力。他举了两个方面的例子。

一个是集体行动问题。人类社会长期被集体行动问题所困扰，即在可以选择“合作”或“背叛”同胞的情况下，当背叛的利益大于合作的利益，个人就会选择背叛。过度捕捞就是如此。某一地区的鱼群是一种自给自足的共同资源，如果当地的渔民每年捕捞有限的配额，就可以分享这种资源；而如果他们过度捕捞，鱼群可能会崩溃，从而剥夺他们的共同资源。问题是，很难执行配额制度（以确保合作），个别渔民几乎总是被激励过度捕捞。技术可以通过降低过度捕捞的成本转而加剧这种情况。毕竟，如果你仅仅依靠一根鱼竿，过度捕捞是相对困难的。现代工业化捕鱼技术使得挖开海底、刮取大部分可利用的鱼类变得更加容易。因此，现代捕鱼技术不是价值中立的，因为它加剧了集体行动问题。

另一个是延迟满足问题。我们很多人都面临着决策，必须在短期和长期回报之间做出选择。很多时候，长期回报大大超过短期回报，但由

---

① Winner, Langdon (Winter, 1980). “Do Artifacts Have Politics?” *Daedalus* 109 (1), Modern Technology: Problem or Opportunity? 121-136.

于人类推理的怪癖，我们往往会忽略这种长期价值，而偏重于短期回报。这对个人（如果评估整个的人生跨度）和集体（如果社会上没有人考虑长远，就会侵蚀社会资本）都会产生不好的结果。莫罗认为，技术可以通过降低即时满足的成本，使我们更难以优先考虑长期回报。

今天这个时代，我想很多人都对莫罗所提到的这个问题有深刻的体会。比如，经常因为被社交媒体和短视频的短期回报所吸引，而失去了从长远来看本应去工作的宝贵时间。

莫罗还认为，这两个方面相互影响，即时满足的诱惑，也会加剧集体行动问题。

最后，我想特别指出，如果技术不是价值中立的，那么它的非中立性就有理由在两个方向上发挥作用。技术会使我们偏向于坏的方面，但它当然也可以让我们偏向好的方面。技术可以降低监督成本，从而使合作协议更容易执行，并防止集体行动问题。同样，技术可以降低重要商品和服务的成本，从而使其更容易被广泛分配。

无论如何，技术是其创造者的偏见和目标的反映，技术的使用可以带来特定的目的。这是一个重要的事实。如果我们要在信息时代创造一个更好的社会，每个人都必须认识到这一点。

技术精英的梦醒时分

在第一次浪潮和第二次浪潮中，企业家面临的最大挑战分别在于科技和市场风险，但政策风险将是第三次浪潮的最大障碍。

在过去几年里，我们看到太多的大科技公司背叛公众信任，为了追逐利润而做出有违伦理的事情。到底应该责怪谁？责怪它们哪些方面？由于监管机构的监督不足，公众抵抗的力度不够，而大公司的判断力依然不佳，所有被技术深刻影响的各方都在问：以道德的方式开发技术意味着什么？公众如何信任科技公司确保其个人信息安全？怎样解决社交媒体上的仇恨偏见和极端主义？何以避免人工智能的偏见？

大科技公司一向以为自己是商业中的另类，生来就有所不同。它们的信条是：无论我们做什么，都可以使世界变得更美好。然而，经历数年的丑闻，千禧世代的宇宙主宰们被认为比他们所替代的旧日霸主更强横，甚至更加残酷。

这些人是20世纪90年代中期以后浮现的数字时代的神童，他们是叛军、海盗和黑客，挑战着老男人俱乐部，借助一波波的技术浪潮，他们品尝到真正的力量。然而，二十多年后的今天，神童们都成了既有体制的一部分。一切都变得太快了。

有墙花园里的巨大怪物

首先是数字平台的崛起，令互联网迅速变成一种平台控制物，这出乎很多互联网用户的想象，因为去中心化曾被广泛认为是互联网的标志。

现实的演变是，十年前，人们还拥有一个开放的网络乌托邦，而到了今天，人们所面对的是一个有墙的花园所构成的世界，每一个花园里都据守着巨大的怪物。

以美国五大互联网平台为例，随着其数据驱动的商业模式开始遭受质疑，随着它们凭借巨大利润成为经济主宰而引来垄断的指责，随着人们担心自身的政治见解、知识习惯和消费方式可能经由算法为人所操纵，这些平台都到了自我反思的时刻。

苹果公司开创了现代智能手机的先河。2007年1月9日，iPhone发布，成为人类生产史上利润最为丰厚的产品。人们对它的易用和时尚趋之若鹜，它也给其他领域带来巨变，包括信息、社交、软件、娱乐、广告等。它非常出色，然而，它所带来的问题是，这种设备越来越被认为太容易上瘾了。十年后的2017年，英国生理学会调查2000名英国人，让他们评估亲朋好友去世、身份证丢失、遭解雇、患重病、筹划婚礼等18件“人生大事”带来的压力。并不奇怪，失去亲朋好友和患重病名列前茅，但令调查人员意外的是，丢手机造成的压力感与遭遇恐怖袭击相差无几。[①]

手机、平板电脑和其他智能装置的设计，无不经过一整套的精心研究，目的就是要让你在使用的时候不自觉地上瘾而无法自拔。这些设计让人类浪费了成万上亿个小时。

乔布斯被誉为有史以来最伟大的企业家，他的加冕，首先来自于1984年Mac电脑的发布。他抓住个人电脑革命的时代精神，以一柄铁锤砸向老大哥，喊出“这就是为什么1984不会变成《1984》”。然而，充满讽刺的是，Mac电脑是一个封闭和受控的系统，它更像是“老大哥”设计

---

①《英国人压力大？丢手机如同遭遇恐怖袭击》，新华社，2017年3月19日，http://www.xinhuanet.com//world/2017-03/19/c_129512444.htm。

的东西，而非出自黑客之手。其实其后的苹果手机和应用商店也是如此。乔布斯摧毁了老式的霸权，代之以把自身打扮为解放者的新霸权。正是由于乔布斯，今天的互联网才变成巨兽盘踞的围墙花园，网络原有的开放性和连接性全部消失了。

谷歌作为搜索引擎巨擘，也改变了自己的初心。在谷歌的创立初期，它受人称赞的地方在于，并不想把用户留在自己的网站上，而是希望他们通过谷歌搜索，以最快的速度到达他们想去的地方。数年后，谷歌改变了其搜索结果的模式。2019年，超过一半的谷歌搜索都可以直接在谷歌页面上体现，而不需要再点击其他网站。一年后，这一比例攀升至65%。[①]谷歌称自己经过改良的搜索结果，可以让用户更快地找到答案。但与此同时，不断引导用户“足不出谷歌”就可以找到所有答案，这一巨无霸搜索引擎就存在滥用搜索领域主导地位之嫌。2017年，针对谷歌在搜索结果中“特殊照顾”自家的购物服务，而对其他竞争者不利，欧盟开出了27亿美元的罚单。[②]

此外，谷歌还因滥用自己在手机市场的影响力而在2018年被欧盟开出50亿美元罚单。[③]这一裁决打击了谷歌商业模式的核心部分：只有三星和华为等手机制造商同意在手机中优先置入谷歌搜索栏、Chrome浏览器和其他谷歌的应用，才同意给这些手机制造商提供Android操作

---

① Nguyen, George (Mar 22, 2021). “Zero-click Google Searches Rose to Nearly 65% in 2020.” Search Engine Land, https://searchengineland.com/zero-click-google-searches-rose-to-nearly-65-in-2020-347115.

② Chee, Foo Yun (Jun 27, 2017). “EU Fines Google Record $2.7 Billion in First Antitrust Case.” Reuters, https://www.reuters.com/article/us-eu-google-antitrust/eu-fines-google-record-2-7-billion-in-first-antitrust-case-idUSKBN19I108.

③ Chee, Foo Yun (Oct 10, 2018). “Google Challenges Record $5 Billion Eu Antitrust Fine.” Reuters, https://www.reuters.com/article/us-eu-alphabet-inc-antitrust/google-challenges-record-5-billion-eu-antitrust-fine-idUSKCN1MJ2CA.

系统。

在数字广告方面，谷歌借助于对互联网广告生态系统的控制，不断逼迫大大小小的公司使用其广告技术，同时购买广告服务。2019年，谷歌因其AdSense广告服务中的反竞争行为而被欧盟罚款17亿美元。[①]

在内容管理上，谷歌也引人注目。YouTube、谷歌搜索和谷歌新闻都是虚假信息的集中地。由于谷歌和Facebook这样的互联网巨头掌握大量数据，对它们来说，应对虚假信息的传播是一项无法逃避的重要任务。在压力下，它们已承诺增加更多的人工管理，并投资于可以屏蔽虚假信息和其他违禁内容的软件工具。

Facebook一度的使命是"使人们有能力分享，令世界更加开放和彼此连接"，这一使命假设只要实现了这两点，自然会产生有益的结果。然而，人们看到的却是，更多的分享和连接造成了更大的分裂。现场直播谋杀案，恐怖分子公开招新，仇恨团体得以高效组织，自由派和保守派在回声室里封闭自己——面对所有这一切，Facebook始终坚持自己不是一家媒体公司，而只是人们可以借之运送内容的一组管道。这是因为，如果它一直以中立平台自居，就不用承担传统的新闻责任。

围绕着Facebook在传播虚假新闻和宣传方面的作用，以及有问题的审查决定，对其作为出版商的道德和法律责任的质疑已经升级。Facebook当前的危机是前所未有的。它被指责破坏了民主，毒害了严肃新闻；最糟糕的是，用户突然意识到，Facebook通过收集和售卖大量个人信息建立了庞大的广告业务，而事实证明，这样的业务已对隐私、选举甚至用户的心理健康造成了损害。2019年7月，Facebook被美国联邦贸

① Chee, Foo Yun (Mar 20, 2019). "Google Fined $1.7 Billion for Search Ad Blocks in Third EU Sanction." Reuters, https://www.reuters.com/article/us-eu-google-antitrust/google-fined-1-7-billion-for-search-ad-blocks-in-third-eu-sanction-idUSKCN1R10Q8.

易委员会罚款50亿美元，以终结其对8700万用户信息泄露事件的调查。[1]它现在承诺在收集个人信息方面更加透明，但要真正解决这个问题，需要Facebook对其客户更加严格：从零售商到政治团体，各类开发商和广告商急欲花钱掌握用户所透露的个人信息。Facebook需要对谁能看到什么保持更密切的关注，即使这样做会导致合作伙伴受到影响。

另一方面，用户自己也有权利要求知道他们的信息会被发送给什么人，以及这些人将如何使用相关信息，而且是以一种可读和可访问的方式。Facebook邀请你通过它的平台记录你的生活，特别是你最珍惜的时刻，那么大家自然期望一个拥有如此珍贵资料的空间会受到保护。正如扎克伯格在一份声明中所说："我们有责任保护你的数据，如果我们做不到，那么我们就不配为你服务。"[2]

绝大多数用户不会用现金投资于Facebook。相反，用户提供了无形的东西：他们的情感、他们的兴趣、他们的时间，最后还有他们的信任。随着Facebook的不断扩张，从即时通信到虚拟现实到元宇宙，它还在要求人们提供更多的东西。那么用户就必须质问，为什么我们要信任我们所知甚少的应用？特别是当我们还知道平台在从我们的兴趣中获利？

亚马逊的公司文化与管理风格久受诟病，《纽约时报》指贝佐斯（Jeff Bezos）靠榨干员工改变世界，[3]《沙龙》（*Salon*）刊登西蒙·海德（Simon

---

① "FTC Imposes $5 Billion Penalty and Sweeping New Privacy Restrictions on Facebook." Federal Trade Commission, Jul 24, 2019, https://www.ftc.gov/news-events/news/press-releases/2019/07/ftc-imposes-5-billion-penalty-sweeping-new-privacy-restrictions-facebook.

② Eadicicco, Lisa (Mar 22, 2018). "Why Facebook Needs Transparency to Protect Its Users — And Stay in Business." *Time,* https://time.com/5210017/facebook-cambridge-analytica-transparency-users-business/.

③ Kantor, Jodi & Streitfeld, David (Aug 15, 2015). "Inside Amazon: Wrestling Big Ideas in a Bruising Workplace." *The New York Times*, https://www.nytimes.com/2015/08/16/technology/inside-amazon-wrestling-big-ideas-in-a-bruising-workplace.html.

Head）的书《无脑：为什么智能机器在制造愚蠢的人》（*Mindless: Why Smarter Machines are Making Dumber Humans*，2014）的节选，称如果泰勒（Frederick Taylor）在世，也能认出公司实施的科学管理的影子，只不过用现代IT技术进一步武装了。[1]此前，媒体已经多次发布了亚马逊剥削员工、工作环境糟糕的报道。亚马逊文化中的不良因素，特别是一种“有意的达尔文主义”，造成很多不必要的疲惫倦怠和伤害感。贝佐斯奉行“迅速做大”（get big fast）的策略，他认为公司成长越快，就能进军更多的领域，并参与树立新品牌的角逐。在这种策略驱使下，最终亚马逊成长为一家无所不有的商店：不仅是销售商，而且还是生产商。本地零售商和独立制造商遭受重大打击。部分消费群体和销售商认为亚马逊正在让竞争消失，特别是当它进入新的市场领域时。

考虑到在线购物的消费者购物的第一站是亚马逊平台的流量因素，事情变得很清楚：如果想要在电子商务市场成功，独立销售商需要使用亚马逊平台，而平台本身也是竞争者，这一事实将导致诸多利益冲突。针对亚马逊的调查聚焦在其是否存在不恰当地特殊照顾自主品牌的商品，而故意削弱了其他依靠亚马逊平台进行销售的第三方产品的行为。其他引人关注的还包括亚马逊Prime捆绑服务、Amazon Web Services从核心业务中的分拆，以及Alexa在智能家居市场上的初始主导地位等。

亚马逊太大了，耶鲁法学院的学者丽娜·汗（Lina Khan）[2]早在2017年就在《亚马逊的反垄断悖论》一文中指出，亚马逊不仅是零售商，它还是市场平台、物流和递送网络、支付和信贷服务提供者、拍卖行、主要的出版商、影视节目制作者、时尚设计者、硬件制造者、领先的云服

---

① Head, Simon (2014). *Mindless: Why Smarter Machines are Making Dumber Humans*. New York: Basic Books.

② 汗2021年6月被拜登任命为新一任联邦贸易委员会主席，这对科技巨头们可不是什么好消息。

务平台和计算能力拥有者。[①]它希望未来几乎每个人“都会在亚马逊的平板电脑上看亚马逊的电影、玩亚马逊的游戏，告诉亚马逊的Echo交流设备他们需要亚马逊授权的水管工和新草坪躺椅，并且往嘴里扔着亚马逊薯片”。[②]

如此强悍的支配地位，会造成什么样的潜在社会成本？2019年3月，美国民主党参议员伊丽莎白·沃伦（Elizabeth Warren）提出，希望“对科技行业进行重大的结构性改革，以促进更多的竞争”。这些改革将包括分拆亚马逊、Facebook和谷歌等大型科技公司。沃伦认为：“当前大型科技公司拥有太多的权力——对我们的经济、我们的社会和我们的民主有太多的权力。它们阻碍了市场竞争，利用我们的私人信息牟利，破坏了竞争环境。在此过程中，它们伤害了小企业，扼杀了创新。”[③]

意外的是，微软现在似乎成了行业的道德良心。它在20世纪90年代和21世纪00年代的大部分时间里，都是科技领域最大的公司，同时也是最大的反派。风水轮流转，微软CEO萨蒂亚·纳德拉最近宣讲说：“我们不仅要问自己计算机可以做什么，还应该问它应该做什么。”[④]不要以为微软脱胎换骨了，恐怕真实的原因，用哈佛商学院教授大卫·约菲（David B. Yoffie）的讽刺来说，是这样的：“微软错过了搜索，错过了社交网络，也错过了移动，因此，他们避免了政府和媒体最近的反击。这使微软得

---

① Khan, Lina (Jan 2017). “Amazon’s Antitrust Paradox.” *The Yale Law Journal* 126 (3): 564-907. https://www.yalelawjournal.org/pdf/e.710.Khan.805_zuvfyyeh.pdf.

② Kantor, Jodi & Streitfeld, David (Aug 15, 2015). “Inside Amazon: Wrestling Big Ideas in a Bruising Workplace.” *The New York Times*, https://www.nytimes.com/2015/08/16/technology/inside-amazon-wrestling-big-ideas-in-a-bruising-workplace.html.

③ Warren, Elizabeth (Mar 8, 2019). “Here’s How We Can Break Up Big Tech.” https://medium.com/@teamwarren/heres-how-we-can-break-up-big-tech-9ad9e0da324c.

④ Sherr, Ian (May 25, 2021). “Microsoft CEO Satya Nadella Teases Next Version of Windows Will Be Unveiled ‘Very Soon’.” *Cnet*, https://www.cnet.com/tech/computing/microsoft-ceo-satya-nadella-teases-next-version-of-windows-very-soon/.

以走上技术道德领先者的自由之路。”[①]

很清楚，微软的新角色部分源自该公司不是社交媒体、视频流和智能手机的主要参与者，而所有这些产品无不聚集着对技术的黑暗情绪。微软也不再像亚马逊那样在市场上残酷无情地竞争。

镀金时代的科技新贵

一度代表一切美好价值的科技新贵们，也渐渐露出镀金的底色。Uber的创始人兼CEO特拉维斯·卡兰尼克（Travis Kalanick）靠着风险投资、闪电战扩张策略和道德上可疑的侵略性手段发展起来一家初创公司，唯增长至上，对不端行为常常视而不见，导致公司卷入一系列法律和道德丑闻，最终被踢下台；他的继任者达拉·科斯罗萨西（Dara Khosrowshahi）虽然纠正了Uber不良的企业文化（其口头禅：做对的事情，那就是一切），却努力从零工经济中榨取利润。软银投资的王牌办公共享空间初创公司WeWork在首席执行官亚当·诺伊曼（Adam Neumann）同样奉行的超增长战略下陷入困境，IPO流产，凸显了向经验不足、但口出狂言要颠覆历史悠久的行业的创业公司投钱的危险。无论它怎样用高科技包装自己，其基本业务模式与房地产商并无二致。即使是基于云的企业即时通信服务商Slack，虽说打着让用户免于繁重的工作的旗号，也只是将劳作更紧密地织入了人们生活的深处。

中国也不能幸免。在巅峰时期，一位中国科技行业最醒目、最耀眼的明星之一，进军智能手机、电动汽车和体育转播等多个行业，誓言要挑战苹果和特斯拉，如今人去楼空。中国的网约车巨头推出暗示性的广告，示意可以通过搭车来互相勾搭，宣传“顺风车是一个非常具有未来

---

① Wingfield, Nick (May 7, 2018). “Microsoft Tries a New Role: Moral Leader.” *The New York Times*, https://www.nytimes.com/2018/05/07/technology/microsoft-moral-leader.html.

感、非常sexy的场景”，直到两名搭乘顺风车的女性被司机强奸和杀害，这种蠢笨而粗俗的行为才划上句号。中国最大的搜索引擎，在很长时间里，没有用特殊的格式来区分付费搜索以及自然搜索结果。而在付费搜索结果中，搜索引擎常以网络关键词的付费高低为标准，对购买同一关键词的客户（网站链接）进行先后排序。

也许我们这个镀金时代的最惊人的故事，来自所谓的“健康技术”公司Theranos的创始人伊丽莎白·霍尔姆斯（Elizabeth Holmes），如今她已成为《坏血》（*Bad Blood: Secrets and Lies in a Silicon Valley Startup*，2018）一书及正在筹拍的同名电影的主人公。[①]Theranos一度是生物科技行业的领先独角兽公司，因为号称已实现颠覆性的、只需少量血液即可进行的血液检查而闻名。2015年，《福布斯》因为公司估值90亿美元而将霍尔姆斯评选为全球最年轻的白手起家的女性亿万富翁，她也曾被《时代》杂志提名为“2015年100名最有影响力人物”。然而就在此时，新闻媒体和监管机构开始质疑Theranos宣称内容的真实性，并怀疑霍尔姆斯在其验血技术方面有意误导投资者以及政府。仅仅过了一年，《福布斯》将她的资产估值从45亿美元更新为一文不值，而《财富》杂志将她遴选为“世上最让人失望的领导者”之一。

此后公司被解散，2018年，美国证券交易委员会对Theranos和霍尔姆斯提起“大规模诈骗”诉讼，霍尔姆斯为此支付了50万美元的罚金，交还其股份，放弃对Theranos的投票控制权，并且被禁在十年内担任上市公司的高级职员或董事。同年，联邦大陪审团起诉霍尔姆斯及Theranos前总裁拉米什·巴尔瓦尼（Ramesh Balwani）九项电汇诈骗罪及两项串

---

① Carreyrou, John (2018). *Bad Blood: Secrets and Lies in a Silicon Valley Startup*. New York: Knopf. 中译本见约翰·卡雷鲁：《坏血：一个硅谷巨头的秘密与谎言》，成起宏译，北京：北京联合出版公司，2019年。

谋电汇诈骗罪，因其向消费者分发不实的血液检测结果。此案的审判原定于2020年6月开始，但因为新冠疫情及霍尔姆斯怀孕而推迟。2021年8月31日，对霍尔姆斯的审判开始，2022年1月，她被认定犯有多项欺诈罪。而巴尔瓦尼的审判目前正在进行中。如果罪名成立，每人将面临最高25万美元的罚款和20年的监禁。

在其头顶巨大光环的时分，霍尔姆斯告诉学生，她办公室里的标语写着："成功不是自我缓慢加热的结果。你必须放火把自己点燃。"她的确将自己的主张付诸实践了。她欺诈性地烧掉了数亿美元，以推销一个完全无效的产品。

在硅谷，对霍尔姆斯的审判引发了一场辩论：既然她遵循了若干位科技公司CEO使用的剧本，为什么只有她一个人在公司陷入丑闻时面临起诉？她显然受到了风险投资高风险、高回报文化的鼓励。

反垄断，风向在变

2017年11月，谷歌、Facebook和Twitter的高管在参议院和众议院委员会调查俄罗斯干预2016年大选的听证会上背对背做证。南加州大学安纳堡创新实验室的名誉主任乔纳森·塔普林（Jonathan Taplin）观后说："马克·扎克伯格、拉里·佩奇、埃里克·施密特和谢丽尔·桑德伯格站在会议桌前，他们的双手像烟草大亨一样高举在空中。"[①]这是暗指在1994年的电视直播听证会上，烟草业高管做证说吸烟不会上瘾。

就在几年前，这样的比较还是不可想象的。成功的技术公司被广泛视为美国商业的典范，但如此盛况不再了。在2016年大选的背景下，被视为代表着自由的、无摩擦的、去中心的全球联系的社交媒体平台看起

① Tiku, Nitasha (Oct 23, 2017). "How Big Tech Became a Bipartisan Whipping Boy." *Wired*, https://www.wired.com/story/how-big-tech-became-a-bipartisan-whipping-boy/.

来像是破坏民主的工具。反垄断获得了民心，因而也成为华盛顿政客手里的一张牌。

美国众议院议员在2021年6月底提出了全面的反垄断立法，旨在限制大型科技公司的权力，并避免企业合并。[①]如果获得通过，这些法案将是几十年来对美国垄断法最雄心勃勃的更新。

法案共有五项，直接针对亚马逊、苹果、Facebook和谷歌及其对在线商务、信息和娱乐的控制。提案将使那些利用在一个领域的主导地位于另一个领域获得据点的企业更容易被肢解，将为收购新生的竞争对手设置新的障碍，并拨给监管机构更多的资金来监督科技公司。

该立法可能会重塑这些公司的运营方式。例如，Facebook和谷歌可能要满足更高的标准来证明其并购不是反竞争的。亚马逊在销售自己的品牌产品如电池、卫生纸和服装时可能面临更多的审查。苹果可能更难进入在其应用商店上推广的新业务领域。

众议院反托拉斯小组委员会主席大卫·西西林（David N. Cicilline）称："现在，不受监管的科技垄断企业对我们的经济拥有太多的权力。它们处于一种独特的地位，可以挑选赢家和输家，摧毁小企业，提高消费的价格并使人们失业。我们的议程将平整竞争环境，确保最富有、最强大的科技垄断企业与我们其他人遵守同样的规则。"[②]

这些法案得到了两党的支持，表明在美国，反垄断不力的判断来自左右两边。民主党人和共和党人指出，少数公司的主导地位是虚假信息

---

① "House Lawmakers Release Anti-Monopoly Agenda for 'A Stronger Online Economy: Opportunity, Innovation, Choice'." Jun 11, 2021, https://cicilline.house.gov/press-release/house-lawmakers-release-anti-monopoly-agenda-stronger-online-economy-opportunity.

② "House Lawmakers Release Anti-Monopoly Agenda for 'A Stronger Online Economy: Opportunity, Innovation, Choice'." Jun 11, 2021, https://cicilline.house.gov/press-release/house-lawmakers-release-anti-monopoly-agenda-stronger-online-economy-opportunity.

传播、劳动和工资不平等以及整个互联网上言论规则杂乱无章的根本原因。在过去十年中，数十项针对数据隐私、言论责任和儿童在线安全的法案均告失败。但最近一段时间，遏制最大科技公司主导地位的努力开始获得广泛支持。特朗普政府时期的司法部和联邦贸易委员会指责谷歌和Facebook的反竞争行为，并提起诉讼，预计政府和大企业的角力会持续多年。

2022年9月8日，白宫首次提出改革大型科技平台的六项原则，并表示，看到国会两党对美国主要科技公司严加管束的兴趣，感受到了鼓舞。

这六项原则，题为"加强竞争和科技平台问责制"，是在拜登政府官员当天早些时候与专家会面讨论"科技平台造成的危害和加强问责制的必要性"之后发布的。具体包括：促进技术部门的竞争；采取强有力的联邦隐私保护措施；对儿童进行更严格的隐私和在线保护；取消对大型科技平台的特殊法律保护；提高平台算法和内容审核决定的透明度；终止歧视性的算法决策。[①]

而在中国，反垄断的速度之快，令人眼花缭乱。2020年11月初，蚂蚁集团拟高调上市又突然暂停，之后同意将自己变成一家金融控股公司，受与银行类似的资本要求的约束。11月10日，国家市场监督管理总局抢在"双十一"之前出台《关于平台经济领域的反垄断指南（征求意见稿）》。12月11日，中共中央政治局会议首次出现"强化反垄断和防止资本无序扩张"的提法，并在随后的中央经济工作会议上再度重申。这一切标志着针对互联网公司的监管全面收紧。

2021年4月12日，监管机构对阿里巴巴涉嫌垄断行为处以创纪录的

① Shepardson, David & Bose, Nandita (Sep 9, 2022). "White House Unveils Principles for Big Tech Reform." Reuters, https://www.reuters.com/technology/white-house-holding-roundtable-big-tech-concerns-2022-09-08/.

182亿元罚款，并责令其改变商业行为。继阿里巴巴之后，4月26日，国家市场监管总局宣布，对美团实施“二选一”等涉嫌垄断行为立案调查。6月30日，滴滴在美国抢跑上市，引发了更大的互联网监管风暴，原因是政府认为，互联网平台数据安全风险暴露。7月10日，国家互联网信息办公室发布《网络安全审查办法（修订草案征求意见稿）》。相较于现行办法，征求意见稿涉及约15处修订，特别加入了“数据处理活动”和“国外上市”，多数新增内容为防范数据跨境潜在风险，重点强调相关市场主体境外上市的数据安全性。7月底，中国命令二十多家科技公司进行内部检查，解决数据安全等问题。早些时候，滴滴不得不将其主要应用程序和其他几款应用程序从智能手机商店中删除，因为它面临着前所未有的处罚前景。

7月10日，国家市场监管总局禁止虎牙与斗鱼合并，以防腾讯在游戏直播市场占据支配地位；7月24日，腾讯被勒令放弃独家音乐流媒体权利；其游戏随后也被重拳限制。8月底，一个严格新规出台，18岁以下青少年每周玩游戏时间最多为3小时，并且只能在周末和节假日进行。同时，在一项全面的命令中，家教领域的未来被重新定义；加强“饭圈”乱象整治也提上日程。

9月，工信部要求限期内各平台必须按标准解除网址链接屏蔽；同月，蚂蚁金服集团旗下的花呗宣布将与央行分享信用数据。10月29日，国家市场监管总局发布《互联网平台落实主体责任指南（征求意见稿）》，要求平台间享受同等的权利和机会，必须向其他平台的店铺开放。此后，主要平台纷纷做出回应。

10月8日，国家市场监管总局宣布，认定美团在中国境内网络餐饮外卖平台服务市场具有支配地位，且自2018年以来存在滥用其支配地位实施“二选一”的行为，对美团处以34.42亿元的罚款。10月29日，国家市场监管总局发布《互联网平台分类分级指南（征求意见稿）》以及前述《互联网平台落实主体责任指南（征求意见稿）》，明确了超大型平台的认定标准，并为超大型平台设立了公平竞争相关的多重义务。11月18日，国家反垄断局正式挂牌。

罚款、监管命令和强制重组纷至沓来。有多少反垄断行动是针对实际竞争损害的回应，又有多少是对大型公司的规模的不满、对科技新贵的傲慢的无法容忍，或者，更关键的，是出于对社会长期稳定的担忧，我们很难辨别。所有这些因素错综复杂，但有一点可以认识得非常清楚：如果说2008年是金融精英的梦醒时分，那么2021年就是技术精英的梦醒时分。

后真相时代，我们还能相信企业有价值观吗？

对于今天的企业来说，信任和真相是最重要的游戏。

后真相时代的企业实践

在德国，“后事实”（postfaktisch）一词被评为2016年的年度词汇。[①]它意味着人们既不需要事实，也不太关心事实；他们想要的只是情感和时髦，而不考虑实质和真相。

同年，《牛津词典》将“后真相”（post-truth）提名为年度词汇，用来描述“客观事实在形成舆论方面影响较小，而诉诸情感和个人信仰会产生更大影响”的情形。[②]

这让人想到了爱德曼公关公司（Edelman）每年一次的全球信任度调查。该公司调查四种关键机构的信任度，分别是政府、企业、非政府组织和媒体。也是在2016年，四种机构的信任度在全球范围内第一次跌破50%。[③]此后，各类组织的信任度虽有不同程度的回升，但人们整体而言依旧深陷愤世嫉俗而不能自拔。

---

① Kuper, Simon (Dec 9, 2016). “Dealing with post-truth politics: ‘Postfaktisch’ is Germany’s Word of the Year.” DW, https://www.dw.com/en/dealing-with-post-truth-politics-postfaktisch-is-germanys-word-of-the-year/a-36702430.

② Flood, Alison (Nov 15, 2016). “ ‘Post-Truth’ Named Word of the Year by Oxford Dictionaries.” *The Guardian*, https://www.theguardian.com/books/2016/nov/15/post-truth-named-word-of-the-year-by-oxford-dictionaries.

③ Edelman (Jan 16, 2016). “2016 Edelman Trust Barometer.” https://www.edelman.com/trust/2016-trust-barometer.

随着信任度的下降，大多数受访者现在缺乏对整个系统的信心，认为无论哪种机构都不会为自己好好工作。在这样的环境下，人们对社会和经济的发展方向疑虑重重，包括全球化导致的不平等、创新步伐加快引发的社会排斥以及社会共识与团结的瓦解。这些普遍的担忧很快就化作了恐惧，刺激了民粹主义的兴起，大众开始夺取精英的控制力。

在2018年的报告中，爱德曼公司写道："当我们开始2018年时，发现世界处于失去信任的新阶段：不愿意相信信息，甚至是来自我们最亲近的人的信息。对信息渠道和来源失去信心是信任海啸的第四波。

"机构的停泊点已经被之前的三波浪潮危险地破坏了：对全球化和自动化导致的失业的恐惧；大衰退造成了对传统权威人物和机构的信任危机，同时破坏了中产阶级；以及大规模全球移民的影响。现在，在第四波浪潮中，我们有了一个没有共同事实和客观真相的世界，即使在全球经济复苏的情况下也削弱了信任。"①

归根结底，普通民众对权威的普遍失信，是后事实、后真相状态的最强催化剂。对大企业来说，山雨已来，需要做好充分的准备，以应对后事实、后真相的攻击。

企业的经营环境正变得日益复杂，然而十分明显，企业很难在后真相状态下真正运作；真相是现代经济和组织运作所需的诚信和信任的基础。

令人遗憾的是，企业现在不得不学习在一个后真相的政治和社会环境中运作。商界人士将被迫忍受当前的政治风格所带来的不确定性和偏向民众喜好的政策。无论企业是否同意这些政策，它们也将一如既往地

① Edelman (Jan 21, 2018). "2016 Edelman Trust Barometer." https://www.edelman.com/trust/2018-trust-barometer.

最终为政策埋单。

在另一方面，当人们质疑真相的本质时，品牌又如何能够保持真实性？企业无不希望与消费者建立强大而持久的关系。这种关系一向是建立在信任的基础上的，但在后真相时代，品牌面临着一个严峻的挑战：现代生活中很多东西都是由不信任决定的。

许多企业与消费者的关系也因此开始处于摇摇欲坠的状态。企业不得不努力发出自己的声音，去诉诸消费者的情感和个人信仰，以维持自身的品牌基础于不坠。然而，公司的战略家们慢慢意识到，消费者越来越多地通过实际行为来判断品牌，而不是简单地相信它们所讲的故事。因此，品牌信誉更加需要建立在事实而不是虚构的基础上。

如何在强监管时代更好地处理与政府的关系，如何在消费者主权时代与消费者站在一起，这些都将十分考验企业的应对能力。然而真正的、长期的防御是使自己成为值得信赖的企业，这才会立于不败之地。这样的防御不能建立在照常营业的基础上，企业将不得不在价值观层面对自身展开一场灵魂拷问。

“裸体公司”

十几年前，在我们还没有深陷社交媒体而无法自拔的时候，加拿大商业观察家唐·泰普斯科特（Don Tapscott）就与人合作写过一本名为《裸体公司》（*The Naked Corporation: How the Age of Transparency Will Revolutionize Business*，2003）的畅销书，讲述了企业和其他组织面临的强制透明度。[①]作者相信，我们处在一个非同寻常的时代，企业必须让自己在股东、客户、员工、合作伙伴和社会面前清晰可见。财务数据、员

---

① Tapscott, Don & Ticoll, David (2003). *The Naked Corporation: How the Age of Transparency Will Revolutionize Business.* New York: Free Press.

工不满、内部备忘录、环境灾难、产品缺陷、国际抗议、丑闻和政策等，所有这一切都可以被任何了解应该去哪里看的人看到。而如果你要赤身裸体，最好具备足够的勇气。优秀的企业与诚实和开放的价值观之间从不存在矛盾。

从那时来到今天，无所不在的连接，随时随地的发布，意味着我们现在处于一个所有事情最终都会被记录在案的世界里。被记录和被看见，对企业来说，到底是挑战还是机会？恐怕就连世界上一些最大的公司都措手不及。

2010年英国石油公司（BP）在墨西哥湾的“深水地平线”深海钻油平台事故，给了这家石油巨头关于“裸体公司”的最生动教训。当美国国会迫使英国石油公司提供从墨西哥湾下5000英尺[①]的受损井口涌出石油的现场直播时，英国石油公司失去了对危机的控制。国会立即将实况转播到互联网上。世界各地的地质学家和退休的石油勘探人员在网上发表评论，分享他们的计算结果，并对英国石油公司关于有多少千桶石油泄漏的估计进行了致命的质疑。在那之前，美国当局一直在使用英国石油公司的估计。突然间，英国石油公司的可信度被击穿。至关重要的是，全世界都对英国石油公司失去了信任。

时任公司CEO的唐熙华（Tony Hayward）在2007年上任时，信誓旦旦地承诺“未来会像激光一般聚焦关注BP的全球营运安全”，[②]然而，墨西哥湾漏油事故显示，BP的企业文化过度强调经济效率而忽视员工安全及健康，以及相对应的社会责任。事件爆发初时，唐熙华竟然表示：“墨西哥湾是一片很大的海域。泄漏原油相较于那片海域的海水量，实在微

① 相当于1524米。

② Mills, Lauren (Jun 17, 2010). “BP CEO Tony Hayward’s Opening Response To U.S. Congressional Committee.” *The Wall Street Journal*, https://www.wsj.com/articles/BL-SOURCEB-8477.

不足道。”[1]在道歉时又说：“我比任何人都更希望此事尽早结束。我希望重新过上安生日子。”[2]在一场巨大的安全灾难之后，这样的表态是不折不扣的“公关灾难”。

BP的双重灾难表明，大型企业的唯我独断如果放任自流，可能发展到什么地步。它们把自己孤立起来，为了舒适和稳定而创造单一真相的环境。企业并不关心什么是真实的，而只关心自我的感觉，而它们控制接触多少真相和非真相的能力是有限的，因此增加了同周围世界有意的隔离。

唯我独断的毒害在于，它允许企业以单数来定义一切，把环境中多元的东西、大量的替代方案都变成其所忽视的噪音。泡沫内没有科学和证据，只有服从和天真的轻信。这种在多真相环境中追求单一真相的渴望，其被戳破有时仅需一枚小小的针。

后真相模式更关心的是让你感觉如何，而不管实际情况是什么。真相永远在那里，但它需要你认真扩大你的舒适区。今天，在政治、治理、软件设计和业务流程中，我们越来越多地听到一个短语的使用——根本性的透明（radical transparency），用于描述从根本上增加组织过程和数据的开放性的行动和方法。最初，人们将此理解为一种使用大量网络信息来访问以前机密的组织过程或结果数据的行为。由此来看，根本性的透明本质上是互联网造就的。在网络时代，如果你是首席执行官，必须想象自己时刻要像身处玻璃之后一样行事，试图隐藏任何东西都有可能变

① Webb, Tim (May 13, 2010). “BP Boss Admits Job on the Line over Gulf Oil Spill.” *The Guardian*, https://www.theguardian.com/business/2010/may/13/bp-boss-admits-mistakes-gulf-oil-spill.

② Lubin, Gus (Jun 3, 2010). “BP CEO Tony Hayward Apologizes For His Idiotic Statement: ‘I’d Like My Life Back’.” *Business Insider*, https://www.businessinsider.com/bp-ceo-tony-hayward-apologizes-for-saying-id-like-my-life-back-2010-6.

成一场高风险的赌博。

信任作为硬通货

对于今天的企业来说，信任和真相是最重要的游戏。2015年，马云回顾阿里巴巴创业历程时说，“在过去14年，每天我们做的事情，就是建立信任机制”。[①]根据《经济学人》的说法，“消费者的信任是所有品牌价值的基础，因此，品牌有巨大的动力来保留它”。[②]

如前所述，由于在世界上普遍存在对本国（地区）的政府、企业、媒体和非政府组织四类公共机构的信任度下降问题，毫不奇怪，一直有人呼吁重建信任。

联合国秘书长安东尼奥·古特雷斯（António Guterres）于2018年9月在联合国大会上致辞时警告说，世界“正在遭受信任赤字失调的糟糕情况”。他说，信任的丧失已经到了极点——对国家机构的信任，国家之间的信任，基于规则的全球秩序的信任。在国家内部，人们对政治体制失去了信心，两极分化在上升，民粹主义在前进。[③]

如此严峻的形势摆在面前，意味着全球社区必须采取积极的和预防性的措施，以重建政府、企业、媒体和非政府组织同民众之间的信任，否则世界各地的社会可能面临更大的混乱和冲突风险。

然而“重建信任”的说法不是没有问题的。首先，信任不是一个可以从字面上构建、破坏，然后重新构建的事物。信任好比一件珍贵的器

---

① 《马云：阿里永远要做第一位　十年后将超过沃尔玛》，搜狐科技，2015年1月28日，https://it.sohu.com/20150128/n408128674.shtml。

② Cozens, Claire (Sep 7, 2011). “Economist Makes Case for Brands.” *The Guardian*, https://www.theguardian.com/media/2001/sep/07/pressandpublishing.marketingandpr1.

③ “Secretary-General’s Address to the General Assembly.” United Nations, Sep 25, 2018, https://www.un.org/sg/en/content/sg/statement/2018-09-25/secretary-generals-address-general-assembly-delivered-trilingual.

皿，很容易打碎，却很难恢复。

其次，建立信任本身就需要信任。例如，仅以政治信任而言，其流失需要用更多的信任去加以弥补，否则将无法获得共识，以采取重建信任所需要的重大行动。

最重要的是，如同英国哲学家奥诺拉·奥尼尔（Onora O'Neill）所说：当我们呼吁重建信任时，其实不知道自己在说什么。“坦率地说，我认为重建信任是一个愚蠢的目标。我的目标是更加信任值得信赖的人，而不是去信任不信任的人。事实上，我的目标是积极努力不去相信不可信的人。”①

信任在人类历史上经历过三个篇章。最早的信任是本地信任，主要在熟人社区发挥作用，基于一对一的互动以及个人声誉。接下来是制度信任：当世界步入大规模的城市化并热切展开跨国贸易时，原有的本地信任无法扩展。为此，人类发明了一系列机制来确保陌生人之间的信任，从品牌、中间商，到保险、合同，乃至更完备的法律体系，它们相互支持，彼此补充，使得现代社会得以正常运转。

然而，我们为信任的变迁也付出了代价。多年来，人与人之间的信任关系日渐减少，而制度却变得越来越官僚化、集中化和不透明。这其中的要害在于：我们现存的制度信任不是为数字时代设计的；它主要是在工业革命期间发明的。它并不是为无人机、物联网、区块链、人工智能机器和共享经济时代设计的。

正如瑞秋·博茨曼（Rachel Botsman）在《谁可以信任？》（*Who Can You Trust?*，2017）一书中所强调的：“它不是为阿里巴巴、亚马逊、Uber或Airbnb时代设计的，而现在，供需双方可以互相发现，大家在平台上

---

① O'Neill, Onora (Sep 25, 2013). "What We Don't Understand about Trust." TED, https://www.ted.com/talks/onora_o_neill_what_we_don_t_understand_about_trust.

直接交易，从而消除了许多传统的中介机构。”[①] 也就是说，技术现在正在利用制度的力量并对信任进行重新分配，使我们进入了分布式信任的第三阶段。

顾名思义，分布式信任将权力从单一来源中夺走，并在众多来源中分担责任。最简单的思考方法是信任通过网络、市场和平台流动。由此，信任脱离了自上而下的机构，并通过充分运用技术而将其分散化。

在Airbnb和Uber等公司迅速兴起的过程中，我们已经看到分布式信任的力量。通过实施同伴评审系统，这些平台已经使亿万人做出曾经无法想象的“信任跳跃”：让陌生人住进你的家，或进入陌生人的汽车。借助分布式信任，我们也交换数字货币，或让自己信任一个机器人。

但问题在于，分布式信任似乎也总能把我们带往集中化的力量；早先的良好意图会变味。以亚马逊、阿里巴巴或Facebook为例，它们开始时构成一种商业或信息民主化的方式，但逐渐演变成为控制有价值的和敏感的数据的集中化庞然大物。就连博茨曼在礼赞了新型信任机制之后，也话锋一转：“在这个时代，我们变得越来越依赖于像Facebook和谷歌这样的信息平台巨头，它们已然成为网络垄断者。而在我们这方面，却还认为自己有权控制一切，从打车手段到约会方式，只需单击、滑动和轻按手机即可。”[②]

最终，新的信任范式面临着与旧信任范式相同的挑战。技术永远可能出错（是的，甚至是区块链）。一些人——和公司——总是试图剥削他人。如果没有健全和民主的问责机制来适应这个线上和线下生活日益融

---

① Botsman, Rachel (2017). *Who Can You Trust? How Technology Brought Us Together and Why It Might Drive Us Apart*. New York: PublicAffairs.

② Gray, Joanne (Jun 6, 2017). “Three Reasons Why the Trust Shift Threatens All Institutions: Rachel Botsman.” *Financial Review*, https://www.afr.com/work-and-careers/management/three-reasons-why-the-trust-shift-threatens-all-institutions-rachel-botsman-20170507-gvzsc4.

合的世界，我们就有可能将我们的隐私和安全交付给其他人、公司和人工智能，而它们可能并不像我们想象得那么值得信赖。

我们往往容易迷失在技术带来的兴奋之中，而常常看不到意外的后果。然而，把我们自己托付给这些平台的非预期问题，现在正开始逐步显现出来。由此，“平台责任”问题以及技术在其中扮演的角色，构成当今时代最关键的挑战之一。任何想成为平台的企业，都必须思考什么是平台的价值观。

成为世界上的“净积极”力量

说到平台价值观，让人很难不想到谷歌公司的著名口号：“不作恶”（Don’t be evil）。在谷歌执行董事长埃里克·施密特（Eric Schmidt）等人所著的《重新定义公司：谷歌是如何运营的》（*How Google Works*，2014）一书中，施密特写道：“‘不作恶’这句广为流传的谷歌口号其实并不只是字面上那么简单。没错，这句话的确真诚表达了谷歌员工感同身受的企业价值观与目标。但除此之外，‘不作恶’这句话也是给员工授权的一种方式。在做出决策时，谷歌的员工经常会以自己的道德指针作为衡量标准。”[①]

“不作恶”当然帮助了谷歌的成长，但施密特一语中的：这简简单单的几个字并不简单。不出意料，很多人首先会就谷歌对“恶”的实际定义提出疑问。施密特对此质疑的回答有一层言外之意：凡是对用户不利的事情就是“恶”，毕竟，“我们为用户而不是网站构建了谷歌”。[②]但这其实马

---

① 埃里克·施密特等：《重新定义公司：谷歌是如何运营的》，靳婷婷译，北京：中信出版社，2015 年，第 42 页。

② Greenslade, Roy (Sep 8, 2014). “Google Chief Says Search Engine Was ‘Built for Users, Not Websites’.” *The Guardian*, https://www.theguardian.com/media/greenslade/2014/sep/08/google-eric-schmidt.

上就会引来另一个问题：谷歌会认为哪些事情是对用户不利的呢？

对用户不利的，对谷歌来说，也是坏事。这听上去将企业的道德指南和业务利益指向了同一方向。但我们也很容易发现，谷歌对“恶”的看法是服务于自身目的的。如果谷歌认为自己为互联网用户提供了最好的服务，那么将这些用户引向谷歌的服务并不邪恶，即使如此行为是以侵蚀其他企业为代价的。

推动人们使用Google+？谷歌会说，这将比你使用吞噬数据、侵犯隐私的Facebook更好。获取Wi-Fi数据？它只是“被脱机分析以用于其他计划”——其后必定是为了用户的利益。谷歌积极避税？用户会受益，因为将有更多的钱被用于提供农村地区的互联网接入。用户隐私又怎么样？不少人对谷歌收集的数据量感到不舒服，但谷歌坚持认为数据收集仅用于改善服务，这也最终符合用户的利益。

所以，以上这些东西都不是邪恶的。可是我们，作为用户，为什么要相信谷歌呢？我们不信的原因是，我们不认可这样的逻辑：只要谷歌认为它没有做坏事，它就不会做坏事。谷歌对这个世界贡献良多，我的日常网络行为完全离不开它；但我作为它的一个重度用户，还是不喜欢这样的事情发生：谷歌有效地重新定义了“恶”——它认为什么是恶，什么就是恶。

公平地说，谷歌比起BP来说已然是巨大的进步。BP这样的公司仍然秉持错误的盎格鲁-撒克逊教条，即企业的目的是使股东价值最大化。这种教条相信，在商业中，人们主要从自利的财务角度来考虑人类的动机。首席执行官们应该受到股票期权的激励，为股东赚取尽可能多的钱，同时他们也将为自己赚取尽可能多的钱。在商业的几乎每一方面，人们都会确定简单的、可衡量的目标，并试图将自我利益与之挂钩。

然而，对股东和其他利益相关者进行中长期的价值优化，应该是一个经营良好的企业的结果，而不是其目的。正如英国经济学家约翰·凯

（John Kay）所说：认为企业的目的是使股东价值最大化，就好比说呼吸是生命的目的一样。[①]它是一个必要的要求，但不是目的。

相反，每个企业都需要定义自己的目的，即哈佛大学教授丽贝卡·亨德森（Rebecca Henderson）所说的“公司超越利润最大化的具体的、亲社会的目标或目的”。[②]或者，如哈佛大学另一位学者、著名的战略专家迈克尔·波特所强调的，企业通过为社会和股东创造“共享价值”来确保竞争优势的新途径。[③]

这个“共享价值”概念背后的关键想法是，企业竞争力和整个社会的健康可以相互依赖和加强。因此，利用社会和经济进步之间的联系，包括应对从气候变化到肥胖症的挑战，可能有助于在未来几年推动可持续的、包容性的经济增长和共享繁荣，并帮助企业重建合法性和信任。

英国石油公司前首席执行官约翰·布朗（John Browne）比他的后任唐熙华享有远为可靠的管理声名（唐熙华最终还是因为漏油事件下台了），他写了一本非常具有可读性和实用性的书，名为《连接》（*Connect*，2016）。[④]书中认为，企业要重获信任，与社会建立联系，需要做四件事：了解自身的物质影响，定义一个超越利润的社会目的，将世界级的管理技能应用于这一使命，以及从根本上与一系列不同的利益相关者接触，包括批评者。换言之，公司必须超越“一切照旧”的回音室。

---

① Confino, Jo (Nov 5, 2014). “Society Must Call Business Bluff on Its Fixation with Profit Maximization.” *The Guardian*, https://www.theguardian.com/sustainable-business/2014/nov/05/society-business-fixation-profit-maximisation-fiduciary-duty.

② Henderson, Rebecca & Van den Steen, Eric (May 2015). “Why Do Firms Have ‘Purpose’? The Firm’s Role as a Carrier of identity and Reputation.” *American Economic Review* 105 (5): 326-330.

③ Porter, Michael E. & Kramer, Mark R. (Jan-Feb 2011). “Creating Shared Value.” *Harvard Business Review*. https://hbr.org/2011/01/the-big-idea-creating-shared-value.

④ Browne, John, Nattall, Robin & Stadlen, Tommy (2016). *Connect: How Companies Succeed by Engaging Radically with Society*. New York: PublicAffairs.

谷歌的“不作恶”口号所反映的是，至少，企业需要了解自身对社会、环境和经济的影响，并积极地将不良影响降到最低：不造成伤害。然而，希望在无限的未来持续发展的企业，如果想实现在各种意义上的可持续发展，需要做的不仅仅是不伤害，而是寻求“净积极”影响。

“积极企业”所表现出来的行动是，不遗余力地专注于建立一种基于信任、透明和真实之上的声誉。至关重要的是，将企业的行为与客户、员工和合作伙伴的价值观紧密结合，积极向所有在企业成功中发挥作用的人展示其承诺和责任。重新设计新的经营和创新方式，从“少做坏事”转变为“做好事”（例如，从索取/制造/浪费的经济模式转变为再生方式，治愈社会和生命之网，而不是以短期利益的名义破坏生命和自然）。

当前潮流对企业的期待已不仅仅限于获利，社会责任正成为广为接受的标准之一。真正负责任的企业，会深思熟虑地、谦虚地、坚定地、有信念地成为积极的企业公民。唯有如此，它们才会成为抵御后事实与后真相的中流砥柱。

平台与治理

数字化过后，又怎么样？[①]

那个问题依然幽灵般地纠缠着我们：为了什么？——去向何处？——过后，又怎么样？

不妨想象一下，在肆虐全球的新冠疫情中，假如没有互联网，我们将会怎样度过这段日子？没有快递、外卖，没有游戏、视频，没有社交聊天，甚至是没有在线健身，你何以打发那一日复一日的漫长居家隔离？

新冠疫情标志着数字化的一个转折点。我们不是上网，而是活在网上。

回顾过去这两年多的时间，我们深刻地意识到，当疫情给许多事情造成停顿时，它却为数字化插上了翅膀。

数字经济：中国的位置

数字经济与数字产业已把大部分个体都带入一种全面数字化的生存状态。

据《第49次中国互联网络发展状况统计报告》，截至2021年12月，中国网民数量总计10.32亿，互联网普及率高达73.0%。网民人均每周上网时长达到28.5个小时，互联网深度融入民众日常生活。网络支付用户规模达9.03亿，网络购物用户规模达8.42亿，网上外卖用户规模达5.44亿。

---

① 感谢年欣对此文的贡献。

同年，我国建成全球规模最大的光纤和移动宽带网络。[1]

2019年，来自中国信息通信研究院的数据显示，过去十年，中国数字经济发展迅猛，数字经济产值从9.5万亿涨到了35.8万亿，占GDP的比重从20.3%上升到了36.2%，增长速度远远高于同期GDP。[2]2020年，我国数字经济规模进一步达到39.2万亿元，占GDP比重为38.6%，是同期GDP名义增速的3.2倍多。[3]

而根据中国（深圳）综合开发研究院技术团队预测，2020—2025年，中国数字经济年均增速将保持在15%左右，到2025年，数字经济规模有望突破80万亿，占GDP比重达到55%。到2030年，我国数字经济体量将有望突破百万亿元。[4]

当然，数字经济的统计可能有争议，因为使用不同的统计方法，会得出不一样的数据。一般而言，数字经济可以分为数字产业化和产业数字化两部分。

数字产业化就是数字技术带来的产品和服务，没有数字技术就没有这些产品和服务，例如电子信息制造业、信息通讯业、软件服务业、互联网业等，都是有了数字技术之后才出现的产业。产业数字化指的是产业原本就存在，但是利用数字技术后，带来了产出的增长和效率的提升，以及成本的降低。

---

① 中国互联网络信息中心：《第49次中国互联网络发展状况统计报告》，2022年2月25日，https://www.cnnic.net.cn/hlwfzyj/hlwxzbg/hlwtjbg/202202/t20220225_71727.htm。

② 中国信息通信研究院：《中国数字经济发展白皮书（2020年）》，2020年7月，http://m.caict.ac.cn/yjcg/202007/P020200703318256637020.pdf。

③ 中国信息通信研究院：《中国数字经济发展白皮书（2021年）》，2021年4月，http://www.caict.ac.cn/kxyj/qwfb/bps/202104/P020210424737615413306.pdf。

④《〈中国数字化之路〉报告发布》，深圳城事，2020年11月3日，https://xw.qq.com/cmsid/20201103A0HB0200。

在这两部分当中，产业数字化占大头，大约占数字经济的4/5，[①]所以要看使用哪个口径统计。

按照中国信息通信研究院的测算，中国数字经济已经进入世界十大数字经济指数最高的国家行列，名列第九。这个位置比中国的GDP、人均GDP、社会发展指数、创新的全球排序都要更高，所以我国是数字经济相对发展比较快的经济体。[②]

即使不讨论数字经济统计的口径问题，仅仅从消费者感同身受的数字经济为其带来的切实帮助以及造成的生活质量的提升来观察，我们对这一经济的整体发展也洞若观火。

今天讨论数字化，不仅仅是观察数字化在整个工作、生活、经济当中扩张的程度，或者对网络社会的建构程度，实际上我们关心的是，数字化本身已到达一个“去数字化”的阶段，变成了社会运行的底层逻辑。

因此，“数字化适应”成为摆在全社会面前的课题，就是要研究数字社会当中人们的适应力会怎样。这其中包括个体与信息世界的融合互动，机构和组织面对新的数字现实而展开的业务、文化和结构转型，以及数字化之后人在其中的生存境况与共同治理。

疫情让我们史无前例地将更多线下场景以数字化形式搬到线上，例如，电商直播将传统导购和供应链售卖以远端视频形式呈现，以此实现供货—直播—卖货的串联；在线教育和在线会议用云计算构筑线上教室与会场，让个体在数字空间中互动交流；疫情数据与健康状况可以通过大数据定位实时监测同步……这些新现象与新业态变革背后的结构性转变值得我们探讨，同时，何种力量催化了数字化发展、应该如何更好地

---

①《下个十年，数字经济将如何影响中国乃至世界？》，上观新闻，2020年12月11日，https://www.toutiao.com/article/6904767894253470216/?&source=m_redirect&wid=1655813056468。

②《江小涓：数字经济具有广阔的发展空间》，中国新闻网，2021年1月7日，https://m.chinanews.com/wap/detail/undefined/zw/9380533.shtml。

推动数字化变革，也是我们迫切需要关注的问题。

数字化与多主体共建

在建设信息高速公路过程中必然有人建“路”，有人供“货”，还有人造“车”。中国数字化的加速发展与升级从根本上并不依靠“一条腿”，当然也不可全然归于疫情，而是一个多主体共建的过程，由政府、企业、科研机构、公民等多方主体、多股力量互动完成。其中数字技术是连接多方主体的内核，各主体既是技术的使用者与需求方，也是技术的推动者与创新者，在与技术及其他主体的互动过程中，各自完成其在数字化进程中的一环。

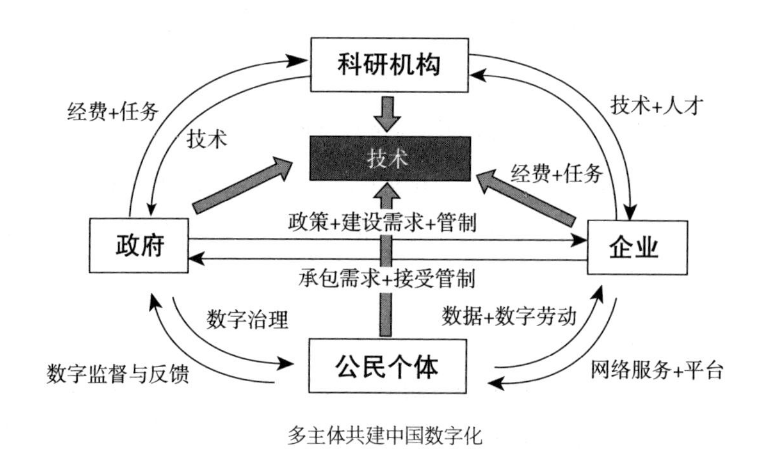

多主体共建中国数字化

技术基底：一种国家面向的数字建设

从1993年美国克林顿政府正式提出实施信息高速公路计划开始，政府就与数字化建设无法脱钩，数字化背后的每一次变革都离不开国家政策与战略的推动。过去二十余年中，从无到有肆意生长的中国互联网发展，更多希望从实力上超越作为互联网诞生地的美国硅谷。

一方面，信息基础设施与信息技术的发展作为一种与世界可对话的综合国力形式出现，数字化、信息化程度和国家的综合实力密切相关。正如威廉·米切尔（William J. Mitchell）所言："谋求保持经济上的竞争力和为居民提供高生活水准的国家将竞相启动国家信息基础设施项目，就像从前它们投资港口和舰队、铁路网和高速公路系统一样。当它们从事这一工作的时候，将不得不解决关于电脑化空间政治经济学的基本问题；它们找到的答案将在很大程度上决定它们将成为什么样的国家。"①

政府的作用体现在国家战略层面，如果没有政府的决策推动，就不会有良好的基础设施，政府在基础设施上起决定性作用。2021年，我国光纤化改造全面完成，截至2021年12月，互联网宽带接入端口数量达10.18亿个，其中，光纤接入端口达9.6亿个，占比94.3%。5G网络加快发展，截至2021年底，已累计建成5G基站142.5万个，5G移动电话用户达到3.55亿户。②伴随着"新基建"的决策与政策支持，大数据中心、人工智能、工业互联网、物联网等发展迅猛。③政府以基础设施建设驱动经济发展和竞争力提升，此种政策与战略导致中国在数字化进程上从20世纪90年代的落后者成为21世纪的极速先行者。

另一方面，国家致力于推动数字化，也意在以数字化作为当下社会的重要治理手段。政府不仅发挥互联网监管作用，也努力通过企业与公众互动的互联网模式实现政府的数字化与智慧化，从而完成国家治理体系和治理能力的现代化。从居民的疫情行程健康码到2020年初的"数字

---

① 威廉·米切尔：《比特之城——空间·场所·信息高速公路》，范海燕、胡泳译，北京：生活·读书·新知三联书店，1999年，第168页。

② 中国互联网络信息中心：《第49次中国互联网络发展状况统计报告》，2022年2月25日，https://www.cnnic.net.cn/hlwfzyj/hlwxzbg/hlwtjbg/202202/t20220225_71727.htm。

③《中国加快"新基建"进度》，《人民日报》海外版，2020年3月11日，http://www.cac.gov.cn/2020-03/11/c_1585471338842579.htm。

村庄”试点计划，[1]从各地大量的智慧城市实践到正在进行中的社会信用体系建设，政府以数字化形式将企业和公众从经济、社会生活、情感连接等多方面纳入社会治理网络中，并从政务微博、政务微信、政务抖音以及政府直播入手，试图建立一种通过网络与公众相连接的贴近性宣传和反馈系统。

在基层治理上，政府提炼出一整套的网格化管理方式，即将社区划分为若干责任网络，利用现代信息技术和各网格单元间的协调机制，实现“人、事、物、地、组织”等全要素融合，努力打造一种高效精准的社会治理新模式。在疫情期间，这种管理的威力每一位国人都深有体会。

而从顶层设计来说，国家提出运用大数据推进政府管理和社会治理模式创新，希望将传统的由经验驱动的决策方式转变为数据驱动。由此可见，政府有很大的动力，从经济和政治两个方面致力于社会的高度数字化。

企业为媒：经济转型中的数字主力

企业主体是所有数字化创新的来源，在数字化进程中扮演服务、设备与平台供应商的角色，也是多元数字化体验的创造者和数字化经济转型的践行者。面对数字化的纵深发展，企业主要关心两方面的“公地”问题。

首先是政治上的“公地”，即政治与安全风险。今天企业赖以运行的环境，本身就是政治决策的产物。[2]从美国对华为的限制到对TikTok的

---

①《后疫情时代，中国的数字化农民如何“栽种未来”？》，世界经济论坛，2020年11月3日，https://cn.weforum.org/agenda/2020/11/yi-qing-shi-dai-zhong-guo-shu-zi-hua-nong-min-ru-he-zai-zhong-wei-lai-wei-lai/。

② 胡泳：《尼葛洛庞帝之叹——打造“互联网公地”的探索》，《新闻记者》2017年第1期，第56—59页。

打压，数字化竞争日益加剧的环境下企业所面临的挑战不仅是技术与市场，还充满了政治与安全风险，企业本身的发展渗透成为国际政治博弈中的一环。在某种程度上，疫情促发价值链“国内化”趋势，以“保护本国企业”为名的企业与政府的绑定关系更进一步，企业不仅经受政策限制、接受政府监管，也乐于获得机会承接政府服务，疫情期间面向To G（government）的企业业务的增长足以显现这一点。

其次，企业也关注经济上的“公地”环境——例如，对基础设施或是人力资本的投入是否不足。基础设施的提升在中国经济增长中的重要作用很早就得到一系列经验研究的证实。[①]在数字经济中，与其他经济体一样，中国数字化程度最高的行业包括信息通信技术（ICT）、媒体和金融，这些行业正在迅速增加对数字基础设施的投资。例如，中国科技巨头对服务器的需求与巴西和韩国等国的国家整体需求一样大。[②]无论是阿里云成为奥运会的首个云服务商，还是腾讯云承办“云上广交会”，以及腾讯会议在疫情期间联通世界会议等，都显示出企业在不断改进提升它们赖以生存的数字化基础设施，以更快速度提供服务，从而在数字化竞争中取得胜势。

同时，有学者的研究表明，人力资本对中国经济增长的贡献厥功甚伟：在1978—2008年间占经济增长的38.1%，在1999—2008年间甚至

---

① Fleisher, Belton M. & Chen, Jian (1997). “The Coast-Noncoast Income Gap, Productivity and Regional Economic Policy in China.” *Journal of Comparative Economics* 25 (2): 220-236; Mody, Ashoka & Wang, Fang-Yi (1997). “Explaining Industrial Growth in Coastal China: Economic Reforms and What Else?” *The World Bank Economics Review* 11 (2) : 293-325; Démurger, Sylvie (2001). “Infrastructure Development and Economic Growth: An Explanation for Regional Disparities in China?” *Journal of Comparative Economics* 29 (1) : 95-117.

② McKinsey Global Institute (Dec 3, 2017). “Digital China: Powering the Economy to Global Competitiveness.” https://www.mckinsey.com/featured-insights/china/digital-china-powering-the-economy-to-global-competitiveness.

更高。然而近年来，中国的人力资本投入的使用效率有所下降，或者说物质资本和人力资本的分配不当加剧。[①]根据一项比较，中国公司在员工参与度上的投入非常少，仅为8%，而在世界其他地区，这一比例为29%。[②]

中国企业的数字化转型更强调外部因素而不是内部努力，这或许与中国竞争激烈的数字生态系统和动态的市场格局紧密相关。然而，有效利用人力资本以及提升人力资本的创造力，在中国下一阶段的数字经济增长战略中至关重要。技术破坏——数字化、自动化、智能化——迫使企业改变其工作方式。在这种环境下，领导者必须培养创新文化，通过加强员工参与度、职业流动性和技能提升的转型来带动员工队伍。将劳动力和工作予以现代化是在企业范围内创新的关键推动力。

与此同时，中国企业利用数字化转型作为展开差异化竞争、驱动收入增长、增强客户体验和赢得新客户的一种途径。企业发明了许多创新，在众多领域变成了全世界的领先者。例如，直播带货构成了中国电子商务的重大创新之一，依靠几种技术—社会趋势的自然融合——流媒体、网红、社交、智能手机、在线支付、物流——为消费品公司提供了一条通往消费者内心和钱包的新途径；社区团购，开发了一种进入特定的无法触及的用户群体、并将其购买过程完全数字化的方式，甚至在疫情中奇特地贡献了自己的社区建设力量；在线娱乐，不仅提供娱乐或可消费的文化产品，还引发了社交甚至生活其他方面的变化。这些都表明，中

① Whalley, John & Zhao, Xiliang (Dec 2010). "The Contribution of Human Capital to China's Economic Growth." National Bureau of Economic Research, Working Paper 16592, http://www.nber.org/papers/w16592.

② Solis, Brian (Jun 26, 2019). "The State of Digital Transformation in China Versus the Rest of the World." *Forbes*, https://www.forbes.com/sites/briansolis/2019/06/26/the-state-of-digital-transformation-in-china/?sh=60355a0e2577.

国企业具备灵敏的市场嗅觉，擅长为快速变化的消费者提供即时服务。

疫情的冲击让企业看到了加速新零售和以数字化形式超越时空距离实现转型带来的巨大红利，企业得以服务众多疫情催生的“网络有闲消费者”。正如2003年非典的大面积隔离让从事电子商务的阿里巴巴、当当等进入了“大跃进”，十多年后的疫情也推动更多互联网企业迅速扩张。

由于全民宅家，消费者与品牌的触点高度依赖于线上渠道，生活必需品的采购也都通过线上平台实现，如天猫、京东、饿了么等，使得实物商品网上零售额有较大幅度的增长。2022年1—2月份，全国网上零售额19558亿元，同比增长10.2%。其中，实物商品网上零售额16371亿元，增长12.3%，占社会消费品零售总额的比重为22.0%。[①]与此同时，基于网络用户注意力的经济争夺战在疫情期间愈发激烈，电商直播是其中最鲜明的例子。根据商务部数据，2020上半年全国直播电商超1000万场，活跃主播超40万，观看人次超500亿，[②]这背后呈现出的不仅是直播作为带货形式的火爆，更透露着各企业在疫情时代的同质化输出与变现焦虑，而电商直播在某种意义上以数字化出口的形式帮助商家缓解着这种焦虑。在线教育方面，因疫情影响，2020年，全国2.65亿在校生普遍转向线上课程。面对巨大的在线学习需求，行业呈现爆发式增长态势。数据显示，疫情期间多个在线教育应用的日活跃用户数达到千万以上。[③]

在线教育、电商等行业火热的同时，线下消费品、文旅、电影产业则寒意浓郁。这些行业在生存的压力下被迫进一步数字化转型，例如，

① 国家统计局：《2022年1—2月份社会消费品零售总额增长6.7%》，2022年3月15日，http://www.stats.gov.cn/xxgk/sjfb/zxfb2020/202203/t20220315_1828622.html。

②《上半年全国电商直播超千万场　网上“剁手”破5万亿》，人民网，2020年7月31日，http://finance.people.com.cn/n1/2020/0731/c1004-31804751.html。

③《疫情推动在线教育行业爆发式增长　用户规模已超4亿》，澎湃新闻，2020年4月28日，https://finance.sina.com.cn/stock/hyyj/2020-04-28/doc-iirczymi8766588.shtml。

消费品牌为了保持与消费者之间的交互，无论是建立消费者互动还是转化消费者购买意愿，都需要在线上复刻线下提供的体验。许多之前尚未起步或仍处在数字化转型初期的品牌都需要快速行动，以满足消费者的预期。总体来看，消费者的心智可能因为疫情形成不可逆的转变，无论是在消费品类还是消费行为上。[①]这也意味着，公众的消费，从线下购物到线下娱乐，都将会被进一步搬进电子设备里，更广阔的数字化网络空间有待企业全力打造完成。

产研共进：专门化数字化技术人才

第三个主体是科研机构。硅谷的兴起，离不开与斯坦福大学的合作。同样的，今天中国的科研机构与高校院所也需要建立起与产业园之间的密切联系，为数字技术发展提供强大的技术支持与转化出口。尤其当新的基础技术的挑战来到面前，我们就会发现，中国日益迫切地需要建立产学研联合运作的机制。例如，人工智能、芯片等设施的产学研一体化，可以加速技术从研究到落地的节奏。

从教育方面来讲，需要培养数字化时代的适配人才，这也是科研院校的重要意义所在。我们看到面向数字化的工具性培养作为一种社会基础教育模式正在出现，这种“顺应时代”的教育模式将为教育本身带来何种长远影响尚待观察，但显然，它为当前的数字化加速提供着源源不断的人力资源。

根据领英与清华大学经济管理学院互联网发展与治理研究中心联合发布的数字人才经济图谱报告《中国经济的数字化转型：人才与就业》，数字人才分布最多的城市为上海、北京、深圳、广州和杭州。成

① 埃森哲：《后疫情时代中国消费品行业如何迎接反弹》，2020 年 5 月 6 日，https://www.accenture.com/_acnmedia/PDF-126/Accenture-China-Covid19-PoV.pdf。

都、苏州、南京、武汉和西安等城市紧随其后；专业技术学科培养了绝大多数的数字专业人才，数字人才的专业背景主要集中在计算机科学、软件工程、电气和电子工程，工商管理专业成为非技术领域最重要的数字人才来源；对于中国的数字人才而言，当下需求最大的两项技能分别为项目管理和Java，而需求增长最快的两项技能分别为软技能和C++。①

当下互联网的普及要求各个行业的从业者都拥有“计算脑”与“网络心”，同时也以独特的魔力吸引中国的年轻人跻身互联网数字价值创造之中。在这个意义上，数字化生存也意味着对于原有生存规则的改写和以数字为全新标准的社会衡量标准的建立。

数字居民：互动交往在云端

2006年底美国《时代》周刊评选的年度风云人物是一个大大的“你”，打在无比简单的计算机初始屏幕上，其下以大字标题写道：“是的，就是你。你控制着信息时代。欢迎来到你的世界。”“你”在这里代表着互联网上的内容创造者，使用网络新媒体书写历史，不仅改变世界，也改变世界变化的方式，而在此过程中每一位普通人都是最重要的人物。②直到今天，活跃在各个网络社区，自由分享观点、自创数字内容、激发互联网服务的网民仍然是推进数字化生存的中坚力量。从门户网站到博客论坛再到平台社会，从PC到手机移动端再到可穿戴设备，上网变得简单而易得，而在体验过网络之后想要从网络中脱身也变得无比艰难，因为今天的数字居民已经完全实现了尼葛洛庞帝所说的“住在电脑里，

---

① 领英与清华大学经济管理学院：《中国经济的数字化转型：人才与就业》，2017年11月，https://economicgraph.linkedin.com/zh-cn/research/china-digital-economy-talent-report.

② Grossman, Lev (Dec 25, 2006). “You — Yes, You — Are TIME’s Person of the Year.” *Time*, http://content.time.com/time/magazine/article/0, 9171, 1570810, 00.html.

把它们穿在身上，甚至以它们为食”的状态。[①]

你可曾听说过“个人食品计算机”（personal food computer）？它看起来像一个鱼缸，形状和大小都差不多，但里面没有水。在这个两英尺[②]长的盒子里，经由发光的紫色LED灯照耀，莴苣和豆类植物会发芽，它们的根部没有泥土，被数字化控制的喷雾器喷洒。所谓个人食品计算机其实是一个微小的、节水的、有气候调节的农业系统，专为在狭窄拥挤的城市中种植食物而设计。它可以插入网络，因此所有的环境信息都会被输入一个数据库，农民可以看到植物得到多少水和光照，并利用这些数据调整他们的作物种植方式。如果这个装置能够加以推广，那么一个桌面大小的农场可以改变我们在城市种植食物的方式。[③]

另一方面，随着过半地球人口住在城市里，[④]世界将不得不面对如何让城市更适合人类居住这个问题。显然，21世纪我们将不仅居住在由钢筋混凝土构造的“现实”城市中，同时也栖身于由数字通信网络组建的“软城市”里。在某种意义上说，现在建筑物和城市都有了神经系统。我们正在迅速迈向一个有知觉的空间，它了解什么在其中进行。城市演变成为一种敏感的有机体，或者说，用机械隐喻来类比，就是一种能够响应人类需求的高度复杂的机器人。

对每一位个体来说，今天，以手机为主的移动设备几乎承载了一个

---

① 胡泳：《承认并庆祝人的境况——〈数字化生存〉中文版问世20年译者感言》，载《数字化生存：20周年纪念版》，胡泳、范海燕译，北京：电子工业出版社，2017年［1995年］。

② 相当于60厘米。

③ Hansman, Heather (Aug 3, 2015). “What Is a Personal Food Computer?” *Smithsonian Magazine*, https://www.smithsonianmag.com/innovation/what-is-a-personal-food-computer-180956085/.

④ 1950年，全球居住在城市里的居民只有7.51亿人，不到全球人口的三分之一。2019年，55%的人口居住在城市里，也即全球有42亿的都市人。见世界经济论坛：《2030年将成为超大城市的10座城市》，2019年3月6日，https://cn.weforum.org/agenda/2019/03/2030-10。

人包含银行卡、身份信息、生物特征数据在内的所有数据，其存在是对人本身的延伸，丢失则是对人生存的截断，脱离移动设备变得难以在现代社会中立足。暂离网络的不安成为常态，而这种不安的背后，不仅是传统社交方式的断裂与公众数字交往适应力的增长，也是数字居民对于数字技术源源不断地产生（或被引领产生）新需求并寻求主动融入的结果。公民具有网络交流的欲望与需求，各种社交软件工具接踵而至；公民具有在网络中展现自身的需求，美图秀秀、抖音等图片、视频工具赋予个体足够空间；公民需要更快捷更方便地获取商品，外卖、电商趁势而起……数字居民在网络空间中的多样化需求激励企业创造出各种新奇软件予以满足，这些门槛更低、卷入度更高的软件与技术吸引公众成为网络社区构造的一部分。“计算已不再是军队、政府和大企业的专利，它正在直接转入社会各阶层极具创造力的个人手中，通过使用和发展，成为他们创造性表达的工具。”[①]技术对个体的内化使得技术背后的数字逻辑化作个体的潜意识而存在，拿出手机拍一个短视频远比写一段文字更顺手。

大部分位居主流社会的公众成为数字化设备体验的高度参与者，然而，数字化生存的加速也存在另一面，即部分社会成员因被互联网排斥在外而无法享受数字化利益。到2021年12月，我国非网民规模仍达3.82亿。从地区来看，以农村地区为主，农村地区非网民占比为54.9%，高于全国农村人口比例19.9个百分点。从年龄来看，60岁及以上老年人是非网民的主要群体，总体占比为39.4%，较全国60岁及以上人口比例高出20个百分点。[②]被排斥的人群往往是最脆弱的人口，在数字化普及的今天，他们在出行、消费、就医、办事等日常生活中遇到极大的不便。甚至是

---

① 尼古拉·尼葛洛庞帝：《数字化生存：20周年纪念版》，胡泳、范海燕译，北京：电子工业出版社，2017年［1995年］，第77页。

② 中国互联网络信息中心：《第49次中国互联网络发展状况统计报告》，2022年2月25日，https://www.cnnic.net.cn/hlwfzyj/hlwxzbg/hlwtjbg/202202/t20220225_71727.htm。

一个健康码，就可能影响他们无法进出若干公共场所。

如尼葛洛庞帝所说，“人类的每一代都会比上一代更加数字化”。[①]尽管很多人担心信息技术会加剧社会的两极分化，使社会日益分裂为信息富裕者和信息匮乏者、富人和穷人，乃至第一世界和第三世界，但最大的鸿沟将横亘于两代人之间。[②]“当我们日益向数字化世界迈进时，会有一群人的权利被剥夺，或者说，他们感到自己的权利被剥夺了，如果一位50岁的炼钢工人丢了饭碗，和他那25岁的儿子不同的是，他也许完全缺乏对数字化世界的适应能力。”[③]

数字化一路高歌猛进之时，我们容易忘记那些受困于数字化，甚至为此变得寸步难行的群体：因不会或不方便上网而无法购买回家火车票的农民工，不用智能手机、无从出示健康码而被公交拒之门外的乘客，被打车软件变相剥夺了打车便利的非打车软件用户，不会操作APP而无法挂号和就医的患者，未作人脸识别而导致无法领取养老金的老人等……他们都属于“数字弃民”。如何解决这一问题已成为中国社会必须正视的要务。[④]

后疫情时代的数字化生存

在疫情时期，随着难以计数的人群习惯了社交隔离的新常态，我们的数字生活可能再也不一样了。从与远方家人的微信通话，到监督孩子的在线课堂学习，从跨越大洋的视频会议，到被迫实施的居家办公，从

---

① 尼古拉·尼葛洛庞帝：《数字化生存：20周年纪念版》，胡泳、范海燕译，北京：电子工业出版社，2017年［1995年］，第232页。

② 尼古拉·尼葛洛庞帝：《数字化生存：20周年纪念版》，胡泳、范海燕译，北京：电子工业出版社，2017年［1995年］，第61页。

③ 尼古拉·尼葛洛庞帝：《数字化生存：20周年纪念版》，胡泳、范海燕译，北京：电子工业出版社，2017年［1995年］，第229页。

④ 胡泳：《为“数字弃民”创造更多包容性干预措施》，《光明日报》2021年2月3日。

日用品的采买，到周末的疯狂刷剧，许多事情已然发生了变化，而且在大流行结束之后，相当一些习惯很可能会持续。

数字生活赶着填补社交隔离造成的空白，导致了一个后果：除了数字生活，别无其他生活。也就是说，没有人真正有机会离线生活。事情发展至此，数字化带来的解放开始出现一股专制的气味。

以往我们假设社会和经济中的某些服务必须是面对面提供的，而且需要在同一地点进行。以往我们强调数字化生存的可能性、新鲜感、适应性和开放度，并认为所有这一切都是技术带来的理所当然。现在，这些假设正在受到根本挑战。

所以，我们需要思考一个严肃认真的问题：在哪些地方，数字化这件事情已经变得不那么具有解放性，而开始产生一定程度的压迫感了？

在场与缺席

今天，数字化生存面临的重要考验之一是在场与缺席的混淆。

网络空间将原有的现实社会以比特形式复制和重塑时极速扩展，使我们仿佛打穿了虚拟与现实的界限，而实现了现场缺席和网络在场。个体可以在不在场的情况下通过网络媒介观看并参与他人的生活实践，这在疫情当中体现得淋漓尽致，为我们消除了距离带来的阻碍，从而维持了社会在非常时期的正常运转。但同时无法避免的困扰是，我们在现实中确实缺席，但在网络中是否真正在场？

在场与缺席的问题，本质上是对日常社会当中的一个重要维度——“场所”的颠覆。一个场所是可以从很多方面加以定义的。它具有历史性，处于社会关系之中，能够赋予人们身份。[1]换言之，一处场所是一个历史

---

① Auge, Marc (1995). *Non-Places: Introduction to an Anthropology of Supermodernity*. Trans. John Howe. London: Verso, 107.

性的地点，无法脱离其他场所共同构建的复杂的社会情境，正常的社会交往正是在这样的情境中发生的。

而现在的“场所”正在成为一个极其飘忽不定的东西。它们既不和我们建立关系，也没有历史，更和我们的身份无关。这和曼纽尔·卡斯特（Manuel Castells）指出的一个趋势非常相近：世界正在从“地方空间”（space of places）转向“流动空间”（space of flows）。前者指独特的、存在丰富的地理纽带和历史联结点的地方，后者指环绕着流动性而建立起来、缺乏地理纽带、具有某种无时间特性的空间组织。[①]

人们不再承认场所的意义，根系被切断了，象征被销蚀了，甚至时间也发生了变化，“流动的空间借由混乱事件的相继次序使事件同时并存，从而消解了时间，因此将社会设定为永恒的瞬间”。[②]

安东尼·吉登斯（Anthony Giddens）认为，现代化是“时空脱域”的过程，时间和空间被虚化，人和物从具体的时间和空间中解脱出来。[③]作为行动主体，一个人肯定位于某个地点。这样的地点是带有价值的，它使某些行为或某种生活成为可能或不可能。这些可能性或不可能性在构建成分不同的空间里彼此有别。无论是一个邻里社区，一座建筑物，还是一间房间，都不仅从身体上也从情感和心理上约束着人们。然而地点原有的这种基本的和整合的意义现在却被分裂成复杂、矛盾和没有方位的各个部分。

换言之，前现代的空间充满了地点标记，充满了社会实践，仅凭社

① 曼纽尔·卡斯特：《网络社会的崛起》，夏铸九等译，北京：社会科学文献出版社，2001年，第524页。

② 曼纽尔·卡斯特：《网络社会的崛起》，夏铸九等译，北京：社会科学文献出版社，2001年，第567页。

③ Giddens, Anthony (1984). *The Constitution of Society*. Cambridge: Polity; Giddens, Anthony (1990). *The Consequences of Modernity*. Cambridge: Polity.

会实践就可以辨别。而在现代，地点标记不见了，取而代之的是大大扩展的虚化空间。在这种空间里，我们看到的是通讯、信息、交通网络的变换，特别是电子媒介在物理环境中的无所不在。从许多方面来看，电子媒介在传统场所分裂的情况下，已经成了连接人类的最小公分母，不管我们是什么身份和“位置”。

当我们以技术为中介来替代以往的那种社会交往习惯之时，其实从某种意义上来讲，我们在返祖，即我们越来越趋向于原始的游牧民族——狩猎者、采集者与土地之间没有忠实关系，也绝少“地域感”，具体行动与具体场所之间缺乏紧密的纽带。①

在场和缺席的混淆还造成人们的注意力时间持续缩短，记忆广度也随之出现问题，走神或曰分心由此变成了一场日常搏斗。也许智能手机的霸权具有完美的进化意义：人类具有无法遏制的寻求信息的冲动。我们古老的食物觅食本能已经演变成信息觅食本能；这种本能提示今天许多人不断检查自己的手机并进行多任务处理。

UCLA的发展心理学家在传播学课上进行了一个测试，通常这样的课鼓励学生们在讲课时使用笔记本电脑，以便随时连接互联网和图书馆数据库，从而可以更详细地探讨讲课主题。测试是这样进行的：经由随机分配，允许一半学生打开笔记本电脑，而另一半必须关闭笔记本电脑。在课后的突击测验中，笔记本电脑处于关闭状态的学生比处于打开状态的学生回忆起来的材料要多得多。所以，许多大学在将教室联网以改善学习的同时，却似乎完全没有认识到多任务处理所导致的学习效果递减。②

---

① 约书亚·梅罗维茨：《消失的地域：电子媒介对社会行为的影响》，肖志军译，北京：清华大学出版社，2002年［1985年］，第305—306页。

② Lehrer, Jonah (Jun 6, 2010). “The Shallows.” *Wired*, https://www.wired.com/2010/06/the-shallows/.

分心和多任务处理的结果是，我们把时间和精力浪费在相对不重要的信息和互动上，保持繁忙，却没有什么价值。多任务处理者很难过滤掉不相关的信息，对他们来说，信息已然变成分心的事物，变成转移注意力的东西，变成一种娱乐的形式，而不再是赋权的工具和解放的手段。

界限与无界

当下数字化生存的另一显著特征是众多界限的消亡与新网络壁垒的形成——似乎看上去矛盾的现象同时存在。

首先是地理界限的消失：基于计算机的全球通信跨越了领土边界，创造了人类活动的新领域，并削弱了基于地理边界实施管制的可行性和合法性。当这些电子通信对地理边界造成破坏时，新的边界诞生，该边界由将比特的虚拟世界与原子的“真实世界”区分开的屏幕和密码组成。这个新的边界定义了一个独特的赛博空间，它需要并且可以创建自己的新制度与新秩序。

基于地理的立法和执法部门发现这种新环境具有严重威胁，力图使用传统规则来限制它。在很多情况下政府已经开始通过法律法规寻求控制网络内容和行为，不论它们是出现和发生在一国的领土之内还是之外。行使地理主权的国家可能会导致在所谓“无边界”的互联网中产生新边界，特别是可以使用快速发展的位置识别技术进行监管。从不同的价值观出发，网络政策会因国家/地区而异，从而很有可能将全球互联网细分为一系列区域的、国家的甚至本地的数据网络。

在另一端，赛博空间的参与者努力实施自治，抵御外部强大力量的规制，因为他们非常在意新的思想、信息和服务的数字化流通与交易。有企图扩张控制的力量，就有寻求将控制最小化或完全逃离控制的尝试。大数据试图绘制个人画像，而提供匿名或促进隐私的技术则对其予以抵抗。随着更大的平台（无论是公司或政府，其边界也变得模糊）行使其无所不包的权力，并更好地控制个人选择和行为，权力的集中化可能会进一步加强。

互联网也在很大程度上促进了社会平等。互联网的早期推动者将互联网视为平等的利器，一个修正现实世界的失败的机会。网络社会的确实现了让微小个体通过网络表达意见、发起行动，以草根力量战胜精英的互联网式平等主义。然而在近些年中，最成功的科技公司建立了一种新的经济体系，加剧了他们一心想替代的旧世界中最糟糕的部分。在本应该追求所有人的平等时，科技公司提供的许多技术却旨在为精英服务。与此同时，网络内部群体间壁垒愈发明显。我们常常看到，数字鸿沟的分裂带也是社会阶层与种族的分裂带，此外，年龄、教育程度、性别等的差异也不可忽视。

网络界限的消亡也表现在线上与线下的弥合。刘易斯·芒福德（Lewis Mumford）在《历史中的城市》（*The City in History: Its Origins, Its Transformations, and Its Prospects*，1961）中描绘的17世纪“家庭与工作场所的逐渐分离”正是当下数字化生存的反写。[①]今天家庭与工作场所以前所未有的方式融合在了一起，程序员、作家或者其他形式的“知识工人”在家中工作便利得多，而远程工作脱离时间与空间束缚后，无法以工作制而只能以成果的形式进行衡量，一个真正考验效率的数字化时代来临了，在效率中落后的后果则是更多工作时间侵占个人时间。也正是因为数字化，由钉钉等办公软件连接的个体可能每时每刻都处于工作状态之中。而同时数字劳动的界限也变得模糊，在一种消费与享受的体验中公众不自觉地成为维持数字世界运转的数字内容生产者与创造者。

---

① Mumford, Lewis (1961). *The City in History: Its Origins, Its Transformations, and Its Prospects*. New York: Harcourt, Brace & World. 中译本见刘易斯·芒福德：《城市发展史：起源、演变和前景》，倪文彦、宋俊岭译，北京：中国建筑工业出版社，1989 年。

除此以外，数据获取也成为无界的产物。当下数据比我们自身更了解我们，而个体的数据信息容易被凝结于各个平台之中，为了更清楚地辨别个体身份和更精准地了解个体喜好，以实现广告销售精准投放，平台方贪婪获取数据而缺乏限制，这让公众的隐私与信息保护长期处于“裸奔”状态。平台无界地捞取数据，建立在用户不得为自己的隐私设置界限的前提上。用户不出让自身数据权限，则无法使用平台提供的服务。尽管平台与用户签订“知情同意书”来表明数据的用途，但平台对此的履行程度可想而知：打开淘宝、今日头条、抖音，用户接触到的内容大都是平台经过数据匹配为个人提供的私人订制，在某种意义上，今天数字化生存的背后也是个人在大平台控制时代的生存。

有品质、有尊严的数字化生存

疫情期间，在线医疗、在线金融、在线教育、电子商务等新型业态带动数字经济振兴与蓬勃发展，数字化技术的发展为抗击疫情做出卓越贡献。智能医疗机器人代替了医护人员传送物品，远程医疗有效解决了一区专家资源不均匀和安全性等问题，疫情地图和人群追踪实现了可视化显示疫情与实时动态确诊，健康码将大数据技术和云计算相结合实现了个人和城市的数据化，让疫情风险管控有“码”可依，电商与直播带货让全国商品货物迅速实现流通，仿佛把一个全国性的农贸市场放在你的眼前……这些数字化成就不容忽视，但也要更清醒地思考，在中国数字经济“跑出全球数字基础设施‘装备竞赛’的中国‘加速度’”、搭乘“数字高铁”之类的表述以外，如何进行数字化善治以实现有品质、有尊严的数字化生存。

首要的任务是建立更加包容的数字化社会，打造一种无门槛的、无排斥的数字化治理体系，将社会中的每一个人以人性关怀的角度考虑进制度设计中，尊重每一群体在互联网时代的权益。比如，就老年人的数字排斥而言，如何加快制定法律法规，保护老年人在使用智能技术上的合法权益；建立“无码绿色通道”，采取替代措施；主动开展互联网适老化改造，提供“关怀模式”“长辈模式”的服务应用等，都是建立更具包容性的数字化社会的题中应有之义。互联网开放共享、扁平关联与协同互利的时代精神，理应对于每一个个体而言都是通用法则。

其次，数字化治理的全面推进带来了信用体系滥用、隐私安全等一系列问题。疫情时代我们无比深刻地感受到，被保护的同时也是被监控，政府与平台对于公民信息的数据提取应该在多大程度上受到限制？如何在信息公开透明的同时保护公民的隐私权？如何订立互联网信任的边界，界定新的社会规范？如何建立一种基于多方的数字信任？这些都是在今天的数字化蓬勃发展中我们尚未解决的问题，其本质在于，在技术的全面推进中，我们将人本身置于何种境遇。

尼葛洛庞帝说：“我们无法否定数字化时代的存在，也无法阻止数字化时代的前进，就像我们无法对抗大自然的力量一样。”[①]但神奇的是，在数字化日益决定我们的生存选择的情况下，我们却总要想办法突破数字化的樊篱，维护作为人所特有的主体性，以保护自身权利不被侵犯，以保证自己仍旧是自由的个体。

回想海德格尔（Martin Heidegger）所说：“当地球上最偏远的角落已经被技术征服，等待着经济开发；当任何你喜欢的事，在你喜欢的任何地方，按照你喜欢的任何时间，以你喜欢的任何速度传到你这里；当暗杀法兰西国王的图谋与东京的交响音乐会可以同时被人‘经历’；当时间除了速度、瞬时性、共时性就不再是他物，而且作为历史的时间已

---

① 尼古拉·尼葛洛庞帝：《数字化生存：20 周年纪念版》，胡泳、范海燕译，北京：电子工业出版社，2017 年［1995 年］，第 229 页。

从所有人的存在中消失不见；当一位拳击手被视为民族的伟人，当有数百万人参加的大型聚会被看成一大胜利——然后，是的，然后，在这些骚动之上，那问题依然幽灵般地纠缠着我们：为了什么？——去向何处？——过后，又怎么样？”[1]这也是当代数字化生存的疑问。

① Heidegger, Martin (2000 [1953]). *Introduction to Metaphysics*. Trans. Gregory Fried & Richard Polt. New Haven, CT: Yale University Press.

数字劳动的无眠

我们从不间断地劳动，进入了一种无眠状态。

2019年3月开始，中国IT界出现了一场声势浩大的反“996”运动。

“996”并不是一个新词。这种朝九晚九、一周六天的工作模式，起源于2000年左右。那时的无薪加班，帮助国内一些科技企业成长为行业巨头。但如今，“996工作制”变得日益普遍。几乎加入创业公司，就等于接受“996工作制”。

“996”不仅成为年轻人在职场上求职的默认规矩，为了让员工接受它，甚至还发展出了一整套话语体系，比如“年轻人不接受‘996’就是吃不了苦”。而互联网大佬马云和刘强东等对“996”的回应，基本可以概括为一个公式：“工作时间越长=工作越努力=回报越多”。

中国《劳动法》规定，中国实行劳动者每日工作时间不超过8小时、平均每周工作时间不超过44小时的工时制度，而这显然远远低于“996工作制”中一些人可能实际工作的72小时。

那么，中国的企业尤其是互联网企业，为什么会形成“996”常态？这一常态是从什么时候开始的？它是中国独有的还是全球普遍现象？

平台与数字劳动

互联网企业形成“996”常态，首要原因是这些企业大都采取了崭新的平台组织模式。如同世界经济论坛的报告所揭示的那样，现在商业的转型是从流水线、资源集中型、生产主导型的产业模式，转型到需求主导型、多边的产业模式。在旧模式中，规模是投资和发展企业内部资源的结果，但在网络世界中，规模来自培养建立在业务之上的外部网络。[①]也因此，企业内部的工作更形复杂，要求也更高。

如果说工业革命是围绕工厂来组织的，那么，在一种宽泛的意义上，今天的商业变化则是围绕数字平台来展开的。事实上，我们的经济正在发生一场重组，在其中，平台主似乎发展出远较工业革命时代的工厂主更为强大的力量。反映在劳动上，其正经历从传统的基于雇佣劳动的工厂制向基于隐性劳动的平台经济模式过渡。

什么是隐性劳动？女性主义学者阿琳·卡普兰·丹尼尔斯（Arlene Kaplan Daniels）于1987年最早提出“看不见的工作”（invisible work）一词，用以描述那些“无论其地位如何，都是艰难而又不得不做的工作”（意味着艰苦、无聊、棘手、麻烦、紧张）。[②]通常这样的工作落在谁手里呢？女性。

所以，隐性劳动特指那些在文化和经济上被贬值的女性无偿劳动，特别是家务和志愿工作。后来，这一概念被扩展到描述各类女性化的再生产劳动，如家政工作、情绪劳动和照护工作；也涉及更广泛的非再生产劳动，如“脏活”（dirty work）、性工作、残疾人的工作、数字劳动、后台工作等。[③]

说到“996”，需要特别讨论作为隐性劳动的数字劳动。数字劳动（digital labor）是一个复杂概念，不同的学者有不同的界说。如蒂齐亚纳·特拉诺瓦（Tiziana Terranova）以互联网用户无偿、自愿的网络行为

---

① 世界经济论坛：《“平台经济”已到，这是我们需要了解的事情》，2016年7月26日，https://cn.weforum.org/agenda/2016/07/d0a7429f-4103-4076-bb00-71b9cb87170d/。

② Daniels, Arlene Kaplan (1987). “Invisible Work.” *Social Problems* 34 (5): 403-415.

③ Hatton, Erin (Apr 2017). “Mechanisms of Invisibility: Rethinking the Concept of Invisible Work.” *Work, Employment & Society* 31 (2): 336-351.

所提供的“免费劳动”来界定数字劳动。[1]在朱利安·库克里奇（Julian Kücklich）于2005年基于对游戏模组（modding）的研究而提出“玩乐劳动”（playbor）的概念之后，[2]特勒贝·朔尔茨（Trebor Scholz）进一步指出，互联网上的休闲、娱乐和创造性的无偿活动，正在模糊劳动与玩乐的界限。[3]

朔尔茨在他的《工作优步化，工资却更少》（*Uberworked and Underpaid*，2016）一书中问道：“是什么激励了玩乐劳动和其他参与性的劳动追求？”他将Facebook、谷歌和苹果等公司将劳动负担推给消费者的方式形容为“为21世纪粉刷栅栏”，这与《汤姆·索亚历险记》（*Adventures of Tom Sawyer*）中的经典叙事相似。[4]由于用户被施加了某种期望，可以通过免费参与劳动享受技术的好处，动机和承诺的结果问题变得复杂起来。朔尔茨认为，这是一种欺骗性的策略，“看起来好像企业只是在帮助人们做他们本已热衷于做的工作”。[5]

克里斯蒂安·福克斯（Christian Fuchs）所认为的数字劳动则包括信息通信技术行业整个价值链上所涉及的各种劳动。和“996”相关的数字劳动，更近于福克斯的定义。福克斯2014年出版《数字劳动与卡尔·马

---

① Terranova, Tiziana (Summer 2000). “Free Labor: Producing Culture for the Digital Economy.” *Social Text* 63 (Volume 18, Number 2): 33-58.

② Kücklich, Julian (Jan 2005). “Precarious Playbour: Modders and the Digital Games Industry.” *The Fibreculture Journal* 5: 1-5.

③ Scholz, Trebor (2013). “Introduction: Why Does Digital Labor Matter Now?” In Scholz, Trebor (Ed.) *Digital Labor: The Internet as Playground and Factory*. New York: Routledge, 1-9.

④ 在马克·吐温的这部经典小说中，汤姆被大人强令粉刷栅栏，但他像所有孩子一样不喜欢干活。一份苦兮兮的惩罚工作怎么逃避呢？他想到了一个绝妙的主意，演绎了一个沉迷刷墙而无法自拔的“艺术家”。一句“有哪个男孩每天都有机会粉刷栅栏呢？”，成功吸引了其他男孩的注意。最后这些男孩都心甘情愿为汤姆刷起了栅栏，还为了争取这个“来之不易”的机会，特意送给汤姆一些礼物。

⑤ Scholz, Trebor (2016). *Uberworked and Underpaid: How Workers Are Disrupting the Digital Economy*. Cambridge UK: Polity.

克思》(*Digital Labour and Karl Marx*) 一书，认为数字劳动是以对劳动主体、劳动对象、劳动工具和劳动产品的异化为基础的。他区分了数字工作 (digital work) 与数字劳动，指出数字工作意味着借助人类大脑、数字媒体与表达对人类的体验加以组织，其方式是创造新产品，而数字劳动是数字工作的价值维度。马克思主义认为，资本主义是通过主流意识形态的强加来维持的。就数字媒体而言，福克斯将其意识形态描述为两种形式：社交媒体被呈现为一种参与文化和新民主形式；剥削被玩乐的外表所隐藏了。①

严格来说，"996" 不属于社交媒体上的用户劳动，它是可见的工作，为什么我们又说它同样属于一种隐性劳动呢？这是因为，"996" 所基于的是一种新的隐性劳动模式。

技术带来的自由成为新的奴役机制

常见的数字劳动，根本就没有特定的工作场所，其中最典型的例子是由一系列互联网活动构成的数字劳动，包括在线众包平台 (例如亚马逊的Mechanical Turk和维基百科) 使用的有偿和无偿劳动力，以及有商业目的的无偿在线活动 (如游戏、产品评论、博客和个人数据的录入)。数字劳动在空间上分散，它可以在任何地方进行，包括私人住宅、公共咖啡馆等；在时间上也是分散的，比如在传统朝九晚五工作的间隙，以及周末和假日。马里安·克莱恩 (Marion G. Crain) 等人在《看不见的劳动：当代世界的隐身工作》(*Invisible Labor: Hidden Work in the Contemporary World*，2016) 中将其称为 "离身劳动" (disembodied labour)。②

---

① Fuchs, Christian (2014). *Digital Labour and Karl Marx*. New York: Routledge.

② Crain, Marion, Poster, Winifred & Cherry, Miriam (2016). *Invisible Labor: Hidden Work in the Contemporary World.* Berkeley, CA: University of California Press.

但“996”作为一种特殊的隐形的数字劳动，它可能是有工作场所的，比如在相关的采访中，京东的员工表示“上下班打卡也更加严格，连KPI都比之前重了很多”；但也可能是没有工作场所的，比如允许带工作回家。它可能时间上是集中的，比如“996”本身就是一个工作时长概念；也可能是时间分散的，比如允许晚上班，早下班，但工作任务却不能因此稍歇。

这种劳动模式的变化，既与工作定义和劳动力变化的大趋势相关（比如，传统的工作与闲暇、劳动与玩乐、生产与消费的边界不断被消解；又如，伴随着网络数字平台的勃兴，劳动世界产生了新形式的关系，越来越多地由传统雇佣关系向纯粹市场交易关系转向。这虽然增加了劳动力市场的灵活性，但也使得大量劳动者的就业身份变得不明确，其权利保障日渐式微），也与互联网企业试图以最小的成本挖掘出员工的最大价值，从而使企业效益最大化的运营策略相关。

这其中不乏信息网络技术的支持。到了后工业化时代，互联网、移动通信和宽带设施的发展导致了工作地点的重新安置，在这一过程中重塑了工作的特性。这方面出现的四个重要变化是：在家远程工作的上升；移动工作的增加；知识工作在城市中心及其高科技“集群地”的汇聚；国际性劳动分工的形成。对这些变化，有的人用充满诗意的语言来描述，例如在以写作《虚拟社区》而知名的霍华德·莱因戈德（Howard Rheingold）的笔下，到处都是田园般的“电子小屋”（electronic cottage），[1]远程工作的专业人士充分享受高科技的好处，摆脱了每天上下班的烦恼，保持了和家人的接触，在工作中获得了更大的自主权。

事情其实没有这么简单。可以拿到传统工作地点以外从事的工作主

---

① Rheingold, Howard (1993). *The Virtual Community: Homesteading on the Electronic Frontier*. Reading, MA: Addison-Wesley.

要有两类：一是重复性的、低技术的数据输入和文案工作，二是高度复杂的“符号分析”工作，如撰写报告等。从事前一种工作的人收入不高，没有福利，也很少受法律保护，不会享受到传统工作场所提供的社会关系、培训、个人晋升。对他们而言，与其说是生活在惬意的“电子小屋”中，不如说是在高科技的“血汗工厂”里挥汗如雨。

与之相对照，从事后一类的专业人士往往受过完备的教育，能够自我做主，在远程工作中享有相当程度的创造性，也拥有较高的社会地位。但归根结底，这些人和前一类人也不能被完全区分开来，两者都面临着工作/生活的平衡问题。在家工作加重了劳动负担，因为“在家”，所以需要同时承担工作与家务的双重负担；同时，原本可以全身心放松的下班时间，也因为工作进入了家庭而延长了实际工作的时数，使人长期处于超负荷的工作状态之中。个人如果缺乏良好的时间管理和自律能力，往往会把自己的生活弄得一团糟。

虽然信息技术一直被指可以促进知识工作者在工作和生活间达成平衡，但现实情况却是，远程工作者所感受到的压力与挫折与日俱增。这源于通信和信息技术所导致的不间断的生产，人们现在拥有了“24/7”的时间观。乔纳森·克拉里（Jonathan Crary）的精彩著作《24/7：晚期资本主义与睡眠的终结》（*24/7: Late Capitalism and the Ends of Sleep*，2014）分析了当代全球资本主义系统无休止的需求。这本书的核心论点是清醒和睡眠的界限正在被侵蚀，与之相伴的是一系列其他重要界限的消失，比如白天与黑夜、公共与私人、活动与休息、工作与休闲。[1]电子邮件、社交媒体、在线娱乐和网上购物的流行、无处不在的视频对注意力的吸引都发挥着重要作用，人们进入了一种无眠状态，从而令人类生

---

① 乔纳森·克拉里：《24/7：晚期资本主义与睡眠的终结》，许多、沈清译，北京：中信出版社，2015年［2014年］。

活进入一种普遍性的无间断之中，受持续运作的原则支配。不限时间地点的网上工作本来被看作是一种自由，现在却被发现只是一种新的奴役机制。

数字泰勒主义打造的新车间

在数字技术之前，人类社会就已处于极端异化的边缘。我们搭建了一个自我耗尽的经济体系，越来越多地建立在不断的消费和对劳动力的剥削上。

然后，数字技术在20世纪晚些时候出现，创造了一个以不同方式做事的机会。它提供了找回人的共同空间的可能性，开创了崭新的分享和联系的方式。凭借这些，本可以建立一个不纯粹基于资源和资本开采的经济。

但事与愿违，数字技术被用来加倍发展旧式的工业主义。工业主义的特点即总要把人从等式中剔除。装配线和自动化将工人与他们所创造的价值分开。企业主只考虑流程的需求而无视工人的个体需求，在提高经济效率、特别是劳动生产率的同时，却剥夺了工人工作的意义感。"工人被视为机器上的一个齿轮，这是理所当然的。"[①]

这种情形我们很熟悉，它的代号叫作"泰勒制"。弗雷德里克·泰勒是20世纪初最具影响力的管理大师。他的《科学管理原理》(*Principles of Scientific Management*，1911)是第一部管理学巨作。[②]其追随者包括亨利·福特(Henry Ford)和弗拉基米尔·列宁(Vladimir Lenin)，后者将科学管理视为社会主义的基石之一。泰勒的吸引力在于他承诺管理可以成为一门科学，提高工人生产力的最好方法是接受三条原则：将复杂的

---

① Rosen, Ellen (1993). *Improving Public Sector Productivity: Concepts and Practice*. Thousand Oaks, CA: Sage Publications, 139.

② 弗雷德里克·泰勒:《科学管理原理》，马风才译，北京：机械工业出版社，2007年[1911年]。

工作分解成简单的工作；衡量工人所做的一切；将薪酬与绩效挂钩，向成绩好的人发奖金，解雇迟钝的工作者。

有了数字技术之后，泰勒制并未消失，我们开始了数字泰勒主义，也可以称为新泰勒主义，它是对经典泰勒主义的一种数字化的现代诠释。泰勒制的这个新版本以前述良好管理的三个基本原则为出发点，但利用数字技术为其增压，并将其应用于更广泛的员工——不仅仅是泰勒眼里的产业工人，还包括服务人员、知识工作者和管理人员本身。

数字泰勒主义的基础是通过标准化和常规化的工具和技术来完成特定工作中的每一项任务，从而实现效率最大化。数字泰勒主义也涉及管理层使用技术来监控员工，并确保他们在使用这些工具和技术时达到令人满意的水平。在泰勒的世界里，管理者是创造的主宰。而在数字世界中，就连他们也化作企业巨大计算机中的小部件。

我们可以把数字泰勒主义的主要特点总结为四个：标准、机械、不灵活和精确。

管理部门将每项任务分解，并将完成该任务应遵循的确切程序标准化。这样一来，整个工作的完成就变成了一个机械化的、类似机器的过程。每位员工都完全按照管理层的指示来完成他们的任务，类似于一台已被编程的机器，以特定的方式执行特定的任务。如果其中一位出了问题，他们就会被替换掉，就像机器上的一个坏掉的零件。

数字泰勒主义的标准性，目标在于精确性。由于每个人都以预先确定的方式进行操作，它增加了可预测性和一致性，同时限制了错误。员工的每一个动作都有可能被老板监视、研究和控制，这导致了更多的工作测量。例如查尔斯-施瓦布经纪公司（Charles Schwab）的技术支持呼叫中心的技术人员必须在8点过后7分钟内登录计算机化的电话系统，否则就会被一个称为“团队领导”的主管骚扰。一旦电脑启动并运行，会出现一条信息，宣布前一天的“生产率分数”，其形式是将所有30名技术人员的表现从最好到最差进行排名。技术员们被安排在一簇簇的隔间里，在一系列巨大的高架电脑屏幕下工作，屏幕上显示着每个人的名字和每分钟的工作效率排名。①

这就是新车间的生活，在这里，监控和持续的心理压力使员工们工作起来格外卖力。通过使用不同的技术，数字泰勒主义允许管理层更精确地监控他们的下属。一些组织使用监控系统来监视员工，工作场所的监控比例在持续增长。根据美国管理协会的数据，80%的美国大公司对员工的互联网使用、电话和电子邮件进行监控，其中金融业的公司格外警觉。②这一切都是为了确保员工在任何时候都在执行任务，从而令工作中的一切都以最有效的方式完成。

数字泰勒主义的最佳奉行者可能是亚马逊，在这家互联网零售商工作的员工，其表现会受到各种复杂评判体系的衡量。不同的团队会在每周或者每月接受业务测评。会议开始前一两天，员工们会收到打印的测评结果，有时候它们会长达五六十页。开会过程中，员工们会被冷不防地点到名字，或是被问及有关测评的各种细节。在测评中，"我们不太确定"或"我会再给你答复"等这样的解释是不可接受的。一些经理有时会直截了当地说"蠢透了"或"不用解释了"。员工抱怨这样的测评会挤占很多工作，但他们也承认，业务测评迫使他们紧盯业务指标，也更了解自己任务的细节。③

① Parenti, Christian (2001). "Big Brother's Corporate Cousin: High-Tech Workplace Surveillance Is the Hallmark of a New Digital Taylorism." *The Nation*, 273 (5): 26-30.

② George, Hannah (Jan 2018). "How Much Employee Monitoring Is Too Much?" American Bar Association, https://www.americanbar.org/news/abanews/publications/youraba/2018/january-2018/how-much-employee-monitoring-is-too-much-/.

③ Kantor, Jodi & Streitfeld, David (Aug 15, 2015). "Inside Amazon: Wrestling Big Ideas in a Bruising Workplace." *The New York Times*, https://www.nytimes.com/2015/08/16/technology/inside-amazon-wrestling-big-ideas-in-a-bruising-workplace.html.

随着秒表管理不断征服新的领域，绩效工资也是如此。公司越是依赖其员工的脑力，就越是要用高薪和股票期权来奖励他们最优秀的人才。比尔·盖茨指出：“一个伟大的车床操作员的工资是普通车床操作员的几倍，但一个伟大的软件代码作者的价值是普通软件作者的一万倍。”[①] 包括亚马逊在内的许多公司对他们表现最差的员工也采用了同样的达尔文逻辑，在一个被称为“评级和封杀”（rank and yank）的过程中，定期对工人的生产力进行评级，那些未能达到数字指标的人通常被排斥在绩效加薪或奖金发放计划之外，有些人甚至丢了饭碗。

评级导致员工都想赢，所以每个人都在不停地工作。亚马逊在其仓库中使用电子游戏来激励员工，这些游戏可以追踪产量，并让工人相互竞争，促使他们更快地行动。[②] 玩乐劳动就这样以游戏化的方式潜入正式工作。

如此逐步升级的标准化将精确度提高到前所未有的水平，但这种不灵活的方式往往会抑制组织内的创造力和成长。例如，微软是强制排名体系的实行者，而批评者认为，其近年来竞争力的退化与员工之间缺乏创意分享有莫大的关系。美国智睿咨询有限公司（DDI, Development Dimensions International）总裁罗伯特·罗杰斯（Robert Rogers）在其著作《实现绩效管理的承诺》(*Realizing the Promise of Performance Management*, 2005）一书中这样评价“末位淘汰制”的管理实践：“它往往会造成损害，同时导致人们的行为发生变化，但不是朝着好的方向。”[③]

---

① “Digital Taylorism.” *The Economist*, Sep 10, 2015.

② Bensinger, Greg (May 21, 2019). “‘MissionRacer’: How Amazon Turned the Tedium of Warehouse Work into a Game.” *The Washington Post*, https://www.washingtonpost.com/technology/2019/05/21/missionracer-how-amazon-turned-tedium-warehouse-work-into-game/.

③ Rogers, Robert (2005). *Realizing the Promise of Performance Management*. Bridgeville, PA: DDI Press.

现代版“科学管理”或使工作场所失去人性

一旦我们决定，数字技术将被用来进一步服务于从劳动力中提取价值，并操纵消费者购买他们不需要的东西或施行不符合他们最佳利益的行为，我们就创造了一个比以前更糟糕的怪物。而在现实中，这头怪物还在一天天长大。

技术允许把分工应用于更广泛的工作：像Upwork这样的自由职业平台将文案工作切割成常规任务，然后外包给自由职业者。技术也使时间和动作研究达到了新的水平。企业办公通讯平台改善工作流程的效率，并建立了老板与员工之间的直接沟通，但也帮助老板更好地掌握了员工的行动轨迹。包括Workday和Salesforce在内的几家公司生产的同行评议软件，将传统的绩效评估从每年的仪式变成了永无止境的试验。麻省理工学院的阿莱克斯·彭特兰（Alex Pentland）发明了一个“社会测量标牌”（sociometric badge），悬挂在胸前，可以测量说话的语气、语速、手势和说或听的倾向等。据称，这种交互测量装置并不去记录谈话的“内容”，而是通过这些参数来刻画谈话者之间的关系。[①]特纳建筑公司（Turner Construction）使用无人机监测它在加州建造的一个体育场馆的进展。摩托罗拉公司生产的终端绑在仓库工人的手臂上，帮助他们更有效地完成工作，但也可以用来监视他们。

然而，技术的发展是双向的。从长远来看，智能机器的崛起可能会使泰勒主义（无论新老）失去意义：既然机器可以做得更多，为什么还要把工人变成机器？玻璃门（Glassdoor）等职场点评网站的兴起，让员工有机会对他们的工作场所进行评价，这可能意味着那些把员工当作单纯的“肉件”（meatware，模仿软件和硬件而造的词，喻指计算机系统中

---

① 阿莱克斯·彭特兰：《智慧社会：大数据与社会物理学》，汪小帆、汪容译，杭州：浙江人民出版社，2015年。特别参见第三章“参与：强化社群的合作与互动”。

的人类元素）的公司可能会在争夺无法被机械化的人才的战争中落败。彭特兰的社会测量标牌也产生了一些反直觉的结果，例如在对美国银行呼叫中心的80名员工的研究中，他发现最成功的团队是那些花更多时间做他们的经理所不乐见的事情——彼此聊天的团队。

即便如此，数字泰勒主义看起来将成为比其模拟前辈更强大的力量。今日商业世界的大部分基调是由那些驰名的技术公司定下的，而它们无一例外都在拥抱它。投资者似乎也喜欢泰勒主义。亚马逊的股价在《纽约时报》的长篇曝光报道[①]刊出后一路攀升。

谷歌每年从300万名求职者中招聘几千人，并不断对其员工进行五分制评级。这家硅谷公司是应用行为科学提高知识工作者生产力的先行者。与经典的科学管理及精益管理等方法不同，在谷歌更流行助推管理（nudge management）的概念，即让个人与其决策过程直接相关。助推管理的要旨是，与其理性地说服员工，管理者可以给他们一个选择，并将他们导向正确的方向。由于选择是自我做出的，员工更有可能以更好的表现完成任务。

谷歌的“人员分析”项目（people-analytics programs）聚焦优秀管理者的特质以及如何促进更好的团队合作等问题，意在提炼某种数据驱动的洞察力。通过使用人工智能对员工调查进行挖掘，可以确定一两个可能对提升工作队伍的幸福感产生最大影响的行为变化。然后，再使用电子邮件和短信来“催促”个体员工采取小的行动，以推进更大的目标。[②]

---

① Kantor, Jodi & Streitfeld, David (Aug 15, 2015). “Inside Amazon: Wrestling Big Ideas in a Bruising Workplace.” *The New York Times*, https://www.nytimes.com/2015/08/16/technology/inside-amazon-wrestling-big-ideas-in-a-bruising-workplace.html.

② Wakabayashi, Daisuke (Dec 31, 2018). “Firm Led by Google Veterans Uses A.I. to ‘Nudge’ Workers Toward Happiness.” *The New York Times*, https://www.nytimes.com/2018/12/31/technology/human-resources-artificial-intelligence-humu.html.

然而，不论这种数据驱动的人事管理背后有多么高大上的经济学理论支撑［它基于经济学家理查德·塞勒（Richard Thaler）获得诺贝尔奖的研究，即人们经常因为什么更容易而不是什么最符合他们的利益而做出决定，同时，一个适时的鼓励能促使他们做出更好的选择］,[①]员工们难以消除一个疑问：这些助推对其有利还是带有操纵性？

助推很可能会促使员工采取有利于雇主利益而非自身利益的行为。因为公司才是唯一知道鼓励的目的何在的一方。设计助推的个人无疑是将自己的利益放在首位的人。

不管怎样，技术的发展正在产生越来越复杂的衡量和监测人力资源的方法。泰勒主义的经理们正在将甜味和苦味混合在一起。对工作全力以赴的亚马逊员工获得了"亚马逊机器人"（Amabots）的称谓，他们似乎很乐意忍受日常的微观管理，只要在年底能得到一笔不错的奖金。管理的最基本的公理是，只有被测量的东西才会被管理。因此，测量技术越是进步，我们就越是会把权力交给弗雷德里克·泰勒的继任者。

---

① 理查德·H. 泰勒、卡斯·H. 桑斯坦：《助推：我们如何做出最佳选择》，刘宁译，北京：中信出版社，2009 年［2008 年］。

网络就是元宇宙，但也可能是新瓶装旧酒

人们是否真的想在一个身临其境的虚拟模拟中度过他们的大部分生活？

在前互联网时代，曾经有一个充满玄机、日后被证明是惊人预见的口号——太阳微系统公司的创始人之一约翰·盖奇（John Gage）在20世纪80年代中期提出："网络就是计算机"（The Network is the Computer）。[①]

用了二十年时间，业界才认识到这句话的力量。江湖传言，在大型机诞生的年代，IBM的托马斯·沃森（Thomas Watson）做过一个贻笑后人的预测，他说："世界上只需要五台计算机。"据考证，沃森并没有说过这句话，[②]但在计算机发展的早期，不止一位专业人士的确是这样想的。我们现在都知道他们错了。

从那以后，市场上卖出了数以亿计的个人计算机。但大家搞错了错误的方向。这个预测的错误在于：把计算机的数量夸大了四倍。上网工作时，我们仅需要使用一台能量可无限扩充的庞大计算机。

2019年，盖奇回顾说："当我们建立太阳微系统公司时，我们制造的

---

① Graham-Cumming, John (Jun 11, 2019). "The Network is the Computer: A Conversation with John Gage." Cloudflare, https://blog.cloudflare.com/john-gage/.

② "Urban Legend: I Think There Is a World Market for Maybe Five Computers." Geek History, https://geekhistory.com/content/urban-legend-i-think-there-world-market-maybe-five-computers.

每一台计算机都以网络为核心。但我们在三十多年前只能想象，今天数十亿的联网设备，从最小的相机或灯泡到最大的超级计算机，都在一个分布式全球网络上分享它们的数据包。”

在这台超能量的庞大计算机上，我们开始做各种各样的事情。但人类的需求永不餍足。我们现在觉得这台计算机不敷使用，我们想改造它，超越它，用最新的技术，以前所未有的方式。现在，是时候提出一个新的口号了：“网络就是元宇宙”（The Metaverse Is the Internet）。

元宇宙是什么

科技巨头们纷纷忙于建立“元宇宙”（metaverse），他们都声称，元宇宙是互联网的未来，用业界术语来说，元宇宙代表着互联网的一个迭代，或者，互联网的下一个版本。

元宇宙到底是什么？如果你看过电影《头号玩家》（*Ready Player One*，2018），大概对科技公司预言的互联网下一个大事件有点感受。

电影主角在预告片中说：“人们来到OASIS（绿洲，电影里虚拟现实宇宙的称呼）是为了他们能做的所有事情，但他们留下来是为了他们能成为的任何人。”一些受科幻启发的科技公司CEO说，不久的将来，我们都将在一个互动的虚拟现实世界中游荡，就像电影中的人物一样，游戏、冒险、购物，以及从事千百种有趣的行为。

你会问，那元宇宙与今天的虚拟现实有什么不一样？AR/VR技术被提出都已若干年，可是我们知道，笨重的头盔仍然只能提供孤立的体验，玩家很少有机会与拥有设备的其他人进行交叉游戏。相反，元宇宙将是一个巨大的公共网络空间，将增强现实和虚拟现实结合在一起，使化身（avatars）能够从一个活动无缝跳到另一个活动。

“元宇宙”一词是科幻作家尼尔·斯蒂芬森（Neal Stephenson）在1992年的反乌托邦小说《雪崩》（*Snow Crash*）中创造的。在小说中，元宇宙指的是一个沉浸式数字环境，人们在其中凭借化身展开互动。前缀“meta”意味着超越，“verse”指的是宇宙。科技公司借用这个词来描述互联网之后的东西，它可能依赖也可能不依赖VR眼镜；作为一个集体共享之物，它由多个持续的、三维的虚拟空间组成，彼此链接为一个可感知的虚拟宇宙。

其实这听起来很傻，有点像在90年代初谈论万维网，或者更像Web 2.0时期，人们一度热衷开辟《第二人生》(*Second Life*)。但元宇宙不是静态的网页，也不是单纯的虚拟世界，而似乎是要把观者推入一个身临其境的游戏般的世界。

有一天，元宇宙可能会像《头号玩家》中的华丽虚构的“绿洲”一样，但在那之前，你可以求助于《堡垒之夜》(*Fortnite*)和《机器砖块》(Roblox)这样的社交游戏、VRChat和AltspaceVR这样的虚拟现实社交媒体平台，以及Immersed和Horizon Workrooms这样的虚拟工作环境，来体验沉浸式的互联元宇宙体验。随着这些孤立的空间的融合和越来越多的互操作性，或许一个真正的单一的元宇宙将会出现，一如我们的物理宇宙，也是单一的各种空间相连的世界集合体一样。

Roblox对元宇宙的愿景是创建一个沉浸式共同体验的平台，人们可以在数以百万计的3D体验中聚集在一起，学习、工作、游戏、创造和社交。换言之，你可以在不同的3D空间中自由穿梭，从事现实生活当中你可以想象到的种种活动。①

2021年7月，信誓旦旦地要把Facebook变成一家元宇宙公司的扎克伯格，是这样看待元宇宙的：“元宇宙是一个跨越许多公司、跨越整个行业的愿景。你可以把它看作移动互联网的继承者……它是具身的互联网

① Bronstein, Manuel (Sep 2, 2021). “The Future of Communication in the Metaverse.” Roblox, https://blog.roblox.com/2021/09/future-communication-metaverse/.

（embodied internet），因为你不仅仅是浏览内容，而是身在其中。你感觉到与其他人在一起，出现在其他地方，产生你不可能在2D应用程序或网页上拥有的体验……我认为很多人想到元宇宙时，他们想到的只是虚拟现实——这将是其中的一个重要部分，也显然是我们非常投入的一部分，因为它是能够提供最清晰的在场形式的技术。但元宇宙并不仅仅是虚拟现实。它将可以在所有不同的计算平台上进行访问；VR和AR，还有PC，以及移动设备和游戏机……”[①]

10月29日，Facebook正式宣布更名为“Meta”，大有把偌大的元宇宙纳入囊中的意味。

元宇宙不是什么

扎克伯格提醒了我们：考虑一下元宇宙经常被比喻为什么，对我们理解它也是有帮助的。当然要牢记心中的是，这些比喻都是不全面的。虽然众多比喻中的每一个都有可能是元宇宙的一部分，但它们实际上并不是元宇宙。风险投资家马修·鲍尔列举了一系列元宇宙不是的东西。[②]例如，元宇宙并不是——

一个“虚拟世界”

像《第二人生》这样的数字内容体验常常被看作是“原生态的元宇宙”，因为它们（1）缺乏类似游戏的目标或技能系统；（2）是持续存在的虚拟聚会；（3）提供几乎同步的内容更新；以及（4）其中生活着由数字化身（avatar）代表的真实人类。

---

① Newton, Casey (Jul 22, 2021). “Mark in the Metaverse.” *The Verge*, https://www.theverge.com/22588022/mark-zuckerberg-facebook-ceo-metaverse-interview.

② Ball, Matthew (Jan 13, 2020). “The Metaverse: What It Is, Where to Find It, and Who Will Build It.” https://www.matthewball.vc/all/themetaverse.

登入《第二人生》，人们可以在虚拟世界中生活，有工作、有爱好、有关系、有住处，甚至还能够建立和定制个人空间。但元宇宙要求与现实世界有更多的互通，它包含了诸如增强现实叠加、真实商店的VR试衣间，甚至像谷歌地图这样的应用程序。元宇宙的抱负要比《第二人生》大许多，指的是未来的数字世界与我们的现实生活和身体有着更为切实的联系。

一类虚拟现实应用

如扎克伯格所说，不能把元宇宙等同于虚拟现实。VR可以被视作一种体验虚拟世界的方式，然而在数字世界中的存在感并不能构成元宇宙。这就好比你不能因为你可以在一个城市中随意漫步、四处观光，就把这个城市称为你的家。

VR现在能做许多事情，例如在Oculus Quest上有大量的应用程序可以尝试，但它并没有带来大规模的社交，因为绝大多数人不拥有VR头盔。科技公司正在努力寻找工具，将常用设备如手机和电脑的体验与VR和AR生态系统联系起来。微软在这方面已经工作了多年，但仍然没有良好的破解之道。

一种数字与虚拟经济

数字和虚拟经济早就存在。像《魔兽世界》这样的游戏早就有了正常运作的经济，真人用虚拟商品换取真金，或者执行虚拟任务换取真金。《第二人生》有6亿美元的年生产总值，从创立至今，已创造出超过20亿美元的用户生成资产。它的20万日活用户每年发生的交易超过3.45亿笔，而它每年向创作者支付超过8000万美元。通过一个名为Tilia Pay的跨平台支付系统，人们能够将他们在《第二人生》中赚取的虚拟货币予以兑现并兑换成美元。[1]此外，像亚马逊的Mechanical Turk等平台，以及比特币等技术，都围绕着雇佣个人/企业/计算能力来执行虚拟和数字任务。我们早已通过纯数字市场为围绕纯数字活动的纯数字项目展开大规模的交易了。

如果元宇宙确实可以成为移动互联网的功能性“继承者”——只不过这次有更大的覆盖范围、更多的消费时间和更广泛的商业活动——那么它意味着更大的经济上升空间。无论如何，元宇宙应能产生与我们在当前的互联网上看到的相同的多样性机会——新的公司、产品和服务将出现，以管理从支付处理到身份验证、购物、招聘、广告交付、内容创建、安全等等一切。这反过来意味着许多现有的公司可能会倒下。

一款大型多人游戏

现在的流行游戏如《堡垒之夜》中，有许多元宇宙元素。比如：（1）极具参与性，并没有固定的故事或IP，情节就是在上面发生的事情和谁在那里；（2）打造了一个跨越多个封闭平台的一致身份；（3）构成了通往无数体验的通道，其中有些是纯粹的社交；（4）为创造内容的创作者提供补偿，等等。然而，它在做什么、延伸多远以及可以产生什么“工作”方面仍然过于狭窄（至少目前如此）。虽然元宇宙可能有一些类似游戏的目标，并涉及游戏化，但它本身并不是一款游戏，也不是围绕某个具体目标。

此外，电子游戏可能是一种“最粗暴”的交流媒介，我指的是人们很难平滑和直观地使用它。电子游戏在很大程度上构建了一种“你只有

---

① Takahashi, Dean (Sep 3, 2021). “The DeanBeat: Will the Metaverse Bring the Second Coming of Second Life?” Venture Beat, https://venturebeat.com/2021/09/03/the-deanbeat-will-the-metaverse-bring-the-second-coming-of-second-life/.

投入才能参与进去”的前置条件，玩家通常需要访问能力、金钱、时间和设备的组合。与传统交流形式相比，撇开语言障碍不谈，书籍、音乐、电影/电视和口头交流形式通常如此无缝，人们仅需很少的指导或提示，就可以消费、生产和操控它们。相形之下，游戏素养远远达不到这样直观的水平。即使在自称老游戏玩家的人当中，你也可以很容易地看到先前的接触/训练有多大的影响，而非真正凭直觉。也因此，我对基于游戏的元宇宙会成为这一新趋势的主导力量的想法，表示怀疑。游戏是一桩大生意，有数以亿计的玩家，但不是数十亿的量级。所以游戏尚不是一种普遍的体验。

一个新的UGC平台

扎克伯格对投资者说：“元宇宙的决定性品质是在场感，也就是你真的和另一个人在一起或在另一个地方的感觉。创造、化身和数字对象将成为我们表达自己的核心，这将带来全新的体验和经济机会。”[1]

然而元宇宙不仅仅是另一个类似YouTube或Facebook的平台，在这样的平台上，无数人似乎都可以“创造”“分享”和“金钱化”内容，但其实他们只是为大平台劳作而已。元宇宙将是一个合适的帝国获得投资和得以建立的地方，这些资本雄厚的企业可以拥有用户、控制API/数据、发展规模经济等。很可能就像当下的互联网一样，由十几个平台占有大量的用户时间、体验和内容。

除了以上这些主要比喻以外，还有其他一些说法。例如，把元宇宙

---

① “Facebook, Inc. (FB) CEO Mark Zuckerberg on Q2 2021 Results - Earnings Call Transcript.” Jul 29, 2021, *Seeking Alpha*, https://seekingalpha.com/article/4442353-facebook-inc-fb-ceo-mark-zuckerberg-on-q2-2021-results-earnings-call-transcript.

比作一个“虚拟的主题公园或迪士尼乐园”，迪士尼乐园的前首席技术官蒂拉克·曼达迪（Tilak Mandadi）这样预想：“游客可以与海盗一起探险，与英雄一起训练，与皇室成员一起跳舞，并在不离开家的情况下参观遥远的星系。”[1]其实，在真正的元宇宙中，不仅“景点”是无限的，它们也不会像迪士尼乐园那样被集中设计，更何况元宇宙不可能仅限于娱乐。

它也不是一个“新的应用程序商店”——没有人需要另一种打开应用程序的方式，在VR中这样做也不会解锁/实现继任的互联网应有的各种价值。元宇宙必然与今天的互联网/移动互联网的模式、架构和优先事项存在很大的不同。

所以，元宇宙不是一款游戏、一组硬件或一种在线体验。要这么形容，就好比说《堡垒世界》、iPhone或谷歌是互联网一样。它是虚拟世界、设备、服务、软件等的大集合。互联网是一套广泛的协议、技术、管道和语言，再加上访问设备和内容，以及它们上面的通信体验。元宇宙也将是如此。

阻碍抵达元宇宙的三大路障

以扎克伯格迫不及待描画的愿景来看，元宇宙将Facebook在增强现实、虚拟现实、游戏、商业和社交网络方面的主要投资汇聚到一个虚拟环境之中。这一概念的意义在于，它将促进从社会互动到娱乐、购物和工作的一切。它将具有互操作性，允许消费者轻松地从一种体验传送到另一种体验，并且可以通过一系列设备——从移动应用程序和个人电脑，到沉浸式VR和AR设备——以不同的形式访问。

由此出发，我们可以梳理出元宇宙的基本技术要件：

---

① McBride, Stephen (Mar 23, 2021). “Welcome To The ‘Metaverse’.” *Forbes*, https://www.forbes.com/sites/stephenmcbride1/2021/03/23/welcome-to-the-metaverse/?sh=2c56483d720c.

与旧的网络服务或现实世界活动重叠的功能集；

实时三维计算机图形和个性化的头像；

各种人与人之间的社会互动，与刻板的游戏相比，其竞争性和目标性较弱；

支持用户创建自己的虚拟物品和环境；

与外部经济系统的联系，以便人们可以从虚拟物品中获利；

看起来适合虚拟和增强现实头盔的设计，也可能支持其他硬件。

这是一项巨大的工程，需要标准化以及科技巨头之间的合作，而这些巨头，不论是微软还是Facebook，并不愿意携手合作。所以，不要只看设备量的亮眼上升（根据IDC的数据，2021年全年全球AR/VR头显出货量达1123万台，同比增长92.1%，其中VR头显出货量达1095万台，突破年出货量一千万台的行业重要拐点，其中Oculus份额达到80%）[①]，从设备的体验到标准的诞生再到产业链的衔接，元宇宙还有许多障碍要克服——尽管这并不能阻止许多人说元宇宙就在眼前。

这些障碍大小不一，从科技公司如何处理元宇宙的安全和隐私问题，到人们是否真的想在一个身临其境的虚拟模拟中度过他们的大部分生活。在我们继续朝着下一个大事件混乱演变时，有三件事对元宇宙来说是关键。

互操作性

第一件我们已经提到了：互操作性。就像今天的互联网一样，元宇宙不会是一种被一下子打开的单一技术，而是一个由许多不同的公司使用各种技术逐步建立的生态系统。理想情况下，生态系统的这些不同部

---

①《IDC：2021年全球VR头显出货量破千万　国内开启新一轮竞争》，2022年3月29日，https://www.idc.com/getdoc.jsp?containerId=prCHC48993522。

分将是相互连接和可以互操作的。

互联网之所以成功（而且还在运作！），是因为它是开放的。它的设计是分散的，设计时就制定了互操作性标准。所以数以亿计的服务器和设备既可以运行基础设施，也允许访问在其上的丰富体验。这并不意味着所有东西都能在任何地方运行，但它确实意味着标准的参与模式的存在。

互操作性是互联网存在于数不胜数的服务器中的关键想法，因为那些在人们该如何分享信息方面极有远见的人在早期就建立了一套互操作性标准，比如：我们如何分享数据包？我们如何索要信息？我们将内容怎样安放？所有这些是使万维网得以建立的必要组成部分。在元宇宙中，我们需要同样的东西。这并非要求每个三维世界都能互联互通，但重要的是，在它们之间分享东西、获取内容的方式是标准化的。

风险投资家马修·鲍尔把“前所未有的互操作性”作为元宇宙的定义特征之一。[①]我想他加上“前所未有”的定语，其实点明了一个现实：我们生活的这个时代，从开放互联网走向了平台统治的互联网，而最大的科技平台几乎没有互操作性；它们最多只能让你分享一些联系人数据或导出一些照片。所以，要想建成比今天的系统更具互操作性的未来系统，恐怕不是唱唱元宇宙高调就能实现的。

如果你曾进入过《第二人生》和其他虚拟世界，你会被一种徒劳的感觉所震撼。尚无人建立一个能与另一平台一起工作的平台。即使在我们相对扁平的社交媒体环境中，我们在Twitter、Facebook和YouTube上也是完全不同的实体。扎克伯格渲染的那个巨大的、无边界的数字世界的愿景，与他自己的企业实践就格格不入。

今天互联网的关键因素是它的开放性、连接性和互操作性，这是眼

---

① Ball, Matthew (Jan 13, 2020). “The Metaverse: What It Is, Where to Find It, and Who Will Build It.” https://www.matthewball.vc/all/themetaverse.

下那些早期的类似于元宇宙的体验还无法复制的。互联网有HTML和JavaScript的通用语言，以及确保无缝浏览的既定协议，但我们却还没有建立连接虚拟世界的共享标准，而这些虚拟世界在未来的畅想当中是充斥着元宇宙的。

隐私与自由

当我们的更多生活、数据、劳动和投资现在以纯粹的虚拟形式存在于元宇宙中之时，数据隐私和安全一定会成为非常大的关切。

我们在广告的基础上建立了传统互联网。尽人皆知，广告在准确定位时更有价值。而准确的定位需要数据，我们迄今为止所积聚的庞大数字消费者数据是侵犯隐私的。

我确实希望，无论在元宇宙中我们做什么，都能找出不依赖广告的盈利模式。希望我们会有正确的基础设施和系统，以实现最好的结果，而不是最坏的结果。想想科技平台可以追踪的所有数据。它们可以通过非语言手势和身高来识别你。它们可以使用机器算法，根据你在虚拟世界中看不同人的方式来预测你的性取向。

以Facebook为例，我们料想，Facebook如此大力投资VR/AR的部分原因是，当用户在这样的平台上互动时，可用的数据颗粒度比基于屏幕的媒体要高一个数量级。现在不仅仅是我在哪里点击和选择分享什么，而是我选择去哪里，我如何活动，我看什么最久，我身体移动的微妙方式和对某些刺激的反应。这是一条通往我的潜意识的直接途径，而它对数据资本家来说是黄金。

如果过去有任何迹象可寻，可以预期的是，Facebook将在元宇宙中继续大量使用我的数据，并常常是在未经我允许的情况下。因此，问题就在于，我们真的想生活在一个由扎克伯格统治的宇宙中（尽管是一个数字宇宙），而你所有的工作、生活和声誉都取决于该公司的服务条款和公司政策吗?

Facebook不太可能有兴趣改变一个已经为他们服务得很好的商业模式，转而优先考虑用户的隐私，或者让用户对他们在元宇宙中的行为数据如何被使用存在任何有意义的发言权。

所以，隐私在这些元宇宙体验中肯定将变得更加有限。像以往我们所欢呼的技术创新一样，元宇宙可能会给人类带来巨大的好处，但也会有意外的、未曾预料的成本和伤害。而最坏的情况有可能让我们万劫不复。

如果你现在可以用另类现实取代某些人的整个现实，你就可以让他们几乎相信任何东西。最坏的情况基本上是虚拟奴役，我们的设备和平台控制着我们看到的东西，隐含地控制着我们的行为，我们因此失去了思想的自由，失去了拥有我们自身的观点和我们想要的任何光谱的自由。这里存在一个真正的危险。而且，元宇宙技术比电视或互联网强大得多，会是倍增的强大。

我们想要什么样的数字生活

互联网的发达，并不是因为它连接了设备，而是因为它连接了人。人的红利并没有随着元宇宙的出现而消失；我们仍然是社会人。数字化的接触应该是对人类互动的补充，而不是取代。我们在大流行中已经看到了这一点。人们仍然渴望身体接触。无论是AR、VR还是MR，都不会改变我们对沟通和互动的需求。

很多人一说元宇宙，就追溯到尼尔·斯蒂芬森1992年的《雪崩》，其实在《雪崩》的世界里，元宇宙并不被视为特别酷——它成为必要的，是因为现实世界已经变得如此不堪一击：那是一个贫穷、绝望之地，实际上是由企业的特许经营权所统治的。

《雪崩》中的实际场景是这样的：在黑色的地面上，在黑色的天空下，就像拉斯维加斯的永夜一样，斯蒂芬森的元宇宙由“街道”组成。这是一条无垠的大道，其中的建筑和标志代表着“由大公司设计的不同软件”。这些公司都向一个名为全球多媒体协议组织的实体支付其数字房地产的费用。用户也为访问付费；那些只能买得起便宜的公共终端的人，在元宇宙中目睹的是颗粒状的黑白。

2017年，斯蒂芬森向《名利场》指出，虚拟现实（VR）而非增强现实（AR）是实现元宇宙愿景的必要条件。[①]

> 如果你在一个AR应用中，你就在你所在的地方。你在你的物理环境中，你正常地看到你周围的一切，但有额外的东西被添加。只有VR才有能力把你带到一个完全不同的虚构的地方——《雪崩》中元宇宙描述的那种东西。当你进入元宇宙时，你在街上，你在黑太阳里，你的周围环境消失了。在书中，Hiro住在一个破旧的集装箱里，但当他去到元宇宙时，他是一个大人物，可以获得超级高端的房地产。

难道这就是元宇宙吗？一个我们通过VR头盔进入的大型替代性数字模拟环境，在那里我们可以假装过上美好的生活，而我们实际上不过是住在“破旧的海运集装箱”中，任由世界在我们周围衰败，就像小说中那样？

元宇宙会带领人类去向哪里

许多科技公司将元宇宙描绘成克服物理世界的社会经济障碍的一种仁慈的方式。扎克伯格就说过：“研究表明，你出生和成长的邮政编码与

---

① Robinson, Joanna (Jun 23, 2017). “The Sci-Fi Guru Who Predicted Google Earth Explains Silicon Valley’s Latest Obsession. ” *Vanity Fair*, https://www.vanityfair.com/news/2017/06/neal-stephenson-metaverse-snow-crash-silicon-valley-virtual-reality.

你未来的流动性和你的收入高度相关。我认为这与我们这个国家的意识相悖，即人们应该有平等的机会。”①

充满讽刺的是，他领导下的Facebook正因垄断面临着美国联邦政府的拆分前景。换一个角度思考，发展新的虚拟性现实也可能是保护科技巨头在当前现实中的失败的一种方式，尤其是在迫使更多人上网的大流行中。杰夫·贝佐斯、比尔·盖茨、马克·扎克伯格、拉里·佩奇和埃隆·马斯克等人的财富大量增加，随着元宇宙的发展，可能会进一步增加。

如果我们更愤世嫉俗一点，不妨说，元宇宙让科技公司躲避了与互联网，特别是社交媒体相关的负面包袱。观察家发现，只要能让技术看起来新鲜、新奇、酷，你就能逃脱监管。起码，你可以在政府追赶上来之前，进行几年的防御。

元宇宙的流行还有一个非常简单的原因：它听起来比“互联网”更有未来感，让投资者和媒体人平添兴奋。当然，兜售这一未来愿景的大亨们自己更兴奋。创造一个另类的世界，在这个世界里，每个人都必须使用你的货币，按你的规则行事，同时身不由己地在其中拼命推广自己，这个“造世”的想法对有钱人来说，真的拥有巨大吸引力。

我相信马克·扎克伯格对元宇宙的热情源于对退出现实空间的渴望。一个在40岁之前就成为世界第五大富豪的人，他的影响力可能超过了历史上任何一个人，但他却越来越被视为一种威胁。我相信他很可能发现这让人困惑和沮丧，也许还不公平。我们应该承认他的成就。我们应该给他自由，让他进入元宇宙。

现在，我们该改口叫Facebook公司Meta了。它将如何“超越”？小扎，作为元宇宙的教主，下一步会带领人类去向哪里？是黑客帝国式的有着

---

① Newton, Casey (Jul 22, 2021). “Mark in the Metaverse.” *The Verge*, https://www.theverge.com/22588022/mark-zuckerberg-facebook-ceo-metaverse-interview.

牛肉香味程序的幸福世界吗?

在元宇宙未到来之前的互联网世界里，我们已经看到了当一家科技公司积累了权力却拒绝承担管理责任时可能产生的负面后果。就扎克伯格而言，他这次似乎对事情更加认真。在宣布新公司的“创始人的信”中，他说，隐私和安全，还有开放性和互操作性，“必须从第一天起就被纳入元宇宙”。他还提到需要“新的治理形式”，但没有提供任何细节。[①]

无论Meta公司的业务朝哪个方向发展，它都不可能控制整个元宇宙，就像Facebook也不曾控制整个互联网一样。但作为最大和最早的参与者之一，该公司可能会设定参与条款。元宇宙的一切尽在细节中。正是细节成为了宪法、城市法规和附则，决定着治理的日常运行。

遇到安全问题，我们该给谁打电话?如果出现违法行为，谁来裁决，又凭借什么规则裁决?如果元宇宙的一系列产品与服务同生活的方方面面交织在一起，那么，谁来为这些产品与服务提供物理基础设施，作为一种基本的公用事业，而不是一种消费商品?

我们眼下尚不清楚，社会技术和创新专家预言中的元宇宙会变成什么样子，它可否成为一个有隐私意识的、去中心化的生态系统，或注定演变为一场反乌托邦的噩梦。

---

① Zuckerberg, Mark (Oct 28, 2021). “Founder’s Letter.” https://about.fb.com/news/2021/10/founders-letter/.

元宇宙转向：重思平台的价值、危机与未来[1]

平台无法自我调节。我们的民主、公共健康、隐私和经济竞争的未来都取决于深思熟虑的监管干预。

什么是平台？

工业革命进程中具有决定意义的事件，是超大型组织、金融巨头、跨国集团的出现；数字经济发展中则对应为平台型企业的诞生。

成为平台企业意味着什么？这是当今每个企业都要走的一条路吗？其实，更准确的说法是，哪怕你的企业不能成为平台，也要具备平台思维（platform thinking），因为经济的许多层面已然被平台所改写了。平台被视为当今数字时代成功的最佳途径。

平台有如下五个主要特征：

数据化——把以前从未量化的世界的许多方面都呈现为数据；

商品化——从数据流中创造经济价值；

多面性和集中化——通过双边市场效应和平台的集群效应，使参与各方受益，达到平台价值、客户价值和服务价值最大化；

个性化：通过算法将内容、服务与广告予以个性化；

全球化：建立全球性的通信和服务基础设施。

① 感谢刘纯懿对此文的贡献。

由此，我们可以给平台下一个定义：

> 平台是一种可（重新）编程的全球性基础设施，通过系统化的数据过程加以组织，包括数据收集、算法处理、金钱化以及数据流通，能够促进用户与互补者之间的个性化互动。

基于这个定义，我们把平台分为两种类型：

第一种是用户为主的平台类型，叫数字市场。它可以是多种产业的经济交换场所，会替代纵向整合企业，也异于典型的市场结构。平台拥有者居于生态系统中央，提供该系统所需要的信任，并通过提高转换成本试图锁定用户。用户要想进入和离开这个平台需要付出很大努力，由此产生了转换成本。这类平台的核心价值在于罗纳德·科斯（Ronald Coase）所说的降低交易成本。

第二种类型叫创造力平台，其核心是为生产者提供用于创造的工具和基础设施，创造物可以是内容、产品或者代码。平台拥有者同样居于生态系统的中央，提供操作系统，激发用户大规模互动。它的核心价值在于创造并分发互补性的产品和服务。

无论是哪一类型，平台都扮演着触媒（catalyst）的角色。这是因为：它往往拥有两组或者更多用户群体；用户群体在某种程度上相互需要；这些用户群体无法依靠自身力量获取他们之间相互吸引的价值；因而，他们必须依赖某种触媒来推动他们之间的价值创造。

比如，交易平台为买卖双方提供服务，促成交易，买卖双方任何一方数量越多，就越能吸引另一方数量的增长，其网络效应就能充分显现；而卖家和买家越多，平台就越有价值。一句话，平台价值的产生在于用户群体之间的互动。

然而互动离不开平台的开放性，即向所有利益攸关方开放自身的数字资源。这突出地表现为，平台业务可以通过建立在一个可扩展的技术基础上的应用程序和API所提供的服务来获利，客户和供应商可以将其集成到自己的运营和整合到自己的产品中，还可以加入进一步的贡献来扩展这些业务。

简而言之，平台业务是一种无论企业内部还是外部都有许多开发人员和追随者栓入其中的数字业务。一个平台越是功能良好，越能吸引优秀的开发人员和忠实的追随者。当然，要想让这些人将时间和精力投入到构建和支持平台上，他们必须看到自己业务的价值。这就引发了平台的另一个关键要素：利益攸关方必须和平台共赢。

开放+共赢，就是平台竞争力。比尔·盖茨曾经给平台一个简明扼要的定义："当每个使用它的人的经济价值之和超过创造它的公司的价值时，那就可以称为一个平台。"[1]

网络效应的正反面

通过开放平台，企业不仅提供自身的服务和功能，同时也可以访问和消费其他人的资源。而平台经济参与者的最大动力是，每个人都在寻求"网络效应"，传播自己的信息，扩大自己的销售，以期远远超出现有的基础。

什么是网络效应？除了供应方的规模经济，信息产品市场的另一个关键之处在于需求方的网络外部性（network externality）。当一种产品对一位用户的价值取决于该产品的其他用户的数量时，经济学家就称这种产品显示出网络外部性或网络效应（network effect）。通信技术是一个主要的例子：电话、传真机、调制解调器、电子邮件和互联网都显示出网络效应。

受强烈的网络效应影响的技术一般会有一个长的引入期，紧接着是

---

① Thompson, Ben (May 23, 2018). "The Bill Gates Line." https://stratechery.com/2018/the-bill-gates-line/.

爆炸性的增长。这种模式是由正反馈（positive feedback）引起的：随着某一产品用户基础（installed base）的增加，越来越多的用户发现使用该产品非常值得。最后，产品达到临界容量（critical mass），占领了市场。

这种网络外部性也是赢家通吃产生的前提。所以，增长是网络公司战略上的必由之路，这不仅是为了获得通常的生产方规模经济，而且是为了获得由网络效应产生的需求方规模经济。

戴维·麦金太尔（David McIntyre）在《麻省-斯隆管理评论》（*MIT Sloan Management Review*）的一篇文章中提出，寻求网络效应可以采取不同的形式，具体取决于公司、行业、开发人员的动机和用户。存在三种方式来实现网络效应，以提高平台的成功度：

“跨端”网络效应：平台充当了难以开展交互的不同用户群或组织之间的中介。例如，在一个求职网站上，求职者关心自己被招聘公司发现的可能性，而招聘公司则希望高效率地招到自己想要的员工。此一效应是由网络中多边的互补商品或服务产生的。

本地网络效应：对于许多平台来说，用户不关心用户网的总规模，而在乎附近几个关键参与者的存在。例如，在打车平台上，用户从自己周边地区潜在的司机数量中来获取价值，至于全国司机规模有多少，与他们关系不大。

信息网络效应：查看产品（和消费产品的人）的能力为消费者创造了信息性网络效应。在这种情况下，网络的价值并不通过直接交易体现出来，而是通过网络中有关先前交易的信息或用户网络的信息的易得性体现出来。[①]

---

① McIntyre, David (Jan 3, 2019). “Beyond a ‘Winner-Takes-All’ Strategy for Platforms.” *MIT Sloan Management Review*, https://sloanreview.mit.edu/article/beyond-a-winner-takes-all-strategy-for-platforms/.

网络效应的基本内涵是，那些拥有最大用户网的平台会为参与者提供最可观的价值。然而，这也不是放之四海而皆准。对于很多平台，总网络规模以外的其他特征可能是保持平台竞争力的关键。例如，平台用户可能会非常在意是否可以高效接触到平台另一端的特定群体或组织；也可能关心平台的本地能力或平台用户中一个更高质量的子集；或是对有关网络或其参与者的信息获取给予更大的重视。

由于网络效应的存在，由于使用时间天生受到制约，消费者会集中在大的平台内完成所有的消费需求。正是因此，互联网产业发展出了一个极其重要的规律，即"赢家通吃"(winner takes all)。

所谓"赢家通吃"的市场是这样的市场，其中表现最佳者能够获得巨大的回报，而其余竞争对手只能分食剩下的少量残余。如果赢家通吃的市场扩大了，财富差距也会随之扩大，因为少数人能够获得越来越多的收入，而这些收入本来应该更广泛地分布在整个人口当中。

作为平台的巨型互联网公司

新技术市场具有鲜明的赢家通吃特性。新技术市场的竞争往往非常激烈，而技术本身的不稳定性使这种激烈程度更加放大。但是，一旦一家科技公司取得明显的市场领导地位——通常是作为一个比先驱者具备更好执行力的快速追随者——它很快就会获得完全的统治，然后几乎不可能被取代。相反，威胁来自于一个更新、更大的相邻市场的出现，由另一个玩家所主导。

例如，20世纪60年代，IBM控制了主机市场。到80年代，微软和英特尔雄霸PC软件和微处理器市场。90年代，随着万维网的兴起，新的赢家是搜索领域中的谷歌，电商领域中的亚马逊，社交网络领域的Facebook。从2007年以来，谷歌和苹果在移动操作系统上平分秋色。虽然新技术层出不穷，旧日的大玩家并没有出局。我们在这里观察到某种现象：占主导地位的科技公司可能会黯然失色，但并没有被完全取代。

今天的大多数科技公司至少在某种程度上都可以称之为“平台”：它们通过匹配具有互补需求的客户来创造价值，例如软件开发商和用户（微软的操作系统和苹果的App Store），供应商和用户（亚马逊），司机和潜在乘客（优步），或者广告商和消费者（谷歌和Facebook）。这些平台的网络效应是间接的，与直接的、单一市场的外部性不同，在平台上，每个市场参与者（例如食客）的价值取决于其他市场（例如餐馆）的参与者数量，反之亦然。一旦平台主导相关市场，这些网络效应就会自我维持，因为每一方用户的增长都有助于在另一方产生更多的用户。

在网络效应和赢家通吃的作用下，互联网产业中的五大平台逐渐兴起，即苹果、微软、谷歌、亚马逊和脸书（Facebook）。（有一个很难听的英语缩写词FAMGA，用来形容这五大公司。）2011年这五家公司加起来的总市值是9450亿；到2014年，几乎翻了一番，达到1.8万亿。越三年，到2017年，五家总市值升至2.8万亿；又三年，在2020年8月19日，苹果公司成为美国首家市值突破2万亿美元的公司。至2021年11月3日，另一个里程碑被越过了，微软市值首次突破2.5万亿美元。

根据2021年12月的数据，苹果市值2.9万亿美元，已逼近3万亿大关，雄踞全球市值第一；微软排名第二，为2.6万亿美元；第三为谷歌母公司Alphabet，市值2万亿美元；亚马逊排名第五，为1.7万亿美元；Facebook在2021年市值首破1万亿美元，目前排名第七，为9175亿美元。[1]五大平台的成长是惊人的，一望而知，他们席卷全球的步伐和力量有多么强大。

① Johnston, Matthew (Dec 21, 2021). “Biggest Companies in the World by Market Cap.” Investopedia, https://www.investopedia.com/biggest-companies-in-the-world-by-market-cap-5212784.

苹果销售高利润的智能手机和其他计算设备；谷歌和苹果控制着手机操作系统（Android与iOS）及其上运行的应用程序；谷歌和Facebook分享互联网广告业务；亚马逊、微软和谷歌控制着许多初创企业运行的云基础设施。亚马逊的购物和物流基础设施正在成为零售业的核心，而Facebook则在最基本的平台上不断积累更大的力量：人类社会关系。

它们都是从"赢家通吃"的市场中受益的优秀竞争对手。在网络效应的作用下，平台型企业往往出现规模收益递增现象，强者可以掌控全局，而弱者只能瓜分残羹，或在平台竞争中被淘汰。

观察作为平台的巨型互联网公司，可以使用四个维度来进行衡量：

首先，平台公司必须拥有财务实力，无论是巨大的市值，还是充裕的现金，或是极其赚钱的利润机制。只有资金充足才能进行战略并购，才能展开充分的市场布局。

第二，平台公司必须能够直接接触相当规模的消费者。换言之，所有平台公司都拥有诚意的、非常忠实的、以亿为单位的用户。

第三，获取用户以后，平台公司必须通过有意义的持续参与来建立品牌，并从用户身上挖掘出大量有用的数据。所有平台公司的本质都是大数据公司。

第四，平台公司必须在建立平台操作系统方面拥有丰富的经验，这些平台操作系统是由充满活力的开发者社区所防御和支持的。

在网络世界中，这些巨型公司扮演着强大的把关人角色。消费者和小企业，有时甚至是大企业，都认为这些公司对自己的成功至关重要。例如，企业认为他们需要在谷歌和Facebook上做广告，在亚马逊上销售产品，并在苹果和和谷歌的应用商店上架。而消费者需要在Facebook上与朋友交流，在谷歌上进行搜索，在亚马逊上买东西，并拥有最新的iPhone——即便他们更喜欢带耳机插孔的手机或续航能力更好的电池。

网络效应构成了大型数字平台的强大的在位优势。进入某个市场的新竞争者存在一个困难的先导问题：当你需要规模以成就一个好产品时，你如何获得规模？一个以网络效应为特征的市场在刚开始时竞争很激烈，因为所有进入者都在竞争，以迅速获得规模。然而，这种动态竞争很难持续；很快，市场就倾向于向一两个大赢家倾斜。因此，网络效应可能意味着一家公司在不存在反垄断法违法行为的情况下，也可以保持可持续的垄断。

不妨举两个例子：其一，互联网广告总份额虽然在不断地攀升，但上升的份额几乎全部被谷歌和Facebook两大巨头拿走，两者所占的份额超过一半以上。紧随其后的是另一个互联网巨头亚马逊。[①]其二，云服务虽然也在蓬勃发展，但它同样是一个寡头市场。亚马逊在公共云领域的全球占有率一直保持在40%左右。其余的互联网大平台，谷歌、微软和阿里巴巴正在获得份额，而其他公司都在亏损。[②]

这种情形导致大众会忧虑一系列的事情，例如垄断，无论是双头垄断，还是寡头垄断，都会导致创新的减缓；互联网公司的触手会伸到临近的市场，导致相邻市场被互联网平台吞噬的可能性非常之大；同时，任何刚刚冒头的新兴领域，注定也会是互联网公司的盘中之餐。

平台与公共价值

互联网平台是创新的强大驱动力，在数字社会和经济中发挥着重要作用。平台涵盖了广泛的活动，包括在线市场、社交媒体、创意内容出口、应用商店、协作经济平台以及搜索引擎等等。它们增加了消费者的

---

① Liberto, Daniel (Jun 25, 2019). “Facebook, Google Digital Ad Market Share Drops as Amazon Climbs.” Investopedia, https://www.investopedia.com/news/facebook-google-digital-ad-market-share-drops-amazon-climbs/.

② 杨剑勇：《全球共有云规模200亿美元，四大巨头控制七成市场份额》，福布斯中国，2019年11月19日，http://www.forbeschina.com/technology/45653。

选择，提高了行业的效率和竞争力，并帮助增强了公民对社会的参与。

然而与此同时，互联网平台也在不断测试政府的监管能力与社会的规约动力，它们规避执法机构，超越国家和国际的行政和法律界限，侵蚀市场与市场之间、产业与产业之间的固定界限，模糊消费者与生产者的传统划分。

十年前，监管机构和公众都认为数字平台的兴起及其消除中介和瓶颈的承诺，将为那些被既得利益公司拒之门外的人提供新的经济机会。如今的情形却是，少数公司控制着世界上不可思议的经济活动和投资资本。

十年前，社交媒体的兴起似乎迎来了公民新闻和全球民主运动的黄金时代。如今，这些相同的平台，却被用于散布阴谋论、仇恨言论和虚假新闻，旨在破坏民主，并在我们的基本治理制度中埋下不信任。

可以看到，由一系列平台机制驱动的全球在线生态系统正在渗入社会的各个方面，同时绕过地方和国家机构，而传统上正是这些机构主宰着公共价值。随着平台渗入社会的核心，它在逐步影响市场和劳动关系，改变社会和公民行为，最终影响政治进程。

结果是，在国家和跨国的监管机构中，出现了某种紧迫感，甚至几近恐慌。曾经的共识是，不对数字平台进行监管，任其野蛮生长；而现在，人们转而要求监管者通过将其拆分成较小的公司，或是严格监管其提供的内容和服务，来约束这些平台的看似无限的权力。

由此，今天我们面临的一个重大课题是，审视在线平台在社会组织中的重大作用。首先，平台机制如何工作，它的边界在哪里？第二，平台该如何融入公共价值，并有利于公共利益？

围绕平台，社会行动者（市场、政府和公民社会）之间的激烈斗争，提出了谁应该负责巩固公共价值观和公共利益的问题。公共价值当然包括隐私、知情权、表达权和安全性，但它们也涉及更广泛的社会影响，例如公平性、近用性、民主管理和问责制。鉴于平台现已发展到如此大的规模，其公共影响的问题无可逃避。平台在今天有关经济、社会、文化和政治生活的核心辩论中占据中心地位。

在未来十年里，平台的整体环境将发生变化。技术公司及其领导者可能被迫对平台进行重大修正。会有相当多的人主张拆解无所不包的平台，而另一些人则期待旨在使用户的最大利益至上的新平台的兴起。

正是在这样的背景下，元宇宙登场了。

互联网平台的“元宇宙转向”

元宇宙最近成为全球众多科技巨头的最新宏观目标和长久战略布局。Facebook大张旗鼓地更名Meta，相信元宇宙是整个互联网的下一步，而不仅仅是这家全球领先的社交媒体的下一步。微软首席执行官萨蒂亚·纳德拉指出，“随着数字世界和物理世界的融合，我们正在领导基础设施堆栈的新层，即企业元宇宙”。①与此同时，它在游戏行业发力，决定以687亿美元的全现金交易收购《使命召唤》出品商动视暴雪，这笔交易将使其成为按收入计算全球第三大的游戏公司，仅次于中国的腾讯和日本的索尼。这项交易是微软历来的最大手笔收购，也是史上最大规模的游戏行业收购交易。②它代表了微软对元宇宙的押注。

对于拥有国内最大社交平台的腾讯来说，微信、QQ的产品矩阵已然具备了元宇宙形态，再加上2020年马化腾“全真互联网”的提出和腾讯对一系列元宇宙商标的抢注，更是明晰了这家中国互联网巨头对元宇宙

---

① Serwer, Andy (Aug 28, 2021). “What the Metaverse Is and Why It Matters to You.” Yahoo News, https://news.yahoo.com/what-the-metaverse-is-and-why-it-matters-to-you-090642725.html.

②《微软将以690亿美元收购动视暴雪　成为第三大游戏公司》, Reuters, 2022年1月19日, https://www.reuters.com/article/microsoft-activision-blizzard-0118-tues-idCNKBS2JT022。

转向的蓄势待发之势。在腾讯控股2021年第三季度业绩电话会上，马化腾首度公开回应元宇宙话题，他表示："元宇宙是个值得兴奋的话题，我相信腾讯拥有大量探索和开发元宇宙的技术和能力，例如在游戏、社交媒体和人工智能相关领域，我们都有丰富的经验。"[①]与此同时，字节跳动也完成了对国内VR设备厂商Pico的收购，以跟进在元宇宙领域上的产品布局。

国内外互联网平台的一系列动作使得元宇宙成为产业和资本的"新宠"。人们似乎把元宇宙当作一个值得投资和期待的"新新概念"，但实际上元宇宙作为一种信息技术革命的后果和数字化的未来场景，已经被假设和讨论了几十年。甚至可以说，元宇宙的思想内核先于互联网的发生就已存在。因此，纵然尼尔·斯蒂芬森在1992年出版的科幻小说《雪崩》中首次提出"metaverse"一词；纵然诸如《第二人生》《机器砖块》等开放式虚拟游戏更加具象地再现了元宇宙的愿景；纵然VR、AR、MR等虚拟现实相关技术以其沉浸式和真实感为元宇宙的实现赋能……但也不能就此认为斯蒂芬森就是元宇宙的诠释者，开放式游戏就是元宇宙的体现者，虚拟现实就是元宇宙得以实现的最大技术难题。

事实上，20世纪70年代末和20世纪80年代初以来，技术领域的许多人都曾设想过互联网的未来状态，而元宇宙就蕴含在这一时期对互联网的最初设想中。并且，从一开始人们就认定，元宇宙不仅会彻底改变数字世界的基础设施层，还会彻底改变大部分物理现实层，以及在此之上的所有平台及其服务，包括它们的工作方式以及它们的盈利方式。所以，在今天，互联网平台对元宇宙看似"骤然"的转向，其实是互联网

---

①《腾讯押注元宇宙？已申请上百相关商标，传成立XR部门将招三百人》，凤凰网科技，2022年6月21日，https://tech.ifeng.com/c/8H24SenSfnv。

自其诞生之日起就许下的承诺，而随着一系列技术群聚效应的发生，这一承诺终于在2021年再次浮出历史的地平线。

原因很简单，我们从来没有像今天这样消费过这么多的虚拟内容，拥有这么多的虚拟体验。然而，这些内容和体验都是零散的，只能通过互联网这种原始形式的元宇宙进行访问和连接。真正的元宇宙将意味着我们如何集中访问和消费这些虚拟体验的下一步，一个将其全部结合在一起的步骤。同时，由于元宇宙还怀有将物理世界的体验与数字化体验融合在一起的愿景——帮助人类接受存在两个平行宇宙的现实——它甚至可能成为“终极”的数字技术。

那么，元宇宙和平台相结合之后，催生的崭新虚拟平台会是什么样子？虚拟平台意味着对一种沉浸式的、通常是三维模拟的数字化环境与世界的开发和运营，用户和企业可以在其中探索、创造、交往和参与各种各样的体验，并从事经济活动。这些业务有别于传统的在线体验和多人视频游戏，因为存在一个由开发者和内容创作者组成的大型生态系统，他们在底层平台上生产大部分内容和获取大部分收入。

用扎克伯格的形象描述来说：“你基本上可以做今天在互联网上做的一切事情，以及一些今天在互联网上还不能做到的事情，比如跳舞。”他期待未来人们可以在Facebook上行走，在Facebook上穿衣服，在Facebook上举办虚拟聚会，或者在Facebook的数字领地上拥有财产。循此发展，我们曾认定为现实世界的每一项活动，都会发展出一个元宇宙的对应物，并伴随着在其中展开相应消费的机会。扎克伯格预测：“数字商品及其创作者将变得非常庞大。”[①]

---

① Chayka, Kyle (Aug 5, 2021). “Facebook Wants Us to Live in the Metaverse.” *The New Yorker*, https://www.newyorker.com/culture/infinite-scroll/facebook-wants-us-to-live-in-the-metaverse.

“元宇宙转向”为平台注入新势能

在可预见的将来，我们大多数人将通过面向消费者的、互动的和沉浸式的虚拟平台，与正在萌芽的元宇宙进行交流。为此，互联网平台在发生“元宇宙转向”之后，必然开展一系列革新，并且，借由元宇宙的技术与机制，平台自身也开始携带新的势能。元宇宙与互联网平台相互激荡，将为我们的数字化生活带来如下特性：

实时性

元宇宙的未来将部分取决于实时的视频、音频和数据流。在研究我们如何让元宇宙成为“现实”之前，我们需要考虑元宇宙可能是什么，而不只是现在是什么。虚拟现实和增强现实虽然正在成长，但这些技术仍处于早期阶段，它们正试图找出自己想要成为的样子。在未来几年里，用户将遇到崭新的数字内容消费方式。从数据叠加、数字全息图、智能显示的增强型物体到大量的信息，一切都将在用户的指尖上。所有这些都将提供一种在我们今天所知的“现实生活”中无法实现的体验。

想象一个超级明星的演唱会，由数百万人同时体验1:1的个人演出，与其他临场的虚拟音乐会观众分享自己的反应和情绪。为了使这种体验成为现实，每个元素都需要在每个参与者之间完美地同步。如果声音与唱歌的人不一致，或者粉丝的反应被延迟，没有在正确的时间显示出来，整个体验就会感到不连贯。

而元宇宙的意义远不止于活动。一个初级工程师可以在工厂安装新设备的过程中得到一个更资深的同事的指导，而这个同事可能在一个完全不同的地方工作。增强现实技术允许初级员工在指导下完成他们需要做的任务，就如同和资深同事在同一个地方工作一样，不仅减少了新手犯错的机会，也不需要支付额外的旅行时间和费用。

你也可以在元宇宙中体验医疗咨询，这将要求达到医生在现实世界问诊的程度，医生轻松访问病人并与他们的病史互动。这会给病人和医护人员带来巨大的好处，很容易想象，医生在咨询期间，通过从智能设备上查看病人的实时医疗数据，能够在不身处同一房间的情况下做出更明智的决定。然而，如果无法做到实时协作和互动，这些创新场景就不会实现。

当元宇宙的各项应用成熟之后，作为一个持续的全面经济系统，将会有无数的化身和数字资产与现实世界中的个体和经济体进行互动。当现实个体与公司机构都在元宇宙中拥有自己的经营空间并随时参与其中的活动时，数字持久性和数字同步性就成为元宇宙必不可少的“自我要求”。这就意味着元宇宙中的所有动作和事件都是实时发生的，并具有持久的影响。

如果我们归纳围绕元宇宙所展开的技术创新所共有的特性的话，实时性一定是其中最重要的一项。比如，区块链通过其广播技术将虚拟现实中的每一笔交易、每一个动作、每一次传播都实时发布到每一个参与者的身边，使得语境的共享成为一种可能。再比如，VR、AR技术借助实时渲染技术达到更高程度的沉浸，所谓沉浸就意味着虚拟和现实的边界愈发不可感知，而若想达到这种不可感知，现实中动作传导到虚拟世界中成为编码信号的速度，一定要达到足以欺骗个体感知的阈值，以完成实时性传输和交互，唯有如此，所有动作、反应、交互才得以发生在实时共享的具有时空连续性的虚拟环境之中。

不过，重视文字、非实时的互联网也有一些值得注意的优势。支持细化的虚拟环境的高端设备、游戏机和VR头盔可能很昂贵。行动不便或网络连接缓慢的人可能会发现，自己在实时3D世界中移动化身是困难的。视力低下或缺失视力的人可以使用读屏器来访问网页上的文字，但基于图像的环境导航就变成了难以逾越的挑战。无障碍专家可以帮助缓解这些问题，但离解决它们还有很长的路要走。

在场感

在场感是指在一个虚拟空间中，与虚拟的其他人一起实际存在的感觉。几十年的研究表明，这种身临其境的感觉提高了在线互动的质量。

微软首席执行官纳德拉提出，随着数字世界和物理世界的结合，人的在场是最终的连接。他认为，从某种意义上说，元宇宙使我们能够将计算嵌入现实世界，并将现实世界嵌入计算，为任何数字空间带来真实的在场。①

在场感的实现要看技术进步的速度有多快，例如，不断改进的图形处理单元（GPU, graphics processing unit）、逼真的3D引擎、通过体积视频（volumetric video）和人工智能更快地生成内容、云计算和5G的日益普及，以及更复杂和更容易理解的区块链基础设施，这些都是打造在场感的关键因素。

但从人类体验的角度来看，有一项技术的发展比其他所有发展都要突出：扩展现实（XR, extended reality）技术。这些技术包括虚拟现实（VR）、增强现实（AR）和脑机接口（BCI），共同构成了下一代计算平台。

扩展现实技术预计将彻底改变人类的数字体验，并提供进入元宇宙的入口。包括苹果、谷歌、Meta Platforms、微软、Niantic和Valve在内的主要技术公司正在为此而努力。

XR已经在主流采用方面取得了快速进展，据预测，VR和AR头显最

---

① "Human Presence Is Ultimate Connection in Metaverse: Satya Nadella." *Business Standard*, Jan 11, 2022, https://www.business-standard.com/article/companies/human-presence-is-ultimate-connection-in-metaverse-satya-nadella-122011100867_1.html.

早将在2024年超过全球游戏机的出货量。[1]就像之前推出的个人电脑和智能手机一样，消费者广泛采用XR头显，有望带领我们从一个移动和云的时代转向一个无处不在的计算和环境智能的时代，在这个时代，人类在未来十年将经历比过去四十年更多的数字化进程。

在接下来的几年里，元宇宙预计将主要通过虚拟现实来体现自己——打造一个可用于各种个人和企业目的的另类数字世界。最近Meta Platforms、微软和索尼的高调宣布，都表明Meta Quest或索尼PSVR等头显将成为消费者漫游互动和社交3D环境的选择。

虚拟现实专注于创造一种数字在场感，许多专家认为这将是创造有吸引力的体验和留住用户的关键。扎克伯格声称，以流行电子游戏的形式出现的元宇宙已经到来了。[2]所以，广泛流传一个预测，继微软以687亿美元收购动视暴雪和索尼以36亿美元收购Bungie之后，Meta也将出手拿下一个主要的游戏专营权。该公司目前在制造和销售VR硬件方面处于领先地位，在2021年占据了75%的市场。当年的圣诞节，苹果公司美国应用商店中最受欢迎的应用程序是使用Quest 2头盔所需的Oculus虚拟现实应用程序。[3]

Meta公司计划在2022年发布另一款虚拟现实头盔，被称为Project Cambria。据称，该设备将拥有更适合“混合现实”的硬件，或使用VR

① Hall, Stefan Brambilla (Feb 7, 2022). “3 Technologies That Will Shape the Future of the Metaverse – and the Human Experience.” World Economic Forum, https://www.weforum.org/agenda/2022/02/future-of-the-metaverse-vr-ar-and-brain-computer/.

② Kessler, Andy (Dec 26, 2021). “The Metaverse Is Already Here.” *The Wall Street Journal*, https://www.wsj.com/articles/the-facebook-mark-zuckerberg-metaverse-is-already-here-virtual-reality-headset-oculus-11640525817.

③ Leswing, Kif (Jan 1, 2022). “2022 Will Be the Biggest Year for the Metaverse So Far.” CNBC, https://www.cnbc.com/2022/01/01/meta-apple-google-microsoft-gear-up-for-big-augmented-reality-year.html.

头盔外部的摄像头将现实世界的信息传给观众。Meta说，它还将包括脸部和眼部追踪，这将使该设备对用户的指令做出更多反应。

Meta最害怕的对手是苹果，这就是为什么它要在苹果传说中的头盔发布之前抢先推出Project Cambria。Cambria旨在“取代你的笔记本电脑”，这可能也将是苹果头盔的使命。Meta想通过发布一款与苹果公司的出品相媲美的设备来击败苹果公司，价格更便宜，而且赶在苹果公司之前发布。但它有一个问题：它并不真正知道苹果的设备将是怎样的。

苹果当然令人生畏，它拥有最重要的科技品牌、充足的现金，有交付成功的硬件和软件的经验，有引人注目的内容（电影、音乐、应用程序），还有线下实体店。最重要的是：每次它进入一个市场时，都会颠覆该市场。所以，在VR市场上，它是一个必须非常认真考虑的玩家。

苹果一直在为下一个重要的新产品类别奠定基础。其较新的iPhone配备了激光雷达传感器，可以测量物体的距离——这对基于位置的应用至关重要。最近的iPhone和iPad安装了名为ARKit的软件，该软件允许开发者创建应用，利用iPhone的传感器进行精确的房间测绘和定位。

类似的技术构件预计将帮助苹果制造高端头盔，混合了虚拟现实和增强现实，就看是否可能在2022年问世。如果按照苹果之前的业绩记录，当苹果真的发布一款头盔时，它很可能会带来一种全新的方法，就像iPhone对智能手机和Apple Watch对智能手表所做的那样。只不过，苹果公司不会称其为元宇宙产品。“我将远离这些流行语。我们只叫它增强现实”，库克说。[①]

大型科技公司正在打赌，将用户带入强化或想象世界的工具将开辟

① Simons, John (Sep 19, 2021). “Tim Cook on the ‘Basic Human Right’ of Privacy and the Technology That Excites Him the Most.” *Time*, https://time.com/6099169/tim-cook-apple-privacy/.

自2007年苹果推出触摸屏智能手机以来最大的软件新市场。如果元宇宙起飞，那么也许今天拥有智能手机的每一位消费者，在几年后也会拥有一副电脑眼镜或一个VR头盔。

各公司正将研发资金投入到原型和基础技术中，并为其产品进入市场时的大战做好准备。根据Crunchbase的数据，2021年，风险资本家向虚拟世界的初创企业投入了100亿美元，这还不算大科技公司的预算。例如，扎克伯格披露说，Meta这一年在VR和AR上花掉很多钱，使公司的利润减少了100亿美元。高盛分析师估计，未来几年将有高达1.35万亿美元的投资用于开发这些技术。①

当然，未来也并非全然玫瑰色。元宇宙的愿景也许终究无法完美架设我们的数字自我与物理自我之间的桥梁。虚拟现实只能取代人类体验的某些方面。而且，批评者声称，依靠少数VR设备和内容制造商来建立元宇宙，将复制甚至加强今天互联网上存在的“围墙花园”：由平台运营商控制的独特、封闭的生态系统。

这与Web 3的倡导者所设想的未来形成了强烈的对比，他们认为元宇宙应作为大型技术公司所拥有的权力的平衡物而出现。它应该是一个将互联网的体验、控制和货币化分散给用户（或公民）和内容创造者的机会。

赌注是巨大的。谷歌的安卓操作系统是世界上最流行的智能手机软件，如果头盔和其他元宇宙设备用新的操作系统取代智能手机软件，谷歌的损失也将最大。2020年，谷歌收购了North，这家初创公司致力于开发轻型AR眼镜，在功能上是谷歌眼镜的精神继承者。谷歌还成立了新的

① Leswing, Kif (Jan 1, 2022). “2022 Will Be the Biggest Year for the Metaverse So Far.” CNBC, https://www.cnbc.com/2022/01/01/meta-apple-google-microsoft-gear-up-for-big-augmented-reality-year.html.

团队，专注于增强现实的操作系统。

而对于苹果的下一步动作，大家都在想，苹果会不会为虚拟现实应用推出一个新的应用商店？苹果头盔是否会有独家内容或基于VR的体育或音乐？

融合性

元宇宙与传统的“在线世界”或“虚拟世界”的不同之处在于，它强调同现实世界互通有无，并与我们的现实生活相联系。元宇宙将虚拟和现实并置，数字化也成为了人类生存的常态。于是，现实以一种数据的形态存在于赛博空间中，这样数据化的现实更加便于与他人连接和共享。

元宇宙虽然是一种虚拟现实，但却在人类真实存在的现实中具有实际的生存、生活、生产等功能。比如，开放式游戏《第二人生》作为元宇宙的一种“史前形态”，就为我们彰显了元宇宙作为工业界和科学界用于创造、设计、开发和传播创新的交流平台的功能，不仅个人将《第二人生》视为一种沟通媒介，众多公司、协会、教育和研究机构也将《第二人生》作为一种可以多种方式使用的补充现实的工具。未来的元宇宙将在多个层面上充当这样的现实世界的补充工具。

元宇宙可以作为一种电子学习工具，且有别于当前在线教育的“界面形态”，而以更加逼真的化身、更加沉浸的环境和更加多元的互动来实现形式多样的、满足个性化需求、拥有海量资料库的远程学习，而这种远程学习并非是要替代当前的学校教育和面授方式，而是借助元宇宙的技术创新和对青少年注意力的抓取能力，为个体的素质教育和生命教育所用。

元宇宙也可以作为一种创意管理和创新营销的工具，用于企业的培训活动、员工会议、产品展示、形象营销等。未来的元宇宙必然涌现大量的销售区域、员工化身和虚拟公司代表处，以供公司创建虚拟产品，举办线上活动，发布数字广告等，支持企业内部的沟通和外部的传播。

元宇宙还可以作为一种科学实验工具，为心理学、社会学、传播学等学科补充更丰富的方法论。比如，对心理学而言，元宇宙可以通过更好地控制感知环境，提供更一致的刺激呈现和更精确的评分标准，来提高情感和认知障碍的神经心理学评估和治疗的可靠性。[①]再比如，对社会学而言，元宇宙作为更宏大的网络民族志观察场域，可以提供更丰富的用户行为数据和更加多样的观察样本，进而生成一种基于参与者观察的元宇宙民族志。

元宇宙代表了当下人类数字化生存的极致状态，即一只脚站在物理性的现实空间，另一只脚处于信息化数据化的赛博空间。两个空间的拼合与并行塑造了一种新的人类主体和社群状态。人们通过可穿戴计算机、通过赛博空间的数据进入到他人的皮肤和身体之中，进入到他人居住的物理环境之中。这一切正如物联网的概念一般，我们与周围世界的一切，除了肉身经验之外，又多了一层新的联系与交互控制。

互操作性

当我们谈论元宇宙时，我们说的是一个元宇宙，还是多个元宇宙？如果我们并不希望元宇宙仅由少数几家平台说了算，那么在多样化的期待当中，必须解决互操作性问题。

互操作性意味着能够以相同的虚拟资产，如化身和数字物品，在多个3D虚拟空间之间无缝旅行。例如，ReadyPlayerMe允许人们创建一个化

---

① Parsons, Thomas D. (2012). “Virtual Simulations and the *Second Life* Metaverse: Paradigm Shift in Neuropsychological Assessment.” In Zagalo, Nelson, Morgado, Leonel & Boa-Ventura, Ana (Eds.) *Virtual Worlds and Metaverse Platforms: New Communication and Identity Paradigms*. Hershey, PA: IGI Global, 234-250.

身，可以在数百个不同的虚拟世界中使用，包括通过Animaze等应用程序在Zoom会议中使用。再如，《英雄联盟》中的皮肤可以用来搭配《堡垒之夜》中的武器，或者作为礼物通过微信、Facebook送给朋友。为保时捷网站设计的汽车模型，也能够方便地移植到《机器砖块》中直接作为化身的交通工具。

同时，区块链技术，如加密货币和非同质化代币（NFT），促进了数字商品在虚拟边界的转移。虚拟平台中的数字经济提供了让这些货币广泛流通的手段——首先用于虚拟商品，然后，也用于人们称之为“人肉空间”（即真实的、物理的世界）的交易，而不仅仅局限于数字空间。此外，还有一个要点是知识产权问题。例如，我们希望在元宇宙中，漫威人物可以和DC人物一起玩耍，而不会有IP霸主迪士尼和华纳传媒为此大发雷霆。

今天，数字平台基本上就像一个商场联合体，每家商店都拥有自己的货币体系，需要特定的身份识别，使用专有的测量单位。而元宇宙要求实现的是这些“商场”对货币、身份和测量单位等进行联通和整合。毕竟支持元宇宙实现的是制度支持、大众兴趣提升和硬件性能的持续改进；然而阻拦元宇宙实现的，则是建设元宇宙的利益相关者方即开发者之间尚未实现的协作。[①]

要想实现不同平台和系统之间的互联互通，意味着必须达成某种程度上的共识和标准。标准化是使整个元宇宙的平台和服务具有互操作性的底层原因。就像所有的大众媒介技术一样——从印刷机到短信——共同的技术标准对于元宇宙的广泛采用是必不可少的。诸如“开放元宇宙互操作性小组”（Open Metaverse Interoperability Group）这样的国际组织定义了这些标准。

---

① Dionisio, John David N., Burns III, William G. & Gilbert, Richard (2013). “3D Virtual Worlds and the Metaverse: Current Status and Future Possibilities.” *ACM Computing Surveys* 45 (3): 1-38.

持续性

持续性是元宇宙特性中常常被忽视的层面，因为对处于数字化生存下的我们而言，元宇宙更像是一个独立于现实世界的虚拟世界。它的顺利运行和不间断的可供，仿佛已成为一种常态化和自然化的状态，以至于只有当媒介失灵时，人们方能意识到媒介的存在。这不仅是元宇宙的特征，更是所有环境型媒介、基础设施型媒介必然的“宿命”。

对于元宇宙来说，其持续性包含两个层面。第一个层面是其数字生态背后基础设施的可持续性。虽然元宇宙所赖以维持的物质基础常常隐身而为人所未见，但是实际上，当互联网平台转向一个更具有网络集合和数字生态意义的元宇宙时，需要处理大量用户同时在线及其交互行为和场景的复杂程度等问题。如何做到吸纳庞大的用户数据和开放行为，并保证这个虚拟宇宙持续不间断地运行下去？它将需要包括计算、通信、区块链和存储在内的基础设施的支持，同时还要将巨大算力消耗、协调不同计算资源、呈现和传输大规模数据等考虑进来。

元宇宙持续性的第二个层面是指元宇宙中数字经济的可持续性，这个层面由于处于数字生态的表皮之上，因而比基础设施更加外显。而要达成数字经济的可持续性，需要两股力量：一种是自下而上的力量，这种力量来源于人们对一种无限数字环境的日益增长的兴趣，以及硬件容量和性能的不断进步；此外，还需要一种自上而下的力量，即国家政府、科学机构、商业公司对元宇宙的重视和投入。事实上，早在2008年，美国国家工程院（NAE, National Academy of Engineering）就将虚拟现实确定为21世纪有待解决的14大挑战之一。[①]对于我国来说，商业互联

① “14 Grand Challenges for Engineering in the 21st Century.” National Academy of Engineering, http://www.engineeringchallenges.org/challenges.aspx.

网公司和这些公司背后的科技支持对元宇宙的热衷已无须多言，那么政府态度的倾斜方向，将成为元宇宙数字经济能否持续发展的一个重要参照。

元宇宙资本主义及其治理

虽然元宇宙在技术层面将跨越当前平台时代的种种局限，但从外部的、宏观的视角来看，元宇宙依然是平台权力的一种延伸。这一点从万维网和元宇宙的最初开发者和出资者的不同就可以看出。万维网的诞生来自于公立研究型大学、科研机构和美国政府的项目，这是因为，一方面当时私营企业中很少有人了解尚未成形的万维网的商业潜力；另一方面在网络曙光初现之时，这些研究院所和政府机构比私营企业更加具备构建万维网的计算能力、资源优势以及时代战略需求。

然而，就元宇宙的开发而言，私营企业和商业资本从过往互联网的发展中，早已充分预感到元宇宙的潜力，因此当下的科技公司和平台企业不吝投入大量的资金，招募最优秀的工程人才，来彰显他们征服元宇宙的强大渴望。这些平台企业之所以围绕元宇宙展开激烈的“军备竞赛”，是因为他们不仅想占据元宇宙的领导权，更重要的是，他们还想拥有对元宇宙的定义权。

随着Facebook更名为Meta，美股昔日五大科技巨头脸书、苹果、微软、谷歌和亚马逊的首字母缩写FAMGA将步入历史，有人调侃，新的缩写不妨称为GAMMA。这样的调侃背后，其实是人们对于元宇宙仍可能被现有的互联网大平台所把持的忧虑。就像万维网的早期发展一样，具有非盈利精神的开源项目仍将发挥很大的作用——它们将吸引元宇宙中一些最有趣的创意人才——但在Meta率先开启的元宇宙封疆裂土之中，只会有少数可能的争霸者。我们会认出他们每一位。

元宇宙是不是有价值几乎是次要的，因为它正在到来，如果不是已经到来。科技和视频游戏公司，如Epic Games、Roblox、迪士尼、微软，当然还有Meta，正在为这些虚拟世界投资数十亿美元。人们可以想象，科技公司可能决定补贴自己的VR眼镜和其他设备——就像它们对家庭智能音箱等智能产品所做的那样——以便驱使消费者踏入它们的世界。如果说元宇宙现在有一种明显的早期采用者的感觉（比如集中在游戏用户群体中），那么它可能很快就会被“民主化”，为不那么有钱的用户提供诱因，让他们在这些环境中花费时间和注意力。

哪怕你买不起一块漂亮的数字财产，甚或也买不起观看它的头盔，那你也肯定有机会通过执行虚拟任务、挖掘加密币、交出个人数据、观看广告或铸造NFT来赚取生活费。这些类型的微观劳动，是互联网经济中令人沮丧的创新之一，它们太适合元宇宙及其过热的数字资本主义形式了。

元宇宙资本主义还有其他的特征。想一想，全球经济之所以成功，主要是因为开放、贸易，以及人员、资本和数据能够从一个生态系统流向另一个生态系统，这也应该是元宇宙经济的模式。人们将需要在不同的平台上移动皮肤（化身）、资产（如NFT）和货币，最好是没有进口关税或汇率。用户还需要一种方法，在一个地方查看他们所有的数字资产。为了管理这一切，将需要新的金融服务，如元宇宙钱包或加锁的存储设施。在我们充分实现区块链的好处之前，如何在元宇宙中移动金钱和资产，将会是一个巨大的头痛问题。

一个去中心化、自动化和确权的区块链模型意味着公司、开发者和终端用户可以放心，他们的虚拟投资和这些投资的价值，不会因为某位CEO或某个政府的一时兴起，而被任意改变或一夜之间消失。在缺乏元宇宙政府或其他监管机构的情况下，区块链技术将确保元宇宙的交易和身份是安全和公开的。此外，NFT将允许元宇宙的用户拥有独特的和定制的物品，就像在现实世界一样，而加密货币则为元宇宙经济的形成提供了路线图。我们指望着所有这些新型的金融工具可以增加元宇宙的经济效率。

但谁来打造这一切呢？眼下，以Meta为首的各家公司正在建设其认为将构成未来社会技术的不同版本，将我们的想象力重新导向可以被利用来获取利润的密封企业环境。

以互联网的当前版本来推断，后续的发展很可能是，像Meta这样的科技巨头定义和殖民元宇宙，而传统的治理结构却难以跟上技术变革的步伐。现成的问题就有一堆：如虚拟空间如何被管理，其内容如何被控制，以及它的存在对我们的共同现实感会产生什么影响。我们目前还在为社交平台的二维版本焦头烂额；处理三维版本可能会难上加难。

从虚拟现实、增强现实到混合现实、扩展现实，我们可以感知到技术的野心已经不仅仅局限在对现实的“模拟”，而更近一步跨越到将现实与虚拟融为一体，或者说将现实和虚拟的边界消解掉，从而最终使数字世界实现对现实世界的“扩展”。有学者断言，随着越来越多的公民“迁移”到诸如《魔兽世界》等地，虚拟世界政策将深刻影响现实世界中的政策。[①]

所以，我们需要追问：未来元宇宙的框架和议程将由哪些技术公司编写，同时又在多大程度上交由用户决定？而这些技术公司编写的议程是否能够解决我们在现实世界中面对的真实的矛盾和冲突？比如一个全球性的元宇宙系统如何尊重不同国家和民族的法律以及习俗；比如知识和经验都有限的技术公司如何反思元宇宙背后的编码所蕴含的价值观，我们又如何保证元宇宙不被单一的、缺乏想象力的公司所统治……不可否认的是，数字世界意识形态的泛滥可能最终削弱现实中的意识形态，

---

① Castronova, Edward (2008). *Exodus to the Virtual World: How Online Fun Is Changing Reality.* London: Palgrave Macmillan.

因为当所有规则和框架都服务于程序设计时的审美原则或使用方便，而不是基于信念、真理和现实问题时，对数字共同体的构建所能带来的行动力和变革性可能需要画上一个问号。

通过有意的行动，塑造我们想要的数字世界

至少，在平台迈向元宇宙经济之际，有四个后果需要公众密切监督：

首先是“数字炼金术”，它将个人信息转变为公司资产，少数公司为了自身的商业利益不断收割似乎取之不竭的数据。新的元宇宙经济将进一步建立在对这些数据深入挖掘的基础之上，平台由此获得对我们每个人越来越细化的洞察，可以将其出售给寻求将其产品或想法推广给目标受众的营销者。

其次，收集了这些数据以后，平台会创建一个使用瓶颈，以便最大化自身的获利能力。在旧时代，信息被当权者囤积，成为控制群众的工具。今天，信息的收集被用于一种新的控制方式：控制市场。例如，通过把持大量数据的入口，平台公司可以比本地企业更了解邻里，从而吞噬地方性的小企业。

再次，汇聚的数据也被用来阻止新竞争者进入市场。新创公司存在“冷启动问题”，这是一种在没有用户愿意为之掏腰包的数据资产的情况下开始新业务的挑战。由于创新者缺乏在位公司（incumbent）的数据资产，它们进入新市场面临巨大障碍，这一障碍进一步增强了那些窃取个人信息并将其转变为公司资产的巨头的力量。

最后，这种数据控制还使平台公司能够控制未来。随着机器学习和人工智能成为处理数据的工具，拥有最大数据仓库的人因此有能力控制越来越多的智能算法的发展，并最终控制未来。

客观地评价，过去的发展证明了平台无法自我调节。我们的民主、公共健康、隐私和经济竞争的未来都取决于深思熟虑的监管干预。平台

会竭尽全力反抗监管，但过去这几年它们的肆无忌惮使之失去了道德制高点。现在轮到社会发力了。并非要消灭平台，而是让我们能够以更少的危害享受互联网平台的益处。

如果想要元宇宙成为网络发展的下一步，我们需要深思熟虑的、有意的行动来塑造我们想要的数字世界。虽然定义元宇宙这一术语并不容易，但有一件事毫无疑义：它不能由一个人或一家公司来定义，而是将由许多人定义，并且会处于不断发展之中。

互联网大分裂

让关键的互联网资源的管理不受与互联网有关的地缘政治争端的影响，以确保互联网对全体人类有益。

互联网已经不是全球性的了

互联网总是有一些普遍化的东西。万维网在本质上似乎既是单一的，又是全球性的，是一种空灵的联合国。但是今天，互联网正在裂变为不再愿意或能够连接的独立群体。这种转变的影响是巨大的。

20世纪60年代，国际主义和开放性被加利福尼亚反文化的技术先驱们引入科技产业，成为后来苹果、微软、谷歌和Facebook的温床。然而在过去的几十年里，国家安全的议题和平台的私有化推动力凸显出来，互联网的势头已经转向一个新的方向，即私人的、有墙的领地，依靠独立运行的生态系统相互竞争，实际上形成了一个“分裂网”（splinternet）。

分裂网，也被称为“网络巴尔干化”，是指互联网由于各种因素如技术、商业、文化、政治、民族主义、宗教和不同的国家利益而呈现出高度分化的特征。加图研究所（Cato Institute）的研究员克莱德·韦恩·克鲁斯（Clyde Wayne Crews）在2001年首次使用该术语，用来描述“作为不同的、私有的、自治的宇宙而运行的平行互联网”概念。[①]

克鲁斯是在积极的意义上使用这个词的，他对互联网上关于隐私、

① Kumar, Aparna (Apr 25, 2001). “Libertarian, or Just Bizarro?” *Wired*, https://www.wired.com/2001/04/libertarian-or-just-bizarro/.

儿童安全、版权、税收以及其他问题的监管泛滥感到悲哀，于是问道："为何不让更多的互联网出现，而不是更多的监管？"在他看来，我们所知的互联网——由大写字母开头的Internet——构成了"公地悲剧"的一个典型例子。

不过后来的作者，如新美国基金会（New America Foundation）国际安全项目的研究员斯科特·马尔科姆森（Scott Malcomson），则贬义地使用这个词来描述对互联网作为全球网络的日益增长的瓦解力量。[①]

例如，特朗普在共和党总统提名辩论中曾提及在敌视美国的地区"关闭"互联网。[②]而身为美国总统，从利用政府的权力威胁言论自由到实际采取行动来限制这种言论，并不是一个大步骤，所需要的只是一个单方面的"总统宣布"存在"国家紧急状态"的声明。2010年美国参议院关于网络安全的报告指出："第706条[③]赋予总统接管美国的有线通信的权力，如果总统选择的话，可以关闭网络。"注意这里的"接管"和"关闭网络"这两个词。对于依靠紧急状态声明作为实现其目标的手段的总统来说，这样的机会可能是诱人的。[④]

俄罗斯发誓要让自己的互联网可持续和自给自足。在过去的十年里，克里姆林宫进行了系统性的努力来控制其网络空间，政府大幅度提升了

---

① Malcomson, Scott (2016). *Splinternet: How Geopolitics and Commerce Are Fragmenting the World Wide Web*. New York: OR Books.

② Goldman, David (Dec 8, 2015). "Donald Trump Wants to 'Close Up' the Internet." CNN Business, https://money.cnn.com/2015/12/08/technology/donald-trump-internet/.

③ 指美国《通信法》第706条授权总统"引发对任何无线电通信站点的关闭"（如广播或移动电话网络），以及"引发对任何有线通信设施或站点的关闭"（如电话网络和互联网）。行使这些巨大权力所需要的是，对于广播电台和移动电话，"总统宣布"进入"国家紧急状态"；对于互联网或电话网络，"总统宣布"需要维护"国家安全利益"。

④ Wheeler, Tom (Jun 25, 2020). "Could Donald Trump Claim a National Security Threat to Shut Down the Internet?" Brookings, https://www.brookings.edu/blog/techtank/2020/06/25/could-donald-trump-claim-a-national-security-threat-to-shut-down-the-internet/.

国家在互联网治理和数字技术发展中的作用，并为此提出了“主权互联网”（sovereign internet）的概念，将外国信息技术赶出俄罗斯市场并逐步接管国内技术，同时不断扩大对互联网基础设施、在线内容和通信隐私予以控制的法律和法规。①

欧盟发布了《通用数据保护条例》，用欧盟范围内的数据共享和收集的法律框架，确定非欧盟公司在欧盟个人的在线数据方面受到更严格的法律制度的约束。网络或许是全球性的，然而却是欧洲在改写数字隐私的规则书。②

中国则一向坚持，每个国家都拥有主权，控制在网络空间可以做什么和不可以做什么。③

四种如此不同的政治文化都趋向得出相同的结论，表明开放的全球互联网正濒于死亡。取而代之的是完全不同的东西：一个被分割开来的互联网，受不同的主权管理，由不同的服务机构运行，在其中你的在线体验由当地的法规决定。

同一个世界，不同的互联网

当互联网还很年轻时，人们的希望很高。就像任何萌芽中的爱情一样，我们相信新发现的迷恋对象能够改变世界。互联网被推崇为促进宽容、摧毁民族主义、将小小寰球变成一个巨大的地球村的终极工具。然而这些希望都一一破灭了，正如前几代人曾失望地看到，电报和无线电、

---

① Epifanova, Alena & Dietrich, Philipp (Feb 2022), “Russia’s Quest for Digital Sovereignty: Ambitions, Realities, and Its Place in the World.” German Council on Foreign Relations, https://dgap.org/sites/default/files/article_pdfs/DGAP-Analyse-2022-01-EN_0.pdf.

② “What is GDPR, the EU’s New Data Protection Law?” https://gdpr.eu/what-is-gdpr/.

③ “China Internet: Xi Jinping Calls for ‘Cyber Sovereignty’.” BBC News, Dec 16, 2015, https://www.bbc.com/news/world-asia-china-35109453.

铁路和电视都没有兑现其最热心的啦啦队所喊出的改变世界的承诺，今天，我们也没有看到由互联网推动的全球和平、爱与自由的崛起。

不妨先从ICANN的一个口号讲起。ICANN的全称叫作“互联网名称与数字地址分配机构”，它的任务是什么？要想在互联网上与其他人联系，必须在设备上输入一个地址，这个地址可以是名称也可以是数字。该地址必须是唯一的，这样计算机才能确定彼此的位置。ICANN负责维护和管理世界各地的这些独特标识符。没有ICANN的管理系统［称为域名系统（DNS）］，我们将无法拥有全球性的可扩展网络，更无法从中找到彼此的位置。

所以，可以理解的是，ICANN要全力维护互联网的互操作性。为此它提出了这样一个口号：“同一个世界。同一个互联网。”（One World. One Internet.）[①]该口号在今天已经变成了巨大的讽刺。

这方面最明显的例子就是，2019年5月，俄罗斯总统普京签署了国家杜马（议会下院）于4月份高票通过的《主权互联网法》，11月正式生效。法案使得莫斯科可以通过政府控制的基础设施来传输互联网流量，并创建一套国家域名系统。新法案出台后，互联网供应商启用深度数据包检测，允许俄罗斯互联网监管机构分析和过滤流量。[②]这一切与ICANN的意旨完全背道而驰。

这些年，越来越多的国家受够了由西方构建和管控的网络架构，俄罗斯就是其中之一。这并不是第一次有国家试图去控制哪些信息可以或不可以进入本国，但俄罗斯的做法与之前的其他实践截然不同。从其举措中也可看出网络主权的未来走势。

---

① https://www.icann.org/en/system/files/files/ecosystem-06feb13-zh.pdf.

②《俄国“成功测试主权网络”试验　与全球互联网断开》，BBC News 中文，2019 年 12 月 25 日，https://www.bbc.com/zhongwen/simp/world-50912222。

众所周知，互联网的架构具有开放性：网络设计最显著的特征是保障没有任何人可以阻止任何人向其他任何人传达任何信息。而网络主权管理的关键在于，在让某些信息自由传输的同时，对另一些信息予以封锁阻隔。既然TCP/IP协议对信息完全不予分辨，那么，企图区别对待信息的互联网主权如何才能实现？

中国、韩国等国的做法是，政府在本国连接国际互联网的端口设置网络防火墙，用于监控和过滤境外不受欢迎的网站和资讯。[①]俄罗斯无法将国内网络变成企业式的内联网，因此下力气研究一种混合的方式，既不单纯依靠硬件，也不只靠软件，而是改变网络信息的传输流程和相关协议，因为流程和协议决定了网络信息能否从源头被传输到目的地。这当中最重要的就是域名系统的标准。俄罗斯的办法即是从DNS着手，建造一套俄罗斯专有的DNS服务器，这样，公民上网就只能访问俄罗斯的网站，或是国外网站的俄罗斯版本。为了给这项计划做好准备，俄罗斯花了数年时间立法，要求国际公司将俄罗斯国民的数据存储在俄罗斯本土，一些公司因为拒绝遵守而被屏蔽。

在《主权互联网法》通过以后，俄罗斯在技术和法律层面都能将本国网络与世隔绝。《主权互联网法》其实是对现行法律的一揽子修正案，其官方目标是“确保俄罗斯互联网在遭受外部威胁时的完整性、稳定性和安全性”，[②]即在以某种方式切断与国外服务器连接的情况下，仍能确保国内的网络运行。

---

①《社评：防火墙带给中国互联网哪些影响》，《环球时报》，2015年1月28日，https://opinion.huanqiu.com/article/9CaKrnJHbDZ; “Analysis: South Korea’s New Tool for Filtering Illegal Internet Content.” New America Foundation, Mar 15, 2019, https://www.newamerica.org/cybersecurity-initiative/c2b/c2b-log/analysis-south-koreas-sni-monitoring/.

②《互联网在俄罗斯：既普及又受监控》，透视俄罗斯，2020年1月14日，http://tsrus.cn/shehui/2020/01/14/668361。

放眼全球，倾向于对互联网采取管制的国家似乎正越来越多。新美国基金会在2018年10月的一份报告中指出，从全世界来看，除了主张开放性全球互联网和相信封闭式主权互联网的国家，还有可以称为“数字决定者”的第三阵营，它们在互联网审查、网络中立和在线监视等问题上所做的关键决策，将会影响全球网络的未来。而过去四年来，一些“数字决定者国家”，如以色列、新加坡、巴西、乌克兰、印度等，对待信息正越来越倾向于采取主权式和封闭式的方法。[1]原因是，每个政府都会担心军事设施以及重要的水电网络等被恶意攻击，或是出现假新闻影响选民。

所以，开放的网络本身是不是一件好事，现在正被越来越多的人怀疑。推行网络主权的新方法不仅提高了某些国家控制网络的可能性，还使得这些国家能够结成联盟，有机会共建与西方并行的互联网世界。这或许可以比喻为一场“网络冷战”。

安全观主导世界

关于“网络冷战”，有意思的是，我们看到的情形表面上是对抗，实质上是看齐。

以主张网络自由开放最有力的美国为例。2020年8月，时任美国国务卿的迈克·蓬佩奥（Mike Pompeo）提出一个更广泛的“清洁网络”（the clean network）计划，[2]成为美国互联网政策的分水岭。它为互联网连接设置了国家障碍。特朗普政府希望从美国数字网络中清除“不受信任的”

① Morgus, Robert, Woolbright, Jocelyn & Sherman, Justin (Oct 23, 2018). “The Digital Deciders.” New America Foundation, https://www.newamerica.org/cybersecurity-initiative/reports/digital-deciders/.

② “The Clean Network.” U.S. Department of State, https://2017-2021.state.gov/the-clean-network/index.html.

中国应用，并称中国人拥有的短视频应用TikTok以及通讯和社交应用微信是“重大威胁”。

然而，该计划向每个国家（不仅仅是中国）都发出信号，任何外国的互联网服务提供商都可以被视为国家安全威胁。基于国家来源的保护主义政策不仅适用于应用层，而且广泛适用于电信设备提供商、云服务、应用商店、托管商、海底电缆等。

以国家安全行审查之实，以国家安全行反竞争之实，套用一句疫情期间的流行语，美国正在全面照抄他国的作业。多年来，美国政府一直倡导全球互联网的想法，无论用户身在何处，在世界范围内都可以使用相同的在线内容和服务。科技公司可以开展国际业务，在全球各数据中心之间自由移动数据。但是，如果美国政府现在认为唯一安全的数据和计算机网络坐落在自己的边界之内（就像对TikTok和微信的限制所暗示的那样），那么可以看出，美国也根本不相信全球互联网。这等于说，它也开始认定保护互联网安全的唯一方法是屏蔽国际影响力和国际服务。

有评论家认为，美国根据国家出身来封闭平台，这表明有关严格控制的互联网的构想最终战胜了开放式互联网。到目前为止，世界上有很多人在谈论“中国防火长城”的种种问题。然而，蓬佩奥的所谓“五大清洁”举措（清洁运营商、清洁应用程序、清洁应用程序商店、清洁云、清洁光缆）也可以看作是美国的半透明防火墙。①

坚持与中国有联系的所有企业都是政治代理商的唯一真正目的，是孤立和削弱中国的ICT产业。这一残酷过程旨在维持美国在高科技产业中的领先地位，并继续保持美国在全球化监视能力方面的主导地位。对

① Mehta, Ivan (Aug 6, 2020). “Mike Pompeo Wants to Build the US a ‘Clean’ Internet Free of Chinese Tech.” *The Next Web*, https://thenextweb.com/news/mike-pompeo-wants-to-build-the-us-a-clean-internet-free-of-chinese-tech.

技术发展与创新的这种民族主义的零和博弈立场，将数字经济视为军事的延伸，主张中国能力的任何提高都会损害美国的能力。

在另一个意义上，这也是“互联网主权论”为自身带来的一个反噬。“互联网主权”的概念认定，一个国家的主权从其实际领土延伸到网络空间。从印度禁止中国的移动应用程序到特朗普发布针对中国互联网公司的行政命令，国家行为者在管理各自的网络空间方面正越来越发挥更大的作用。与领土、领海和领空类似，我们很快会看到网络空间被整合为国家主权的一部分。

这是一种试图保护数据和计算机网络的徒劳的方法，该方法依赖于一个非常不真实的假设，即一个国家自己境内存储的数据比其他地方存储的数据更安全。

“数据民族主义”（data nationalism）的最新势头是，各国都开始要求将某些类型的信息存储在国家物理边界内的服务器上。加州大学戴维斯分校的两位法律学者阿努帕姆·钱德尔（Anupam Chander）和乌扬·莱（Uyên P. Lê）发现，已经实施了数据本地化要求的国家包括澳大利亚、法国、韩国、印度、印度尼西亚、哈萨克斯坦、马来西亚和越南等。他们写道：“全球对监控和安全的合理焦虑正在为政府的措施提供理由，这些措施将万维网分割开来，却并未加强隐私或安全。”[①]

对安全的关注促进了数据国有化的努力，但这样做是否有益大可怀疑，因为数据的安全并不取决于它们的位置，而是取决于围绕它们建立的防御系统的复杂程度。当然，国家管制互联网数据的流动并非新鲜事，因为互联网在社会、政治和经济方面的影响实在太大，国家不可能轻易放弃对它的控制。不过，2013年发生的斯诺登事件使原本就在酝酿的地

① Chander, Anupam & Lê, Uyên P. (Mar 15, 2015). “Data Nationalism.” *Emory Law Journal*, 64 (3). https://scholarlycommons.law.emory.edu/cgi/viewcontent.cgi?article=1154&context=elj.

缘政治紧张局势变得更加沸腾，特别是，美国的行径令它丧失了对互联网发展方向的辩论的“道德高地”。斯诺登所披露的美国国家安全局对国际网络流量的监控，激起了全世界的愤怒和越来越多的反制措施。此后，许多国家重新评估了对美国平台的依赖，认定寻求数字主权的努力才是正确的选择。例如，对于俄罗斯互联网用户而言，斯诺登事件的结果是，俄罗斯安全部门对互联网拥有了更大的控制权。

我们此刻的世界，是一个安全人士与安全观所主导的世界。模仿艾森豪威尔（Dwight D. Eisenhower）的著名说法，可以发现，我们从军工复合体来到了安全复合体。今天，亚洲、中东、欧洲和美洲国家都在要求对网络的运行方式进行重大的改变，甚至超越了数据存储的地点问题。政府希望严守本国互联网的边界，促进本国科技公司的发展，使本国的IT部门服从于安全和政权稳定的目标；同时，对国际上的竞争对手，要么将其排除在外，要么迫使它们将数据本地化，并提供给国内安全机构。

特朗普对TikTok和微信的限制开了一个危险的先例。对此，每个国家都可以效法，都可能利用“国家安全”作为自己的借口，将国家在互联网世界中各占一角的行为合理化，从而摧毁国际科技企业。讽刺的是，正是Facebook和谷歌这样的美国企业，在这一过程中可能失去最多。

美国倒退的安全立场，一定会加剧全球两个最大经济体之间复杂的技术战争，而全球互联网则会成为这场技术大战的牺牲品。2018年，谷歌前首席执行官埃里克·施密特预计未来的互联网将会一分为二，出现“中国主导的互联网和美国主导的互联网的分岔”。可以说，他描绘的前景不是“分裂网”（即分割为多个互联网）而是“分岔网”。[①]果真如此，

① Kolodny, Lora (Sep 20, 2018). “Former Google CEO Predicts the Internet Will Split in Two—and One Part Will Be Led by China.” CNBC, https://www.cnbc.com/2018/09/20/eric-schmidt-ex-google-ceo-predicts-internet-split-china.html.

这意味着各类科技领域的公司——电信、人工智能、半导体等——会在独立的生态系统中运营，一些公司不得不在中国和美国之间做出选择。

没有统一互联网，只有联合互联网

毫无疑问，互联网曾使我们更加紧密地联系在一起。在1997年的畅销书《距离的消亡》(*The Death of Distance*)中，《经济学人》当时的高级编辑弗朗西丝·凯恩克罗斯（Frances Cairncross）预测，由互联网驱动的通信革命将“增加理解，促进宽容，并最终促进世界和平”。[①]事实证明，宣布“距离的消亡”为时过早了。

地理环境仍然重要。二十年来，互联网既没有打倒独裁者，也没有消除边界。它当然没有迎来一个理性和数据驱动政策制定的后政治时代。它加速并放大了世界上许多现有的力量，往往使政治变得更加易燃和不可预测。越来越多的人认为，互联网就像现实世界的一个超强版本，带着它的所有承诺和危险。

1994年，以埃瑟·戴森（Esther Dyson）和阿尔文·托夫勒（Alvin Toffler）等为首的一群数字化爱好者发表了一份题为《知识时代的大宪章》的宣言，承诺“不是通过地理而是通过共同的兴趣将‘电子社区’联系在一起”。[②]尼古拉·尼葛洛庞帝，时任著名的麻省理工学院媒体实验室的负责人，在1997年戏剧性地预言，互联网将打破国家之间的边界，二十年后，那些习惯于通过点击鼠标了解其他国家的孩子“不会知道什

---

① Cairncross, Frances (1997). *The Death of Distance: How the Communications Revolution Will Change Our Lives*. London: Orion.

② Dyson, Esther, et al. (Aug 1994). “Cyberspace and the American Dream: A Magna Carta for the Knowledge Age.” The Progress & Freedom Foundation, http://www.pff.org/issues-pubs/futureinsights/fi1.2magnacarta.html.

么是民族主义”。[1]

尽管这一切在宣扬时听起来是乌托邦式的，但它相当准确地反映了彼时的网络现实。互联网是一个广阔的空间，一个崭新的领域，这是历史上第一次任何人都可以在全球范围内与其他人进行电子通信，而且基本是免费的。任何人都可以创建一个网站或网上商店，在世界上任何地方都可以使用一个简单的软件，即浏览器，去获取似乎是无穷无尽的信息。政府或大公司对信息、意见和商业的控制似乎已经成为过去，约翰·佩里·巴娄（John Perry Barlow）甚至挥笔写下了“赛博空间独立宣言”（A Declaration of the Independence of Cyberspace）。[2]巴娄豪迈地写道："工业世界的政府们，你们这些令人生厌的铁血巨人们，……在我们聚集的地方，你们没有主权。"

关于“赛博空间”的崇高论述早已不再。甚至这个词现在听起来都显得过时了。今天，另一个被过度使用的天体隐喻占据了上风：“云”被用来指在装满服务器的仓库（称为数据中心）中产生并通过互联网传播的各种数字服务的代码。不过，大多数讨论都涉及更多的尘世问题：隐私、安全、反垄断、后真相、监控社会，等等。

同样，这也是当下互联网上正在发生的事情的公平反映。在互联网初次表现为全球统一网络的二十五年之后，它迈入了第二个阶段：被若干独立但相关的力量合力撕碎，变得四分五裂。

如果我们想到，互联网当初被“拉到一起”是一个奇迹，那么我们不难发现，正是这意外成功催生了现在将互联网撕裂的力量。正如国际治理创新中心（CIGI, Center for International Governance Innovation）的一

① “Negroponte: Internet Is Way to World Peace.” Reuters, Nov 25, 1997, http://www.cnn.com/TECH/9711/25/internet.peace.reut/.

② Barlow, John Perry (Feb 8, 1996). “A Declaration of the Independence of Cyberspace.” https://www.eff.org/cyberspace-independence.

份报告所描述的，开放的网络是“由硬件、软件、标准和数据库组成的脆弱和偶然的结构，由广泛的私人和公共行为者管理，他们的行为只受到自愿协议的限制”。[1]受制于演变和政治压力，这些脆弱和偶然终究无法持久。今天我们看到，关于这一全球性网络应该如何治理的相互竞争的观点已经浮现，并在国家层面得到拥护，地缘政治的作用正在打破早期“电子大同”的虚幻。

可以想见，未来很可能出现中东互联网、欧洲互联网、美国互联网、俄国互联网，等等——它们有着不同的内容规定和贸易规则，或许还会有截然不同的标准和操作协议。目前来看，全球互联网的这种逐步分裂已不可避免。我们必须习惯于这样的想法：标准化的互联网是过去，但不是未来。未来可能是一个联合的互联网，而不是一个统一的互联网。

诸多不同的互联网将不得不学会不安地共存。如果完全放任不管，技术世界将分裂为数字保护主义普遍存在的“战国状态”，就像第二次世界大战前的全球金融体系瓦解一样。到目前为止，“分裂网”的发展还只发生在“应用层”。如果这些进程突破到“传输层”，即域名系统、IP 地址管理、根服务器和互联网协议的层面，情况就会变得十分严重。

上述这些关键的互联网资源好比是“互联网的空气”。就像在现实世界中并不存在“中国的空气”或“美国的空气”，而只有“被污染的空气”或“干净的空气”一样，虽然我们需要为互联网的不可预测的未来做好准备，但必须确保互联网对全体人类有益的底线。

让这些关键的互联网资源的管理不受与互联网有关的地缘政治争端

① O'Hara, Kieron & Hall, Wendy (Dec 2018). “Four Internets: The Geopolitics of Digital Governance.” Centre for International Governance Innovation, https://www.cigionline.org/sites/default/files/documents/Paper%20no.206web.pdf.

的影响，是未来全球数字合作的一大战略挑战。所有的利益相关者——政府、企业、公民社会和技术界都必须平等地参与其中，发挥各自的作用。最终，即便不同的互联网被发展出来，它们也必须能够相互交谈，并使用户可以在不同的法律和监管环境中航行。